"十四五"职业教育国家规划教材

互换性与测量技术

第4版

主　编　周文玲
副主编　周渝明　吴任和　杨　妙
参　编　刘安静　金　莹　陈泽恒
主　审　康俊远　吉永林

机 械 工 业 出 版 社

本书是“十四五”职业教育国家规划教材、“十三五”职业教育国家规划教材。本书采用现行国家标准，根据检测技术的发展，把几何量的误差、公差标准及其应用、检测方法紧密结合起来，将检测实训融入相应的章节，按照理实一体化模式编排内容，实现理论知识和动手能力的协调发展，培养学生的新时代工匠精神和专业精神。本书内容共分10章，包括绪论、尺寸极限与配合、几何公差及其检测、表面结构及其检测、测量技术基础、常用检测量具及其使用、常用标准件的互换性、圆锥配合的互换性、渐开线圆柱齿轮的互换性和尺寸链的分析与计算。全书采用双色印刷，层次清晰，重点突出。

本书可作为高等职业院校装备制造大类相关专业的教学用书，也可供有关工程技术人员参考。

本书配有电子课件，凡使用本书作为教材的教师可登录机械工业出版社教育服务网（www. cmpedu. com），注册后免费下载。咨询电话：010-88379375。

图书在版编目（CIP）数据

互换性与测量技术 / 周文玲主编. -- 4版. -- 北京 ：机械工业出版社，2025. 1（2026. 1重印）. --（“十四五”职业教育国家规划教材）. -- ISBN 978-7-111-76866-1

Ⅰ. TG801

中国国家版本馆CIP数据核字第2024LA3204号

机械工业出版社（北京市百万庄大街22号　邮政编码100037）
策划编辑：薛　礼　　　　责任编辑：薛　礼　陈　宾
责任校对：张爱妮　张昕妍　封面设计：鞠　杨
责任印制：邓　博
河北鑫兆源印刷有限公司印刷
2026年1月第4版第4次印刷
184mm×260mm · 14. 25印张 · 353千字
标准书号：ISBN 978-7-111-76866-1
定价：45. 80元

电话服务　　　　　　　　　网络服务
客服电话：010-88361066　机　工　官　网：www. cmpbook. com
　　　　　010-88379833　机　工　官　博：weibo. com/cmp1952
　　　　　010-68326294　金　书　网：www. golden-book. com
封底无防伪标均为盗版　　机工教育服务网：www. cmpedu. com

关于“十四五”职业教育
国家规划教材的出版说明

为贯彻落实《中共中央关于认真学习宣传贯彻党的二十大精神的决定》《习近平新时代中国特色社会主义思想进课程教材指南》《职业院校教材管理办法》等文件精神，机械工业出版社与教材编写团队一道，认真执行思政内容进教材、进课堂、进头脑要求，尊重教育规律，遵循学科特点，对教材内容进行了更新，着力落实以下要求：

1. 提升教材铸魂育人功能，培育、践行社会主义核心价值观，教育引导学生树立共产主义远大理想和中国特色社会主义共同理想，坚定“四个自信”，厚植爱国主义情怀，把爱国情、强国志、报国行自觉融入建设社会主义现代化强国、实现中华民族伟大复兴的奋斗之中。同时，弘扬中华优秀传统文化，深入开展宪法法治教育。

2. 注重科学思维方法训练和科学伦理教育，培养学生探索未知、追求真理、勇攀科学高峰的责任感和使命感；强化学生工程伦理教育，培养学生精益求精的大国工匠精神，激发学生科技报国的家国情怀和使命担当。加快构建中国特色哲学社会科学学科体系、学术体系、话语体系。帮助学生了解相关专业和行业领域的国家战略、法律法规和相关政策，引导学生深入社会实践、关注现实问题，培育学生经世济民、诚信服务、德法兼修的职业素养。

3. 教育引导学生深刻理解并自觉实践各行业的职业精神、职业规范，增强职业责任感，培养遵纪守法、爱岗敬业、无私奉献、诚实守信、公道办事、开拓创新的职业品格和行为习惯。

在此基础上，及时更新教材知识内容，体现产业发展的新技术、新工艺、新规范、新标准。加强教材数字化建设，丰富配套资源，形成可听、可视、可练、可互动的融媒体教材。

教材建设需要各方的共同努力，也欢迎相关教材使用院校的师生及时反馈意见和建议，我们将认真组织力量进行研究，在后续重印及再版时吸纳改进，不断推动高质量教材出版。

机械工业出版社

前言

“互换性与测量技术”课程内容是装备制造行业的机械设计、机械制造、零部件检测、设备装配与调试、设备维修等领域应具备的基础知识，涉及面很广。它以互换性内容为主线，围绕机械零部件的制造误差和公差及其关系，研究零部件的设计、制造精度与测量技术。“互换性与测量技术”是装备制造大类相关专业的一门专业基础课程，学好该课程对于提高装备制造行业工程技术人员和管理人员水平具有重要意义。

本书前 3 版在出版后受到读者的广泛关注，尤其是本书第 3 版，先后入选“十三五”职业教育国家规划教材、“十四五”职业教育国家规划教材。为了紧跟装备制造领域产业升级和技术发展，贯彻互换性方面的现行国家标准，同时满足职业教育课程改革的需要，编者对本书第 3 版进行了修订。

修订过程中，编者按照“十四五”职业教育国家规划教材的编写原则与要求，坚持正确的价值导向，以习近平新时代中国特色社会主义思想为指导，深刻领会党的二十大精神，把立德树人融入教育教学的各个环节；以构建现代化产业体系，加快建设制造强国和质量强国，实现中国式现代化为宗旨，尊重教育、教学规律，按照职业教育对高素质技能型人才的培养要求，将新时代工匠精神和专业精神融合，对教材内容进行了优化。

本次修订主要对以下方面做了完善。

1）按照现行相关国家标准更新了内容。注重对国家标准宣贯的时效性。

2）新增课程导学内容。明确课程的性质与作用、教学内容与学习要求。

3）新增章节提示。在每章首页明确学习内容、重点和难点，并将素质教育融入其中。

4）新增编写依据。在每章首页列出编写本章所依据的现行国家标准，以便查阅。

5）新增动画演示和教学视频，以二维码形式置于相应知识点处。打造“互联网+”新形态教材，主要针对重点、难点内容和实践性强的教学内容制作了数字化资源。

6）对部分图、表及文字进行精简和完善，修改了旧版教材的不足和错漏之处。

本书内容共分 10 章，包括绪论、尺寸极限与配合、几何公差及其检测、表面结构及其检测、测量技术基础、常用检测量具及其使用、常用标准件的互换性、圆锥配合的互换性、渐开线圆柱齿轮的互换性和尺寸链的分析与计算。全书采用双色印刷，层次清晰，重点突出。

本书由周文玲任主编并负责统稿，周渝明、吴任和、杨妙任副主编。刘安静、金莹、陈泽恒参与了本书编写。具体编写分工如下：周文玲编写第 1 章、第 2 章及附录，周渝明编写第 3 章，陈泽恒编写第 4 章，杨妙编写第 5 章、第 6 章，金莹编写第 8 章，吴任和编写第 9 章，刘安静编写第 7 章、第 10 章。

本书由康俊远教授、吉永林高级工程师主审。他们对本书的编写提出了宝贵意见。本书在编写过程中还得到了兄弟院校同仁的悉心指导和帮助，以及行业同仁的大力支持，在此一并致以衷心的感谢！

由于编者水平有限，书中难免存在不足和错漏之处，恳请广大读者批评指正。

编　者

二维码索引

（续）

名　　称	图　　形	页码	名　　称	图　　形	页码
6-7 量块		133	7-1 滚动轴承精度及应用		144
6-8 光滑极限量规		139	7-2 普通螺纹的测量		165
6-9 三坐标测量机		142	9-1 齿轮的检测量具		197
6-10 企业现场检测用具		142	9-2 齿轮径向跳动误差检测		199

目录

第1章 绪论

【章节提示】

本章主要学习互换性的概念和种类、标准化与优先数系、互换性生产的技术发展等。重点是互换性的概念、种类、标准及其分级，难点是理解完全互换和不完全互换、优先数系。

通过学习，树立标准观念，强化质量意识和规矩意识，培养专业情怀，尤其是学习互换性生产技术及检测技术发展史，激发努力学好专业知识，为科技发展进步、实现中华民族伟大复兴而发奋读书的斗志。

【编写依据】

本章内容主要依据下列现行国家标准编写，但不限于以下标准。

① GB/T 1.1—2020《标准化工作导则　第1部分：标准化文件的结构和起草规则》。

② GB/T 20000.1—2014《标准化工作指南　第1部分：标准化和相关活动的通用术语》。

③ GB/T 321—2005《优先数和优先数系》。

④ GB/T 19764—2005《优先数和优先数化整值系列的选用指南》。

1.1 课程导学

1.1.1 课程性质与作用

互换性与测量技术也称为公差配合与技术测量、机械零部件精度及检验等，其内容涉及面广，包括装备制造业的机械设计、机械制造、零部件检测、设备装配与调试、设备维修等领域。

本课程与机械设计基础、机械制造技术等课程有着密切的联系，它以互换性内容为主线，围绕机械零部件的制造误差和公差及其关系，研究零部件的设计、制造精度与技术测量方法。它是装备制造大类专业（包括机械设计制造类、机电设备类、自动化类、轨道装备类、船舶与海洋工程装备类、航空装备类和汽车制造类等专业）一门重要的专业基础课程。

学好本课程的知识和技能，能够为后续学习相关专业课以及从事实际工作奠定必要的基础。

通常，机械设计由 4 部分组成，如图 1-1 所示。其中第 3 部分精度设计就是本课程要学习和掌握的内容，它是机械设计和制造的基础，具有非常重要的地位。

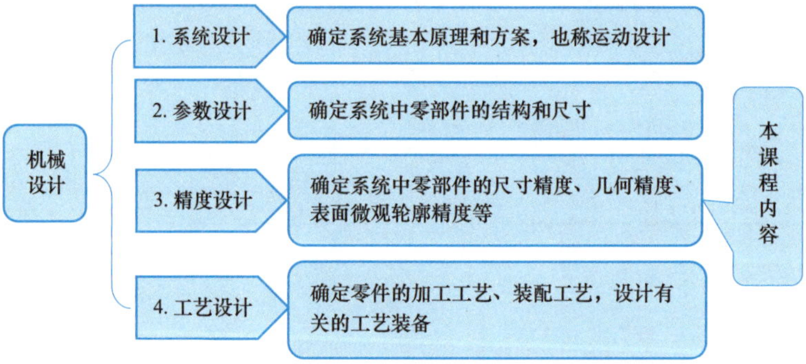

图 1-1　机械设计内容和课程的作用

1.1.2　课程内容

本课程内容包含 4 个模块，如图 1-2 所示。其中，模块 1 是机械精度设计理论知识及其应用，包括第 2 章~第 4 章，主要介绍尺寸极限与配合、几何公差及其检测、表面结构及其检测等必须掌握的重要理论和国家标准；模块 2 是测量基本知识及检测工具、器具的使用，包括第 5 章和第 6 章，主要介绍应掌握的检测技术，实践性强；模块 3 是典型零部件的精度设计与应用，包括第 7 章~第 9 章，主要介绍滚动轴承、键、螺纹、圆锥配合以及渐开线圆柱齿轮的互换性，实践性较强，既学习典型标准零部件的精度设计及国家标准，又是对前面各章节知识的具体运用；模块 4 是尺寸链的基本知识与应用，包括第 10 章，主要介绍机械零部件加工与装配精度知识的运用，可与机械制造类课程结合学习。

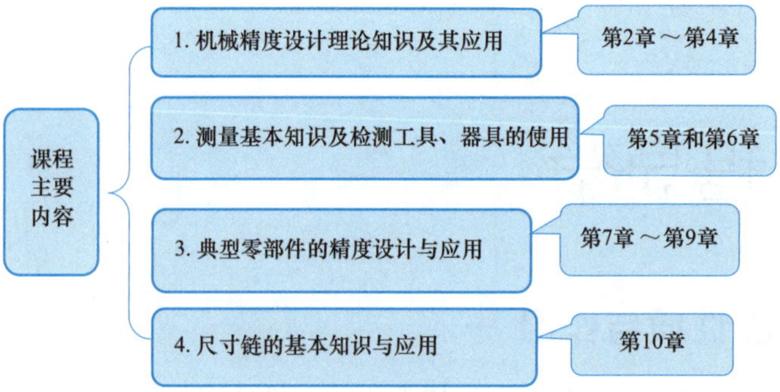

图 1-2　课程内容

1.1.3　课程特点与要求

本课程的特点是术语、符号、代号、图形和表格多，公式推导少，经验数据、定性解释多，内容涉及面广泛，每一部分都具有独立的知识体系，实践性强。

教学过程中应采取现代化多媒体教学和实践相结合的教学手段与方法，应用一定的检测仪器和工具，加强实践教学环节的训练。学生在完成本课程的学习后，应达到以下基本要求。

1）掌握互换性的国家标准、行业标准，了解相关国际标准以及其他标准。

2）掌握机械零部件的精度设计原则和方法，会确定或选用有关精度参数。

3）会查阅相关手册图表，并能正确地标注技术图样。

4）能对典型零部件的基本参数进行测量，掌握常用计量器具的使用方法。

1-1 课程导学

视频 1-1 提供课程导学，仅供参考。

1.2 互换性概述

1.2.1 互换性的概念和种类

1. 互换性的概念

一台机器是由许多零部件装配在一起构成的。机器在装配或更换零部件时，从大批生产出来的同一规格的零部件中任取一件，不需要任何挑选、附加调整或修配，就能够组装成部件或整机，并且能够达到规定的性能和要求，这种技术特性称为互换性。这类零部件称为具有互换性的零部件。能够保证零部件具有互换性的生产，称为遵循互换性原则的生产。

互换性生产广泛应用于机械产品零部件的设计、生产、使用和维修等方面。例如，自行车、缝纫机的零部件坏了，可以迅速地更换新的零件，更换后仍能满足使用要求，就是因为这些零部件具有互换性。

2. 互换性的种类

互换性按照分类方法的不同，其类型也不相同，具体分类见表 1-1。

表 1-1 互换性的分类

分类	类型	含义	应用情况
按互换的参数不同分类	几何参数互换，也称为几何量互换	通过规定零部件几何参数的公差所达到的互换性。一般分为长度参数和角度参数，主要包括尺寸、几何形状、几何要素的相互位置和表面粗糙度等	限于保证零部件尺寸配合的要求 本课程主要研究零部件的几何参数互换性
	功能互换	通过规定零部件的力学性能、物理性能和化学性能等参数所达到的互换性	功能互换性如强度、刚度、硬度、使用寿命、耐蚀性、导电性、热稳定性等
按互换程度不同分类	完全互换	零部件在装配或更换前不作任何选择，装配或更换时不作调整或修配，更换后便能满足预定的使用要求	不同地域、不同企业之间的协作，要求完全互换

（续）

分类	类型	含义	应用情况
按互换程度不同分类	不完全互换，也称为有限互换	零部件在装配前，允许有附加的选择（如预先分组），装配时允许有附加的调整，但不允许修磨，装配后能满足预定的使用要求	常用于部件或机构制造企业内部的生产和装配
按部件或机构不同分类	内互换	指部件或机构内部组成零件之间的互换性	对于标准化部件，指组成标准化部件的零件之间的互换性，如滚动轴承内、外圈滚道与滚动体间的装配
	外互换	指部件或机构与其相配合零件间的互换性	对于标准化部件，指标准化部件与其他零部件之间的互换，如滚动轴承的内圈与轴之间、外圈与壳体孔之间的配合

1.2.2 互换性的技术经济意义

互换性生产是现代化机械工业按专业化协作原则组织生产的基本条件，已经成为现代机械制造业中一个普遍遵守的原则，它对保证产品质量、提高生产率和增加经济效益具有重要意义，主要体现在以下几个方面。

1）从设计方面看，采用具有互换性的零部件，有利于产品进行模块化、程序化的设计和改进。特别是采用标准零部件（如螺钉、销、滚动轴承等），可大大减轻计算与绘图的工作量，缩短设计周期。

2）从制造方面看，互换性是提高生产水平和进行文明生产的有力手段。装配时，由于零部件具有互换性，不需要辅助加工修配，可以减轻装配工的劳动量，缩短装配周期，使生产率显著提高。加工时，由于按照公差规定加工，同一部机器上的各个零件可以分别由各专业厂同时制造。另外，各专业厂产品专业化，生产批量大，分工细，所以有条件采用高效率的专用设备，使产品的质量明显提高。

3）从使用方面看，零部件具有互换性，一旦某个零件损坏，可以很快地用同一规格型号的备件替换，缩短了机器维修时间，保证了机器工作的连续性和持久性，提高了机器的使用价值。

1.2.3 实现互换性的条件

1. 合理地确定零部件的几何参数公差

机械零部件在加工过程中，加工误差是不可避免的。要想使同一规格的一批零件的几何参数完全一致是不可能的，也是不必要的，实际上只要把零件的几何参数误差控制在允许变动的范围内就可以了，这个允许误差的变动量就是公差。如果零件在其规定的公差范围内制造出来，就能满足互换性的要求。

零部件的制造精度由加工误差体现，而误差由公差控制。对于同一尺寸，公差大者，允许加工误差就大，也就是说零件精度要求较低，容易加工，制造成本较低；反之，则加工难，制造成本高。因此，合理确定零部件的几何参数公差是实现互换性的一个必备条件。

2. 正确地选择和使用技术测量工具

已加工好的零件是否满足公差要求，要通过技术测量即检测来判断。如果只规定零部件公差，而缺乏相应的检测措施，则不可能实现互换性生产。因此，正确地选择、使用测量工具是制造和检测的基本要求，也是必须掌握的技能。检测不仅用于评定零件合格与否，也常用于分析零件不合格的原因，以便及时调整生产工艺，预防废品产生。因此，技术测量措施是实现互换性的另一个必备条件。

1.3 标准化与优先数系

1.3.1 标准与标准化

1. 标准及标准化定义

在国家标准 GB/T 20000.1—2014 中，对标准化的定义是：为了在既定范围内获得最佳秩序，促进共同效益，对现实问题或潜在问题确立共同使用和重复使用的条款以及编制、发布和应用文件的活动。标准化活动确立的条款，可形成标准化文件，包括标准和其他标准化文件。

标准化的主要效益在于为了产品、过程或服务的预期目的改进它们的适应性，促进贸易、交流及技术合作。标准化是一个不断循环又不断提高的过程。

采用标准化的原则和方法，把一些重复性事物和概念加以集中简化、优选、协调和统一，并以文件的形式体现出来，就是标准。

2. 标准的分类

标准的种类很多，按照不同的分类方式，有不同的级别和名称。

按照标准实施时的执行力分类，《中华人民共和国标准化法》将国家标准分为强制性标准（GB）、推荐性标准（GB/T）和指导性技术文件（GB/Z）。强制性标准一经发布必须执行，违反者要依法承担相应的法律责任。

按照标准的性质分类，可分为技术标准、生产组织标准和经济管理标准。

按照标准化活动的范围分类，可分为国际标准、区域标准、国家标准、行业标准、地方标准、团体标准和企业标准。

对于国际标准，不同国家有不同的界定。我国使用了 ISO/IEC 指南中对国际标准的定义，即国际标准是由国际标准化组织（ISO）或国际标准组织（IEC）公开发布的标准。

区域标准是由区域标准组织通过并公开发布的标准，在区域范围内适用。

团体标准是由某个国家的团体标准化组织通过并公开发布的标准。我国团体标准化组织可以是学会、协会、商会、联合会、产业技术联盟等社会团体。团体标准一般在该团体范围内适用。

按照《中华人民共和国标准化法》的规定，我国标准按照行政体制分为四级：国家标准、行业标准、地方标准和企业标准。标准的分级说明见表 1-2。

表 1-2 标准的分级说明

标准级别	标准的制定	应用说明
国家标准	由国家标准化行政主管部门编制计划、组织起草,统一审批、编号和颁布,在全国范围内执行的标准	是四级标准体系中的主体,其他各级标准不得与国家标准有抵触 分为强制性标准(代号 GB)和推荐性标准(代号 GB/T) 本课程涉及的国家标准大多为推荐性标准
行业标准	对于没有国家标准而又需要在全国某个行业内统一技术要求所制定的标准,是对国家标准的补充,在某一行业内统一执行的标准	有了相应的国家标准后,行业标准即自行废止 我国已经颁布了 75 类行业的标准代号(截至 2023 年底),如机械行业标准(JB)、轻工行业标准(QB)、纺织行业标准(FB)、铁路运输行业标准(TB)等
地方标准	对于没有国家标准和行业标准,又需要在省、自治区、直辖市范围内统一的技术要求所制定的标准,在本行政区域内实施	由省、自治区、直辖市政府的标准化行政主管部门编制计划、组织起草、审批、编号并颁布,报国家标准化行政主管部门备案。标准代号为 DB 加地方行政区划代码的前两位数,如北京地方标准代号为 DB11、广东地方标准代号为 DB44 有了相应的国家标准或行业标准后,地方标准即自行废止
企业标准	企业制定的在其内部需要协调、统一的技术要求、管理和工作要求	由企业组织制定,报省、自治区、直辖市政府备案。若企业生产的产品没有国家标准、行业标准和地方标准,国家鼓励企业制定严于上述标准的企业标准,在其内部使用,作为组织生产的依据

通常机械制造业所说的标准大多数是指技术标准。技术标准（简称标准）是指为产品和工程的技术质量、规格及检验方法等方面所做的技术规定，是从事生产、建设工作的一种共同技术依据。它是以科学技术和实践经验的综合成果，在充分协商的基础上，对具有多样性、相关性特征的重复事物，以特定程序、特定形式颁发的统一规定，在一定范围内作为共同遵守的技术原则。

另外，我国国家标准化管理委员会发布的《2023 年国家标准立项指南》，对国家标准的立项提出了总体要求，重点围绕安全风险大、公众关注度高的热点、难点问题，加快重点领域亟需标准的制订，并明确了重点支持包括高端装备制造领域等 14 个领域的推荐性国家标准的制定。

高端装备制造领域包括工业母机、航空航天装备、海洋工程装备及高技术船舶、先进轨道交通装备、新能源汽车、电力装备、农机装备、工程机械、储能装备等。

1.3.2 优先数系和优先数

优先数系和优先数是工程上对各种技术参数的数值进行协调、简化和统一的一种科学的数值标准。优先数系是一种十进制的近似等比数列，其代号为 Rr，数列中每项的数值称为优先数。R 是优先数系创始人 Renard 名字的第一个字母，r 代表 5、10、20、40 和 80 等数字。

R5、R10、R20、R40 为基本系列，是常用的数系，R80 为补充数系。标准规定的五种优先数系的公比如下：

R5 数系，公比为 $q_5=\sqrt[5]{10}\approx1.60$；

R10 数系，公比为 $q_{10}=\sqrt[10]{10}\approx1.25$；

R20 数系，公比为 $q_{20}=\sqrt[20]{10}\approx1.12$；

R40 数系，公比为 $q_{40}=\sqrt[40]{10}\approx1.06$；

R80 数系，公比为 $q_{80}=\sqrt[80]{10}\approx1.03$。

GB/T 321—2005《优先数和优先数系》中列出的范围为 1~10 的优先数基本系列的常用数值，见表 1-3。

表 1-3　优先数基本系列的常用数值（摘自 GB/T 321—2005）

R5	R10	R20	R40	R5	R10	R20	R40	R5	R10	R20	R40
1.00	1.00	1.00	1.00			2.24	2.24		5.00	5.00	5.00
			1.06				2.36				5.30
		1.12	1.12	2.50	2.50	2.50	2.50			5.60	5.60
			1.18				2.65				6.00
	1.25	1.25	1.25			2.80	2.80	6.30	6.30	6.30	6.30
			1.32				3.00				6.70
		1.40	1.40		3.15	3.15	3.15			7.10	7.10
			1.50				3.35				7.50
1.60	1.60	1.60	1.60			3.55	3.55		8.00	8.00	8.00
			1.70				3.75				8.50
		1.80	1.80	4.00	4.00	4.00	4.00			9.00	9.00
			1.90				4.25				9.50
	2.00	2.00	2.00			4.50	4.50	10.00	10.00	10.00	10.00
			2.12				4.75				

优先数适用于能用数值表示的各种量值的分级，特别是产品的参数系列。在机械工程中，常见量值如直径、长度、面积、体积、载荷、应力、转速、速度、时间、功率、电流、电压和流量等的分级数值，一般都遵循优先数系。本课程所涉及的许多标准，如尺寸分段、标准公差数值以及表面粗糙度参数系列等，也都遵循优先数系。

1.4　互换性生产的技术发展

1.4.1　公差标准的建立和发展

互换性标准的建立和发展随着装备制造业的发展而逐步完善。从图 1-3 中可以清楚地看出它的百年发展史。学生应努力学好专业知识，激发为民族复兴而发奋读书的斗志。

1.4.2　检测技术的发展

检测技术水平在一定程度上反映了机械制造的精度和水平。机械加工精度的提高与

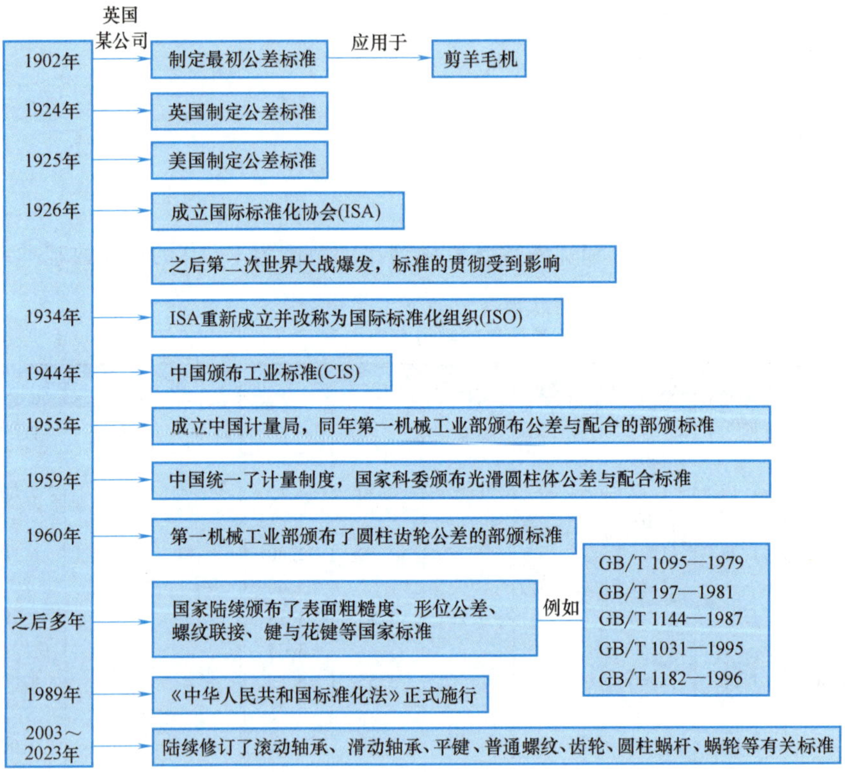

图 1-3 互换性生产的发展史

检测技术水平的提高相互依存、相互促进。根据国际计量大会统计，零件的机械加工精度大约每 10 年就会提高一个数量级，这与检测技术的发展有关。例如，1940 年，由于有了机械式比较仪，使加工精度从过去的 3μm 提高到 1.5μm；1950 年，有了光学比较仪，使加工精度提高到 0.2μm；1960 年，有了电感、电容式测微仪和圆度仪，使加工精度提高到 0.1μm；1969 年，有了激光干涉仪，使加工精度提高到 0.01μm；1982 年发明的扫描隧道显微镜（STM）、1986 年发明的原子力显微镜（AFM），使加工精度达到纳米级。

测量仪器的发展已经进入自动化、数字化和智能化时代，机械加工检测技术已从人工读数测量发展到自动定位、瞄准和测量，计算机处理测量数据，自动输出测量结果。在控制加工精度、降低生产成本及提高生产率等方面发挥了重要作用。随着人工智能、大数据和传感器技术的进一步发展，机械加工检测技术也发生了深刻的变革。

总之，互换性是现代化生产的重要生产原则，标准化是广泛实现互换性生产的前提；检测技术和计量测试是实现互换性的必要条件和手段，是工业生产中进行质量管理、贯彻质量标准必不可少的技术保证。因此，互换性、标准化和检测技术三者形成了一个有机整体。

思考题与习题

1.1 互换性在机械制造业中有何重要意义？举出2~3个互换性应用实例。

1.2 完全互换与不完全互换有什么区别？它们主要用于什么场合？

1.3 实现互换性的条件是什么？

1.4 什么是优先数系？为什么要采用优先数？

1.5 我国标准分为哪四个级别？它们之间的关系是什么？

1.6 拓宽知识视野，自主查阅学习章首页编写依据中所列出的有关标准。

第2章 尺寸极限与配合

【章节提示】

本章主要学习尺寸极限与配合中的孔、轴、尺寸、偏差、公差和配合等术语；极限与配合的国家标准；未注尺寸公差标准；极限与配合的选用等。重点是公差、配合及其国家标准、极限与配合的选用。难点是尺寸极限与配合的选用。

通过学习，在机械零部件设计制造与检验中树立标准观念和质量意识，培养精益求精的工匠精神。通过对有关标准公差、偏差数值的查表训练，培养严谨认真、一丝不苟的优良作风。

【编写依据】

本章内容主要依据下列现行国家标准编写，但不限于以下标准。

① GB/T 1800. 1—2020《产品几何技术规范（GPS） 线性尺寸公差 ISO 代号体系 第 1 部分：公差、偏差和配合的基础》。

② GB/T 1800. 2—2020《产品几何技术规范（GPS） 线性尺寸公差 ISO 代号体系 第 2 部分：标准公差带代号和孔、轴的极限偏差表》。

③ GB/T 38762. 1—2020《产品几何技术规范（GPS） 尺寸公差 第 1 部分：线性尺寸》。

④ GB/T 3177—2009《产品几何技术规范（GPS） 光滑工件尺寸的检验》。

⑤ GB/T 1803—2003《极限与配合 尺寸至 18mm 孔、轴公差带》。

⑥ GB/T 1804—2000《一般公差 未注公差的线性和角度尺寸的公差》。

2.1 有关基本术语

2.1.1 孔、轴和尺寸

1. 孔与轴

尺寸极限与配合中所讲的“孔”和“轴”具有广义性，二者装配后表现为包容和被包容的关系。“孔”是指工件的内尺寸要素，也包括非圆柱形内尺寸要素（由两相对平行面或切平面形成的包容面）。“轴”是指工件的外尺寸要素，也包括非圆柱形外尺寸要素（由两相对平行面或切平面形成的被包容面）。

例如，如图 2-1 所示，由尺寸 D_1、D_2、D_3、D_4 和 D_5 所确定的内表面（包容面）都视作孔。它们都是由两相对平行面（或切平面）形成的。由尺寸 d_1、d_2、d_3 和 d_4 所确定的外表面（被包容面）都视作轴。

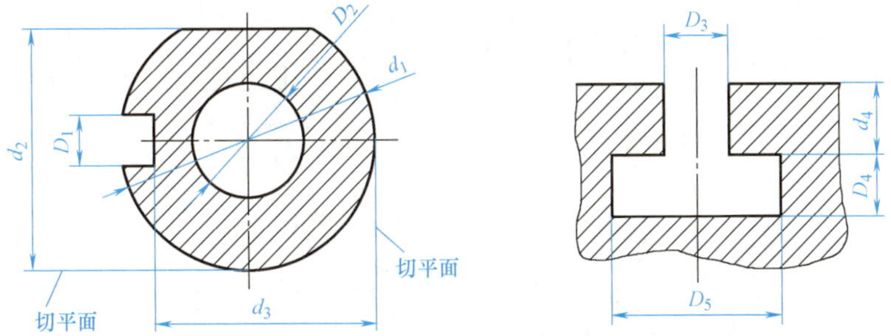

图 2-1 孔与轴

2. 尺寸

尺寸是指以特定单位表示线性尺寸值的数值，也称线性尺寸或长度尺寸。线性尺寸指两点之间的距离，如直径、宽度、深度、中心距等。国家标准规定在技术图样上所标注的线性尺寸均以毫米为单位，且省略单位符号“mm”；角度尺寸常以度、分、秒为单位来标注，且必须标明单位符号，如 30°、15°30′等。

GB/T 1800. 1—2020 将尺寸分为公称尺寸、实际尺寸和极限尺寸。

（1）公称尺寸 公称尺寸指由图样规范定义的理想形状要素的尺寸。它可以是一个整数或一个小数值，例如 15、0. 5 等。

在机械设计中，公称尺寸是设计者根据零部件的使用要求，通过刚度、强度或结构等方面的考虑，用计算、试验或类比等方法确定的尺寸。计算得到的公称尺寸数值应按照 GB/T 2822—2005《标准尺寸》予以标准化，其目的是减少定值刀具（如钻头、铰刀）、定值量具（如塞尺、卡规）、定值夹具（如弹簧夹头）及型材等的规格。

孔和轴的公称尺寸分别用 D 和 d 表示。

（2）实际尺寸 实际尺寸指提取组成要素上两对应点之间的尺寸。实际尺寸通过测量而得到，由于存在测量误差，不同的人、使用不同的测量器具、采用不同的测量方法所提取要素的对应点的值可能不完全相同，即测得的工件实际尺寸不同。

（3）极限尺寸 极限尺寸即允许尺寸变动的两个极限值。它以公称尺寸为基数来确定两个极限值。允许的最大尺寸称为上极限尺寸，允许的最小尺寸称为下极限尺寸。孔的上极限尺寸和下极限尺寸分别用 D_{max} 和 D_{min} 表示，轴的上极限尺寸和下极限尺寸分别用 d_{max} 和 d_{min} 表示，如图 2-2 所示。

极限尺寸用来限制加工零件的尺寸变动，因此，实际尺寸应位于两个极限尺寸之间，也可达到极限尺寸。

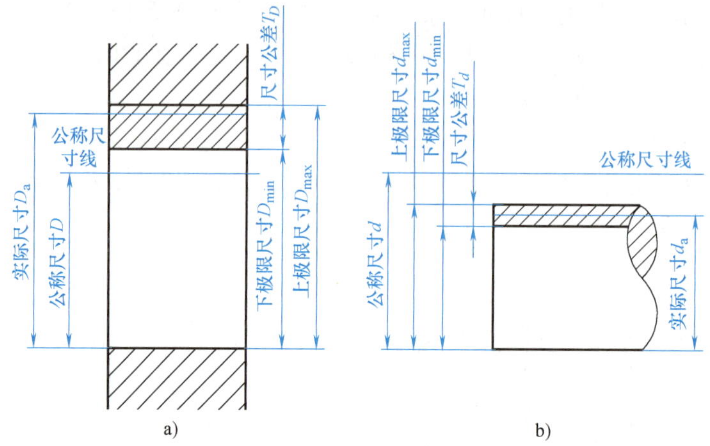

图 2-2 公称尺寸和极限尺寸

a）孔 b）轴

2.1.2 偏差和公差

1. 尺寸偏差（简称偏差）

尺寸偏差是指实际尺寸减其公称尺寸所得的代数差。上极限尺寸减其公称尺寸所得的代数差，称为上极限偏差；下极限尺寸减其公称尺寸所得的代数差，称为下极限偏差；上极限偏差与下极限偏差统称为极限偏差。

国家标准规定：孔的上极限偏差代号用大写字母 ES 表示，下极限偏差代号用大写字母 EI 表示；轴的上极限偏差代号用小写字母 es 表示，下极限偏差代号用小写字母 ei 表示。

孔和轴的上、下极限偏差分别用下式表示：

$$ES = D_{max} - D,\quad es = d_{max} - d \tag{2-1}$$

$$EI = D_{min} - D,\quad ei = d_{min} - d \tag{2-2}$$

零件的实际尺寸有可能大于、小于或等于公称尺寸，所以偏差值可能为正值、负值或零，在计算或书写偏差值时必须带有正、负号。

2. 尺寸公差（简称公差）

尺寸公差即允许尺寸的变动量，等于上极限尺寸与下极限尺寸之差，也等于上极限偏差与下极限偏差之差。孔和轴的公差分别用 T_D 和 T_d 表示。用公式表示如下：

$$T_D = D_{max} - D_{min} = ES - EI \tag{2-3}$$

$$T_d = d_{max} - d_{min} = es - ei \tag{2-4}$$

注意：尺寸公差是设计者给定的允许尺寸误差的范围，它体现了对加工方法的精度要求，不能通过测量而得到；而尺寸误差是一批零件的实际尺寸相对于公称尺寸的偏离范围，当加工条件一定时，尺寸误差也能体现出加工的精度。所以公差不能取零值，更不能为负值。

3. 尺寸公差带与公差带图

上极限偏差与下极限偏差或上极限尺寸与下极限尺寸间的变动值，即尺寸公差带，简称公差带。

表明两个相互配合的孔、轴的公称尺寸、极限尺寸、极限偏差与公差的相互关系图形，就是公差带图，如图 2-3 所示。在公差带图中，公称尺寸线以上的偏差为正偏差，公称尺寸线以下的偏差为负偏差。在实际应用中，不必绘出孔与轴的全形，只要将有关的部分放大绘出即可。

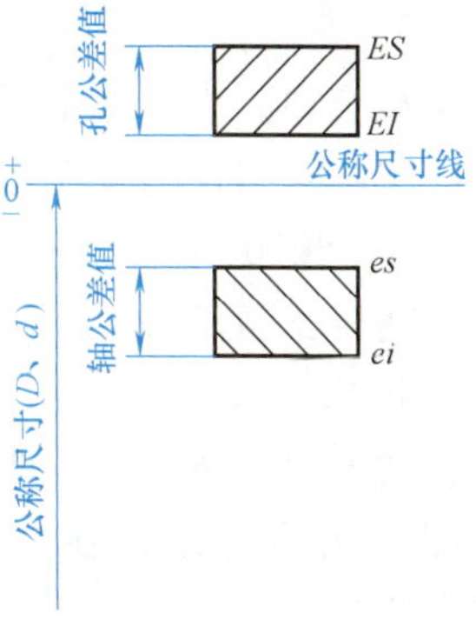

图 2-3 公差带图

由图 2-3 可见，公差带有大小和位置两个要素。公差带大小取决于公差值，公差带位置即公差带相对于公称尺寸线的位置，取决于某一个极限偏差值。

注意，公差带包含在上、下极限尺寸之间，由公差大小和相对于公称尺寸线的位置确定。公差带不是必须包含公称尺寸，公差极限值可以是双边的（两个值位于公称尺寸线的两边）或单边的（两个值位于公称尺寸线的一边）。当一个公差极限值位于一边，而另一个公差极限值为零时，这种情况是单边的特例。

公差带图的绘制步骤如下。

1）画公称尺寸线，标出“0”“+”“−”，用箭头指向公称尺寸线并标出其数值。

2）按照相同比例画出孔、轴的公差带。通常将孔的公差带打上 45°剖面线，轴的公差带打上−45°剖面线，以示区别。

3）标出孔和轴的上、下极限偏差值及其他要求标注的数值。

例 2-1 已知某一对相互配合的孔与轴，其公称尺寸为 60mm，孔的上极限尺寸 D_{max} = 60.030mm，下极限尺寸 D_{min} = 60mm，轴的上极限尺寸 d_{max} = 59.990mm，下极限尺寸 d_{min} = 59.971mm，加工后测得孔和轴的实际尺寸分别为 60.010mm 和 59.980mm。求孔与轴的极限偏差、实际偏差及公差，并绘制公差带图。

解 1）孔的极限偏差 $ES = D_{max} - D = 60.030\text{mm} - 60\text{mm} = +0.030\text{mm} = +30\mu\text{m}$

$$EI = D_{min} - D = 60\text{mm} - 60\text{mm} = 0$$

轴的极限偏差 $es = d_{max} - d = 59.990\text{mm} - 60\text{mm} = -0.010\text{mm} = -10\mu\text{m}$

$$ei = d_{min} - d = 59.971\text{mm} - 60\text{mm} = -0.029\text{mm} = -29\mu\text{m}$$

2）孔的实际偏差 = 60.010mm − 60mm = +0.010mm = +10μm

轴的实际偏差 = 59.980mm − 60mm = −0.020mm = −20μm

3）孔的公差 $T_D = D_{max} - D_{min} = 60.030\text{mm} - 60\text{mm} = 0.030\text{mm} = 30\mu\text{m}$

轴的公差 $T_d = d_{max} - d_{min} = 59.990\text{mm} - 59.971\text{mm} = 0.019\text{mm} = 19\mu\text{m}$

4）绘制公差带图，如图 2-4 所示。

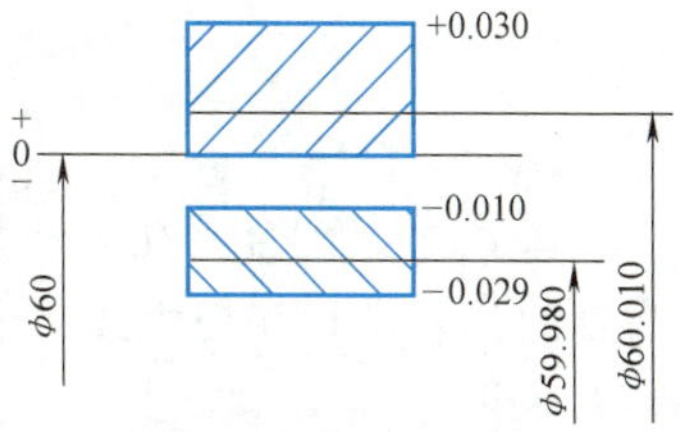

图 2-4 例 2-1 图

2.1.3 有关配合的术语

1. 间隙和过盈

孔的尺寸减去与之相配合的轴的尺寸所得的代数差，此差为正值时即为间隙，用 X 表示；为负值时即为过盈，用 Y 表示。

2. 配合

配合即公称尺寸相同，待装配的内尺寸（孔）与外尺寸（轴）公差带之间的关系。它反映了相互结合的零件之间结合的松紧程度。配合分为间隙配合、过盈配合和过渡配合。

（1）间隙配合　孔和轴装配时总是存在间隙的配合称为间隙配合。此时孔的下极限尺寸（D_{min}）大于或等于轴的上极限尺寸（d_{max}），即 $D_{min} \geq d_{max}$。间隙配合孔的公差带在轴的公差带上方，如图 2-5 所示。

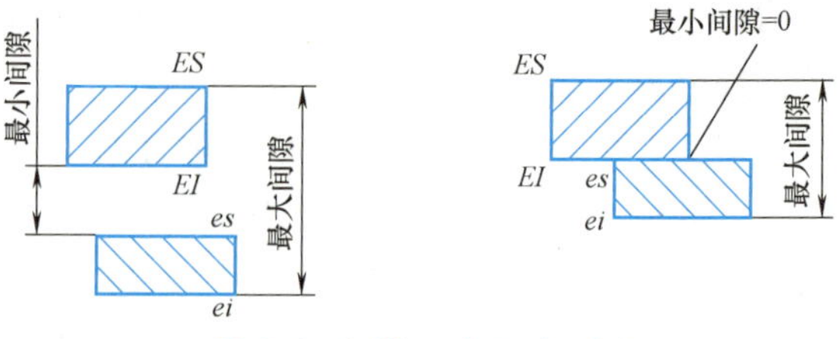

图 2-5　间隙配合尺寸示例

1）最大间隙（X_{max}）。孔的上极限尺寸减去轴的下极限尺寸，或孔的上极限偏差减去轴的下极限偏差所得的代数差。

2）最小间隙（X_{min}）。孔的下极限尺寸减去轴的上极限尺寸，或孔的下极限偏差减去轴的上极限偏差所得的代数差。

3）平均间隙（X_m）。最大间隙与最小间隙的平均值。用公式表示为

$$X_{max}=D_{max}-d_{min}=ES-ei \tag{2-5}$$

$$X_{min}=D_{min}-d_{max}=EI-es \tag{2-6}$$

$$X_m=(X_{max}+X_{min})/2 \tag{2-7}$$

（2）过盈配合　孔和轴装配时总是存在过盈的配合称为过盈配合。此时孔的上极限尺寸（D_{max}）小于或等于轴的下极限尺寸（d_{min}），即 $D_{max} \leq d_{min}$。过盈配合孔的公差带在轴的公差带下方，如图 2-6 所示。

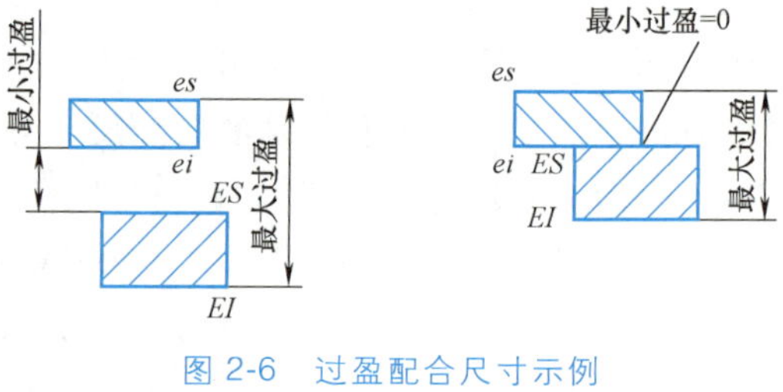

图 2-6　过盈配合尺寸示例

1）最大过盈（Y_{max}）。孔的下极限尺寸减去轴的上极限尺寸，或孔的下极限偏差减去轴的上极限偏差所得的代数差。

2）最小过盈（Y_{min}）。孔的上极限尺寸减去轴的下极限尺寸，或孔的上极限偏差减去轴的下极限偏差所得的代数差。

3）平均过盈（Y_m）。最大过盈与最小过盈的平均值。用公式表示为

$$Y_{max}=D_{min}-d_{max}=EI-es \tag{2-8}$$

$$Y_{min}=D_{max}-d_{min}=ES-ei \tag{2-9}$$

$$Y_m=(Y_{max}+Y_{min})/2 \tag{2-10}$$

（3）过渡配合　孔和轴装配时可能具有间隙或过盈的配合是过渡配合。其孔的公差带与轴的公差带相互交叠或完全重叠或部分重叠，如图 2-7 所示。

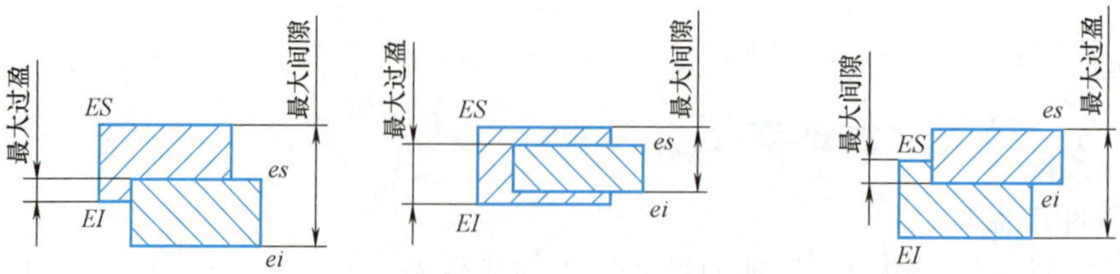

图 2-7　过渡配合尺寸示例

在过渡配合中，孔和轴之间是否形成间隙配合或过盈配合取决于孔和轴的实际尺寸，随着孔、轴的实际尺寸的变化，配合的松紧程度会发生变化。最大间隙与最大过盈的代数和为正值时是平均间隙（X_m），为负值时是平均过盈（Y_m）。用公式表示为

$$X_m(\text{或 } Y_m)=(X_{max}+Y_{max})/2 \tag{2-11}$$

必须指出：间隙配合、过盈配合和过渡配合是对于一批孔和轴而言，具体到一对孔与轴装配后，只能出现要么是间隙要么是过盈，包括间隙或过盈为零的情况，而不会出现过渡配合的情况。

视频 2-1 是本部分导学，仅供参考。

视频 2-2 对三种配合公差带的相互关系进行演示说明。

视频 2-3 对三种配合的特点用实例加以分析说明。

2-1 配合的术语导学

2-2 配合公差带关系演示

2-3 配合类别的实例分析

3. 配合公差与配合公差带

配合公差是指相互配合的孔与轴，允许其配合间隙或过盈的变动量，表明配合松紧的变化程度，是衡量配合精度的重要指标。

配合公差是组成配合的两个尺寸要素的尺寸公差之和。它是一个没有符号的绝对值，表示配合所允许的变动量，可用配合公差带图表示，由代表极限间隙或过盈的两条直线所限定的区域，如图 2-8 所示。图中，零线代表间隙或过盈等于零。零线以上表示间隙，零线以下表示过盈。因此，配合公差带在零线以上表示间隙配合；在零线以下表示过盈配合；位于零线两侧表示过渡配合。

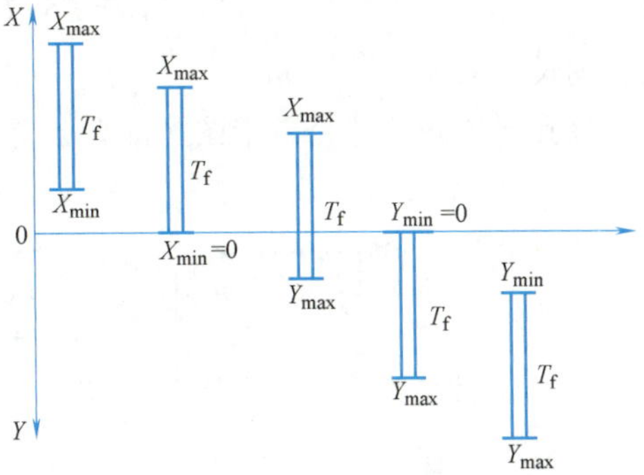

图 2-8 配合公差带图

配合公差用 T_f 表示。间隙配合的配合公差等于最大间隙与最小间隙之差；过盈配合的配合公差等于最大过盈与最小过盈之差；过渡配合的配合公差等于最大间隙与最大过盈之差。用公式分别表示为

间隙配合公差 $$T_f=X_{max}-X_{min} \tag{2-12}$$

过盈配合公差 $$T_f=Y_{max}-Y_{min} \tag{2-13}$$

过渡配合公差 $$T_f=X_{max}-Y_{max} \tag{2-14}$$

例 2-2 已知孔 $\phi35^{+0.021}_{0}$mm 与轴 $\phi35^{+0.028}_{+0.015}$mm 组成过渡配合，求极限间隙或过盈、配合公差、平均间隙或过盈，并画出公差带图。

解 1）由式（2-5）计算最大间隙

$$X_{max}=ES-ei=(+0.021)\text{mm}-(+0.015)\text{mm}=+0.006\text{mm}=+6\mu\text{m}$$

由式（2-8）计算最大过盈

$$Y_{max}=EI-es=0mm-(+0.028)mm=-0.028mm=-28\mu m$$

由式（2-11）计算平均过盈

$$Y_m=(X_{max}+Y_{max})/2=-0.011mm=-11\mu m$$

由式（2-14）计算配合公差

$$T_f=X_{max}-Y_{max}=(+0.006)-(-0.028)mm=0.034mm=34\mu m$$

2）画公差带图，如图 2-9 所示。

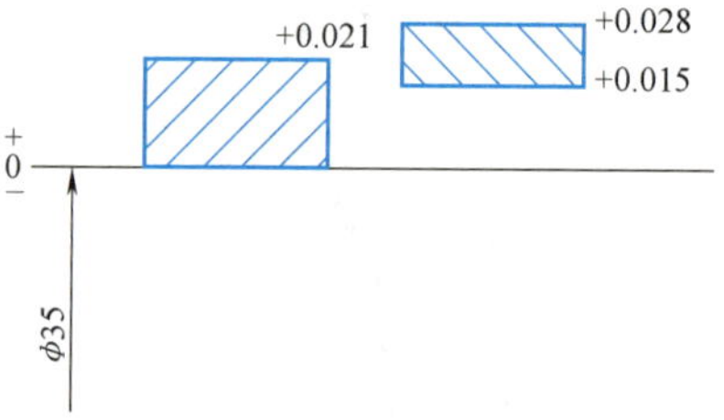

图 2-9 例 2-2 图

例 2-3 设某配合的公称尺寸为 $\phi60mm$，配合公差 $T_f=49\mu m$，最大间隙 $X_{max}=19\mu m$，孔的尺寸公差 $T_D=30\mu m$，轴的下极限偏差 $ei=+11\mu m$。试绘制孔、轴的尺寸公差带图和配合公差带图，并说明配合类别。

解 根据公式 $T_f=T_D+T_d$

得 $$T_d=T_f-T_D=(49-30)\mu m=19\mu m$$

由式（2-4）$T_d=es-ei$

得 $$es=T_d+ei=[19+(+11)]\mu m=30\mu m$$

故轴的尺寸为 $\phi60^{+0.030}_{+0.011}mm$。

由式（2-5）$X_{max}=ES-ei$

得 $$ES=X_{max}+ei=[19+(+11)]\mu m=+30\mu m$$

由式（2-3）$T_D=ES-EI$

得 $$EI=ES-T_D=(30-30)\mu m=0$$

故孔的尺寸为 $\phi60^{+0.030}_{0}mm$。

该孔与轴的尺寸公差带图、配合公差带图如图 2-10 所示。该配合为过渡配合。

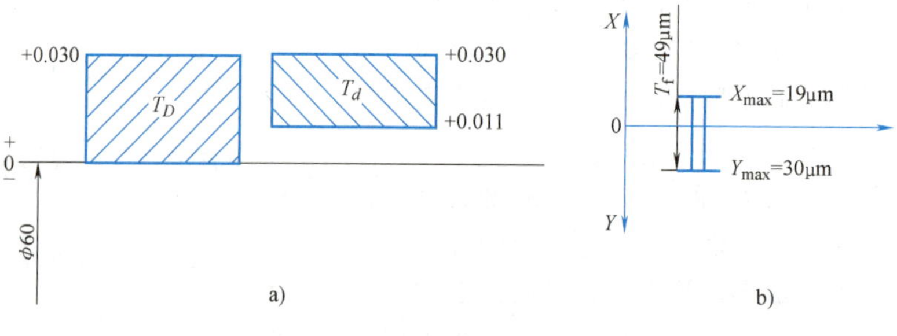

图 2-10 例 2-3 图

a）尺寸公差带图 b）配合公差带图

例 2-4 设某配合的公称尺寸为 $\phi15mm$，配合公差 $T_f=19\mu m$，轴的上极限偏差 $es=0$，最小过盈 $Y_{min}=-1\mu m$，孔的尺寸公差 $T_D=11\mu m$。试绘制孔、轴的尺寸公差带图和配合公差带图，并说明配合类别。

解 根据公式 $T_f=T_D+T_d$

得 $$T_d=T_f-T_D=(19-11)\mu m=8\mu m$$

由式（2-4）$T_d=es-ei$

得 $$ei=es-T_d=(0-8)\mu m=-8\mu m$$

故轴的尺寸为 $\phi15_{-0.008}^{\ 0}$mm。

由式（2-9） $Y_{min}=ES-ei$

得 $$ES=Y_{min}+ei=[(-1)+(-8)]\mu m=-9\mu m$$

由式（2-3） $T_D=ES-EI$

得 $$EI=ES-T_D=(-9-11)\mu m=-20\mu m$$

故孔的尺寸为 $\phi15_{-0.020}^{-0.009}$mm。

该孔与轴的尺寸公差带图、配合公差带图如图 2-11 所示。该配合为过盈配合。

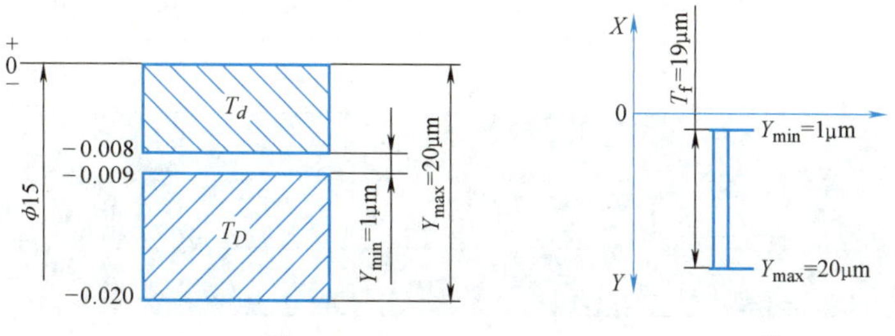

图 2-11 例 2-4 图

a）尺寸公差带图 b）配合公差带图

2.2 极限与配合国家标准

极限与配合国家标准是为了满足零件的互换性要求，对零件的加工尺寸误差加以控制所给出的加工精度要求，用标准的形式做出的统一规定，主要包括公差带标准化和配合标准化。

2.2.1 标准公差与基本偏差系列

国家标准将公差带的大小和位置标准化，为此，规定了标准公差系列和基本偏差系列。

1. 标准公差系列——公差带大小标准化

标准公差系列是指极限与配合国家标准制定的一系列标准公差数值。由“标准公差等级”和“公称尺寸”决定。

（1）标准公差等级 标准公差等级确定尺寸精度的等级。国家标准将公差等级分为 20 级，依次表示为 IT01、IT0、IT1、…、IT18。其中 IT 是国际公差（ISO Tolerance）的缩写，如 IT7 表示 7 级标准公差。

从 IT01 至 IT18，公差等级精度依次降低，相应的标准公差值依次增大，相同尺寸情况下加工越容易。同一公差等级，虽然公差值随着公称尺寸的不同而变化，但它们具有相同的精度。对同一公称尺寸的孔和轴，其标准公差值取决于公差等级的高低。公差等级越高，其公差值越小；公差等级越低，其公差值越大。

（2）标准公差的计算及规律

1）国家标准给出的公称尺寸≤3150mm、公差等级为 IT1～IT18 的标准公差计算公式见表 2-1。

表 2-1 IT1～IT18 标准公差计算公式（公称尺寸≤3150mm，摘自 GB/T 1800.1—2020）

公称尺寸/mm		标准公差等级								
		IT1	IT2	IT3	IT4	IT5	IT6	IT7	IT8	IT9
大于	至	标准公差计算公式/μm								
—	500	—	—	—	—	$7i$	$10i$	$16i$	$25i$	$40i$
500	3150	$2I$	$2.7I$	$3.7I$	$5I$	$7I$	$10I$	$16I$	$25I$	$40I$
公称尺寸/mm		标准公差等级								
		IT10	IT11	IT12	IT13	IT14	IT15	IT16	IT17	IT18
大于	至	标准公差计算公式/μm								
—	500	$64i$	$100i$	$160i$	$250i$	$400i$	$640i$	$1000i$	$1600i$	$2500i$
500	3150	$64I$	$100I$	$160I$	$250I$	$400I$	$640I$	$1000I$	$1600I$	$2500I$

注：1. 从 IT6 起，其规律是每增加 5 个公差等级，标准公差值增加至 10 倍。

2. 表中公称尺寸≤500mm 的 IT1～IT4 的标准公差计算式见表 2-2。

2）公称尺寸≤500mm 的 IT01～IT4 标准公差计算公式见表 2-2。

表 2-2 公称尺寸≤500mm 的 IT01～IT4 标准公差计算公式（摘自 GB/T 1800.1—2020）

（单位：μm）

标准公差等级	标准公差计算公式	标准公差等级	标准公差计算公式
IT01	$0.3+0.008D$	IT2	$IT1\times(IT5/IT1)^{1/4}$
IT0	$0.5+0.012D$	IT3	$IT1\times(IT5/IT1)^{1/2}$
IT1	$0.8+0.020D$	IT4	$IT1\times(IT5/IT1)^{3/4}$

注：式中 D 为公称尺寸段的几何平均值。

表 2-1 中，i 和 I 是用来确定标准公差的基本单位，称为标准公差因子。标准公差值、标准公差因子和公称尺寸之间的关系为

$$IT=ai \quad 或 \quad IT=aI \tag{2-15}$$

式中 a——公差等级系数，表 2-1 中已列出。从 IT6～IT8 的公差等级系数采用优先数系 R5 系列；

i 和 I——标准公差因子（μm）。

当 $D\leqslant500$mm 时，$IT=ai$；其中，$i=0.45\sqrt[3]{D}+0.001D$。

当 $500\text{mm}<D\leqslant3150$mm 时，$IT=aI$；其中，$I=0.004D+2.1$。

式中 D——公称尺寸段的几何平均值（mm）。

（3）标准公差数值 在公称尺寸和公差等级确定的情况下，按照上述标准公差计算公

式，计算出公差等级在 IT1～IT18、公称尺寸至 500mm 的标准公差数值见表 2-3。由表可见，标准公差数值与公称尺寸分段和公差等级有关。

表 2-3 标准公差数值（公称尺寸≤500mm，摘自 GB/T 1800.1—2020）

公称尺寸/mm		标准公差等级																	
		IT1	IT2	IT3	IT4	IT5	IT6	IT7	IT8	IT9	IT10	IT11	IT12	IT13	IT14	IT15	IT16	IT17	IT18
大于	至	μm											mm						
—	3	0.8	1.2	2	3	4	6	10	14	25	40	60	0.1	0.14	0.25	0.4	0.6	1	1.4
3	6	1	1.5	2.5	4	5	8	12	18	30	48	75	0.12	0.18	0.3	0.48	0.75	1.2	1.8
6	10	1	1.5	2.5	4	6	9	15	22	36	58	90	0.15	0.22	0.36	0.58	0.9	1.5	2.2
10	18	1.2	2	3	5	8	11	18	27	43	70	110	0.18	0.27	0.43	0.7	1.1	1.8	2.7
18	30	1.5	2.5	4	6	9	13	21	33	52	84	130	0.21	0.33	0.52	0.84	1.3	2.1	3.3
30	50	1.5	2.5	4	7	11	16	25	39	62	100	160	0.25	0.39	0.62	1	1.6	2.5	3.9
50	80	2	3	5	8	13	19	30	46	74	120	190	0.3	0.46	0.74	1.2	1.9	3	4.6
80	120	2.5	4	6	10	15	22	35	54	87	140	220	0.35	0.54	0.87	1.4	2.2	3.5	5.4
120	180	3.5	5	8	12	18	25	40	63	100	160	250	0.4	0.63	1	1.6	2.5	4	6.3
180	250	4.5	7	10	14	20	29	46	72	115	185	290	0.46	0.72	1.15	1.85	2.9	4.6	7.2
250	315	6	8	12	16	23	32	52	81	130	210	320	0.52	0.81	1.3	2.1	3.2	5.2	8.1
315	400	7	9	13	18	25	36	57	89	140	230	360	0.57	0.89	1.4	2.3	3.6	5.7	8.9
400	500	8	10	15	20	27	40	63	97	155	250	400	0.63	0.97	1.55	2.5	4	6.3	9.7

注：对于 IT0 和 IT01 公差等级的标准公差数值，因它们在工业中应用较少，在此不予列出。

（4）公称尺寸分段　根据表 2-1 和表 2-2 所给出的标准公差的计算式，不同的公称尺寸就有相应的公差值，在生产实践中，因尺寸很多，会使公差表格非常庞大。为了简化表格，便于应用，GB/T 1800.1—2020 对公称尺寸进行了分段。

尺寸分段后，对同一尺寸分段内的所有公称尺寸，在相同公差等级的情况下，规定相同的标准公差。

计算公差数值时，以尺寸分段的首尾两项 D_1 和 D_2 的几何平均值 $D=\sqrt{D_1 D_2}$ 代入公式中计算后，必须对计算的数值尾数进行修正。

例 2-5　计算公称尺寸分段为 30～50mm，IT7 和 IT1 的标准公差数值。

解　公称尺寸段的几何平均值 $D=\sqrt{30\times50}\text{mm}=38.73\text{mm}$

因 $D\leqslant500\text{mm}$ 时，标准公差因子 $i=0.45\sqrt[3]{D}+0.001D$，计算得 $i=1.56\mu\text{m}$。

由表 2-1 查 $D\leqslant500\text{mm}$ 时，$IT7=16i=(16\times1.56)\mu\text{m}=25\mu\text{m}$。计算结果与表 2-3 标准公差数值所列相同。

由表 2-2 查 $IT1=0.8\mu\text{m}+0.020D=1.57\mu\text{m}$。经修正后取 $IT1=1.5\mu\text{m}$。计算结果与表 2-3 标准公差数值所列相同。

表 2-3 中所列标准公差数值是经过计算和尾数修正后的各尺寸段的标准公差值，工程应用中可直接查表。查表时一定要严谨认真，细致耐心，一丝不苟，切莫“失之毫厘，差之千里”。

2. 基本偏差系列——公差带位置标准化

（1）基本偏差代号及其特点　国家标准规定，用来确定公差带相对公称尺寸位置的那个极限偏差，称为基本偏差，一般为靠近公称尺寸的那个偏差。它是决定公差带位置的参数，当尺寸公差带在公称尺寸线以上时，基本偏差为下极限偏差 *EI* 或 *ei*，当尺寸公差带在公称尺寸线以下时，基本偏差为上极限偏差 *ES* 或 *es*，因此基本偏差可以是上极限偏差，也可以是下极限偏差，如图 2-12 所示。

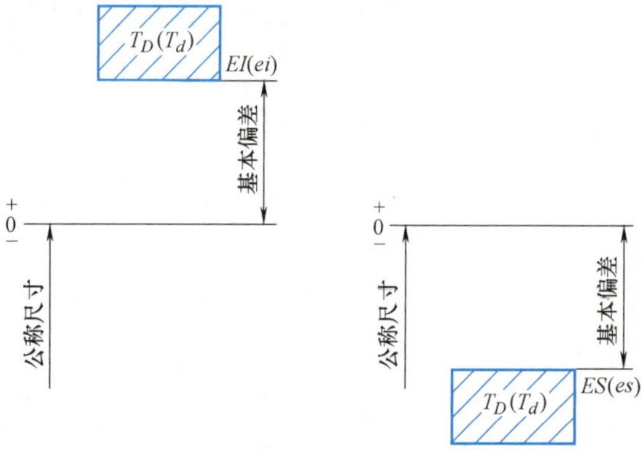

图 2-12　标准公差　基本偏差

为了使公差带位置标准化，国家标准规定孔和轴各有 28 种基本偏差代号。为了避免混淆，不能使用下列字母：I（i）、L（l）、O（o）、Q（q）、W（w），增加双字母组合。孔的基本偏差代号用大写字母表示，从 A 到 ZC；轴的基本偏差代号用小写字母表示，从 a 到 zc。这 28 种基本偏差代号确定了 28 类公差带的位置，构成了基本偏差系列，如图 2-13 所示的公差带（基本偏差）相对于公称尺寸位置的关系。图中，仅绘出了公差带的一端，另一端未绘出，因为它取决于标准公差值的大小。

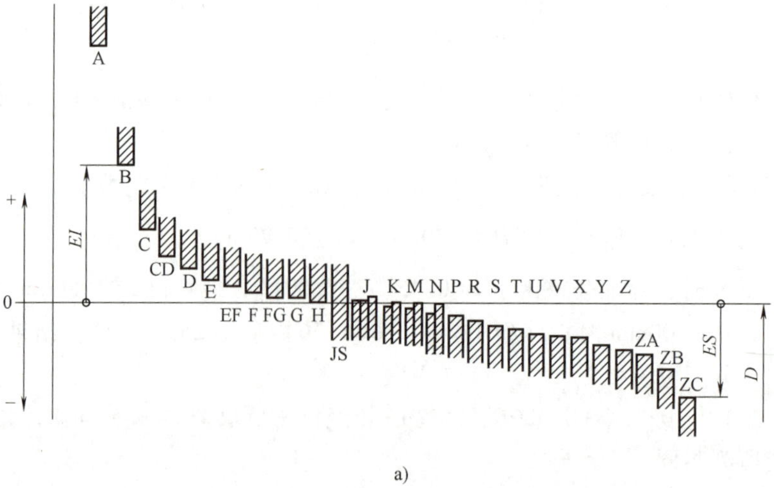

图 2-13　公差带（基本偏差）相对于公称尺寸位置的示意

a）孔（内尺寸要素）

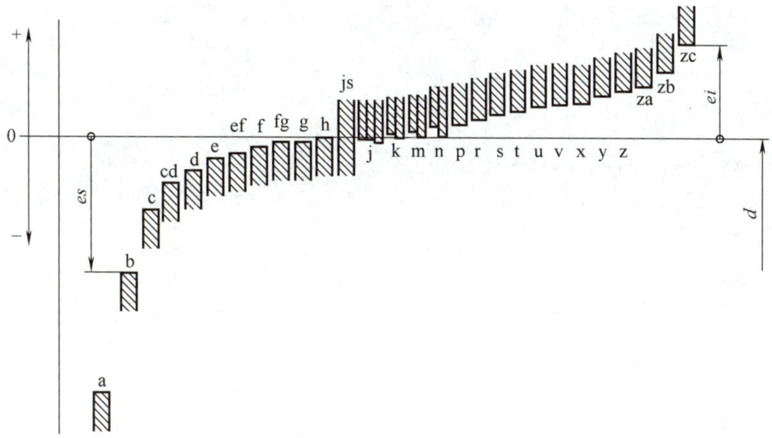

b)

图 2-13　公差带（基本偏差）相对于公称尺寸位置的示意（续）

b）轴（外尺寸要素）

由图 2-13 可以看出，基本偏差系列有下列特点：

1）孔的基本偏差从 A～H 为下极限偏差 *EI*，从 J～ZC 为上极限偏差 *ES*（JS 代号偏差除外）；轴的基本偏差从 a～h 为上极限偏差 *es*，从 j～zc 为下极限偏差 *ei*（js 代号偏差除外）。

2）H 的基本偏差为下极限偏差且等于零，H 代表基准孔；h 的基本偏差为上极限偏差且等于零，h 代表基准轴。

3）JS、js 上、下极限偏差都可以看作是基本偏差，因为它的公差带以公称尺寸线对称，上极限偏差是+IT/2，下极限偏差是-IT/2。

4）J、j 的公差带比较特殊，它与某些高精度的公差等级组成公差带时，其基本偏差并不是靠近公称尺寸线的那个偏差。

5）大多数情况下，基本偏差与公差等级无关，但有个别特殊情况与公差等级有关。图 2-13 中 k 的基本偏差画出两种情况以示区别，K、M 和 N 基本偏差也如此。

（2）基本偏差数值　国家标准对于不同尺寸、不同公差等级的基本偏差做出了相应的规定，其数值分别按照“孔的基本偏差数值表”和“轴的基本偏差数值表”给出。公称尺寸至 3150mm 的孔和轴的基本偏差数值分别见表 2-4 和表 2-5。

由表 2-4 和表 2-5 可见，相同代号的孔的基本偏差与轴的基本偏差相对于公称尺寸线完全对称，即孔与轴的基本偏差代号对应时（如 A 对应 a)，两者的基本偏差绝对值相等、符号相反，即 $ES=-ei$，$EI=-es$。这一规则被称为通用规则。

通用规则适用于所有的基本偏差，但以下情况例外。

1）公称尺寸大于 3～500mm，标准公差等级大于 IT8（IT9、IT10、…）的孔的基本偏差 N，其数值（*ES*）等于零。

2）在公称尺寸大于 3～500mm 的基孔制或基轴制配合中，给定某一公差等级的孔要与精度更高一级的轴相配（如 H7/p6 和 P7/h6)，并要求具有相等的间隙或过盈。

表 2-4 孔的基本偏

公称尺寸/mm		基本偏差																				
		下极限偏差 EI																				
		所有标准公差等级												IT6	IT7	IT8	≤IT8	>IT8	≤IT8	>IT8	≤IT8	>IT8
大于	至	A	B	C	CD	D	E	EF	F	FG	G	H	JS	J			K		M		N	
—	3	+270	+140	+60	+34	+20	+14	+10	+6	+4	+2	0	偏差=±$\frac{IT_n}{2}$，式中 n 是标准公差等级数	+2	+4	+6	0	0	-2	-2	-4	-4
3	6	+270	+140	+70	+46	+30	+20	+14	+10	+6	+4	0		+5	+6	+10	-1+Δ		-4+Δ	-4	-8+Δ	0
6	10	+280	+150	+80	+56	+40	+25	+18	+13	+8	+5	0		+5	+8	+12	-1+Δ		-6+Δ	-6	-10+Δ	0
10	14	+290	+150	+95	+70	+50	+32	+23	+16		+6	0		+6	+10	+15	-1+Δ		-7+Δ	-7	-12+Δ	0
14	18																					
18	24	+300	+160	+110	+85	+65	+40	+28	+20		+7	0		+8	+12	+20	-2+Δ		-8+Δ	-8	-15+Δ	0
24	30																					
30	40	+310	+170	+120	+100	+80	+50	+35	+25		+9	0		+10	+14	+24	-2+Δ		-9+Δ	-9	-17+Δ	0
40	50	+320	+180	+130																		
50	65	+340	+190	+140		+100	+60		+30		+10	0		+13	+18	+28	-2+Δ		-11+Δ	-11	-20+Δ	0
65	80	+360	+200	+150																		
80	100	+380	+220	+170		+120	+72		+36		+12	0		+16	+22	+34	-3+Δ		-13+Δ	-13	-23+Δ	0
100	120	+410	+240	+180																		
120	140	+460	+260	+200		+145	+85		+43		+14	0		+18	+26	+41	-3+Δ		-15+Δ	-15	-27+Δ	0
140	160	+520	+280	+210																		
160	180	+580	+310	+230																		
180	200	+660	+340	+240		+170	+100		+50		+15	0		+22	+30	+47	-4+Δ		-17+Δ	-17	-31+Δ	0
200	225	+740	+380	+260																		
225	250	+820	+420	+280																		
250	280	+920	+480	+300		+190	+110		+56		+17	0		+25	+36	+55	-4+Δ		-20+Δ	-20	-34+Δ	0
280	315	+1050	+540	+330																		
315	355	+1200	+600	+360		+210	+125		+62		+18	0		+29	+39	+60	-4+Δ		-21+Δ	-21	-37+Δ	0
355	400	+1350	+680	+400																		
400	450	+1500	+760	+440		+230	+135		+68		+20	0		+33	+43	+66	-5+Δ		-23+Δ	-23	-40+Δ	0
450	500	+1650	+840	+480																		
500	560					+260	+145		+76		+22	0					0		-26		-44	
560	630																					
630	710					+290	+160		+80		+24	0					0		-30		-50	
710	800																					
800	900					+320	+170		+86		+26	0					0		-34		-56	
900	1000																					
1000	1120					+350	+195		+98		+28	0					0		-40		-66	
1120	1250																					
1250	1400					+390	+220		+110		+30	0					0		-48		-78	
1400	1600																					
1600	1800					+430	+240		+120		+32	0					0		-58		-92	
1800	2000																					
2000	2240					+480	+260		+130		+34	0					0		-68		-110	
2240	2500																					
2500	2800					+520	+290		+145		+38	0					0		-76		-135	
2800	3150																					

注：1. 公称尺寸≤1mm 时，不适用基本偏差 A 和 B。

2. 对≤IT8 的 K、M、N 和≤IT7 的 P~ZC，所需 Δ 值从表内右侧选取。例如，18~30mm 段的 K7：Δ=8μm，所

3. 特殊情况：250~315mm 段的 M6，ES=-9μm（代替-11μm）。

差数值（摘自 GB/T 1800.1—2020）　　（基本偏差单位：μm）

数值													Δ值					
上极限偏差 *ES*																		
≤IT7	标准公差等级>IT7												标准公差等级					
P 至 ZC	P	R	S	T	U	V	X	Y	Z	ZA	ZB	ZC	IT3	IT4	IT5	IT6	IT7	IT8
在>IT7的相应数值上增加一个Δ值	-6	-10	-14		-18		-20		-26	-32	-40	-60	0	0	0	0	0	0
	-12	-15	-19		-23		-28		-35	-42	-50	-80	1	1.5	1	3	4	6
	-15	-19	-23		-28		-34		-42	-52	-67	-97	1	1.5	2	3	6	7
	-18	-23	-28		-33		-40		-50	-64	-90	-130	1	2	3	3	7	9
						-39	-45		-60	-77	-108	-150						
	-22	-28	-35		-41	-47	-54	-63	-73	-98	-136	-188	1.5	2	3	4	8	12
				-41	-48	-55	-64	-75	-88	-118	-160	-218						
	-26	-34	-43	-48	-60	-68	-80	-94	-112	-148	-200	-274	1.5	3	4	5	9	14
				-54	-70	-81	-97	-114	-136	-180	-242	-325						
	-32	-41	-53	-66	-87	-102	-122	-144	-172	-226	-300	-405	2	3	5	6	11	16
		-43	-59	-75	-102	-120	-146	-174	-210	-274	-360	-480						
	-37	-51	-71	-91	-124	-146	-178	-214	-258	-335	-445	-585	2	4	5	7	13	19
		-54	-79	-104	-144	-172	-210	-254	-310	-400	-525	-690						
	-43	-63	-92	-122	-170	-202	-248	-300	-365	-470	-620	-800	3	4	6	7	15	23
		-65	-100	-134	-190	-228	-280	-340	-415	-535	-700	-900						
		-68	-108	-146	-210	-252	-310	-380	-465	-600	-780	-1000						
	-50	-77	-122	-166	-236	-284	-350	-425	-520	-670	-880	-1150	3	4	6	9	17	26
		-80	-130	-180	-258	-310	-385	-470	-575	-740	-960	-1250						
		-84	-140	-196	-284	-340	-425	-520	-640	-820	-1050	-1350						
	-56	-94	-158	-218	-315	-385	-475	-580	-710	-920	-1200	-1550	4	4	7	9	20	29
		-98	-170	-240	-350	-425	-525	-650	-790	-1000	-1300	-1700						
	-62	-108	-190	-268	-390	-475	-590	-730	-900	-1150	-1500	-1900	4	5	7	11	21	32
		-114	-208	-294	-435	-530	-660	-820	-1000	-1300	-1650	-2100						
	-68	-126	-232	-330	-490	-595	-740	-920	-1100	-1450	-1850	-2400	5	5	7	13	23	34
		-132	-252	-360	-540	-660	-820	-1000	-1250	-1600	-2100	-2600						
	-78	-150	-280	-400	-600													
		-155	-310	-450	-660													
	-88	-175	-340	-500	-740													
		-185	-380	-560	-840													
	-100	-210	-430	-620	-940													
		-220	-470	-680	-1050													
	-120	-250	-520	-780	-1150													
		-260	-580	-840	-1300													
	-140	-300	-640	-960	-1450													
		-330	-720	-1050	-1600													
	-170	-370	-820	-1200	-1850													
		-400	-920	-1350	-2000													
	-195	-440	-1000	-1500	-2300													
		-460	-1100	-1650	-2500													
	-240	-550	-1250	-1900	-2900													
		-580	-1400	-2100	-3200													

以 $ES=-2+8=+6\mu m$；18～30mm 段的 S6：$\Delta=4\mu m$，所以 $ES=-35+4=-31\mu m$。

表 2-5 轴的基本偏

公称尺寸/mm		基本偏差																
		上极限偏差 *es*																
		所有标准公差等级											IT5和IT6	IT7	IT8	IT4至IT7	≤IT3 >IT7	
大于	至	a	b	c	cd	d	e	ef	f	fg	g	h	js	j			k	
—	3	-270	-140	-60	-34	-20	-14	-10	-6	-4	-2	0		-2	-4	-6	0	0
3	6	-270	-140	-70	-46	-30	-20	-14	-10	-6	-4	0		-2	-4		+1	0
6	10	-280	-150	-80	-56	-40	-25	-18	-13	-8	-5	0		-2	-5		+1	0
10	14	-290	-150	-95	-70	-50	-32	-23	-16	-10	-6	0		-3	-6		+1	0
14	18																	
18	24	-300	-160	-110	-85	-65	-40	-25	-20	-12	-7	0		-4	-8		+2	0
24	30																	
30	40	-310	-170	-120	100	-80	-50	-35	-25	-15	-9	0		-5	-10		+2	0
40	50	-320	-180	-130														
50	65	-340	-190	-140		-100	-60		-30		-10	0		-7	-12		+2	0
65	80	-360	-200	-150														
80	100	-380	-220	-170		-120	-72		-36		-12	0		-9	-15		+3	0
100	120	-410	-240	-180														
120	140	-460	-260	-200		-145	-85		-43		-14	0		-11	-18		+3	0
140	160	-520	-280	-210														
160	180	-580	-310	-230														
180	200	-660	-340	-240		-170	-100		-50		-15	0	偏差 = ± $\frac{IT_n}{2}$，式中 *n* 是标准公差等级数	-13	-21		+4	0
200	225	-740	-380	-260														
225	250	-820	-420	-280														
250	280	-920	-480	-300		-190	-110		-56		-17	0		-16	-26		+4	0
280	315	-1050	-540	-330														
315	355	-1200	-600	-360		-210	-125		-62		-18	0		-18	-28		+4	0
355	400	-1350	-680	-400														
400	450	-1500	-760	-440		-230	-135		-68		-20	0		-20	-32		+5	0
450	500	-1650	-840	-480														
500	560					-260	-145		-76		-22	0					0	0
560	630																	
630	710					-290	-160		-80		-24	0					0	0
710	800																	
800	900					-320	-170		-86		-26	0					0	0
900	1000																	
1000	1120					-350	-195		-98		-28	0					0	0
1120	1250																	
1250	1400					-390	-220		-110		-30	0					0	0
1400	1600																	
1600	1800					-430	-240		-120		-32	0					0	0
1800	2000																	
2000	2240					-480	-260		-130		-34	0					0	0
2240	2500																	
2500	2800					-520	-290		-145		-38	0					0	0
2800	3150																	

注：公称尺寸≤1mm 时，基本偏差 a 和 b 均不采用。

差数值（摘自 GB/T 1800.1—2020）　　（基本偏差单位：μm）

数值													
下极限偏差 *ei*													
所有标准公差等级													
m	n	p	r	s	t	u	v	x	y	z	za	zb	zc
+2	+4	+6	+10	+14		+18		+20		+26	+32	+40	+60
+4	+8	+12	+15	+19		+23		+28		+35	+42	+50	+80
+6	+10	+15	+19	+23		+28		+34		+42	+52	+67	+97
+7	+12	+18	+23	+28		+33		+40		+50	+64	+90	+130
							+39	+45		+60	+77	+108	+150
+8	+15	+22	+28	+35		+41	+47	+54	+63	+73	+98	+136	+188
					+41	+48	+55	+64	+75	+88	+118	+160	+218
+9	+17	+26	+34	+43	+48	+60	+68	+80	+94	+112	+148	+200	+274
					+54	+70	+81	+97	+114	+136	+180	+242	+325
+11	+20	+32	+41	+53	+66	+87	+102	+122	+144	+172	+226	+300	+405
			+43	+59	+75	+102	+120	+146	+174	+210	+274	+360	+480
+13	+23	+37	+51	+71	+91	+124	+146	+178	+214	+258	+335	+445	+585
			+54	+79	+104	+144	+172	+210	+254	+310	+400	+525	+690
+15	+27	+43	+63	+92	+122	+170	+202	+248	+300	+365	+470	+620	+800
			+65	+100	+134	+190	+228	+280	+340	+415	+535	+700	+900
			+68	+108	+146	+210	+252	+310	+380	+465	+600	+780	+1000
+17	+31	+50	+77	+122	+166	+236	+284	+350	+425	+520	+670	+880	+1150
			+80	+130	+180	+258	+310	+385	+470	+575	+740	+960	+1250
			+84	+140	+196	+284	+340	+425	+520	+640	+820	+1050	+1350
+20	+34	+56	+94	+158	+218	+315	+385	+475	+580	+710	+920	+1200	+1550
			+98	+170	+240	+350	+425	+525	+650	+790	+1000	+1300	+1700
+21	+37	+62	+108	+190	+268	+390	+475	+590	+730	+900	+1150	+1500	+1900
			+114	+208	+294	+435	+530	+660	+820	+1000	+1300	+1650	+2100
+23	+40	+68	+126	+232	+330	+490	+595	+740	+920	+1100	+1450	+1850	+2400
			+132	+252	+360	+540	+660	+820	+1000	+1250	+1600	+2100	+2600
+26	+44	+78	+150	+280	+400	+600							
			+155	+310	+450	+660							
+30	+50	+88	+175	+340	+500	+740							
			+185	+380	+560	+840							
+34	+56	+100	+210	+430	+620	+940							
			+220	+470	+680	+1050							
+40	+66	+120	+250	+520	+780	+1150							
			+260	+580	+840	+1300							
+48	+78	+140	+300	+640	+960	+1450							
			+330	+720	+1050	+1600							
+58	+92	+170	+370	+820	+1200	+1850							
			+400	+920	+1350	+2000							
+68	+110	+195	+440	+1000	+1500	+2300							
			+460	+1100	+1650	+2500							
+76	+135	+240	+550	+1250	+1900	+2900							
			+580	+1400	+2100	+3200							

在实际工作中，只有在公差等级要求较高时才选用某一公差等级的孔与高一级的轴相配。因此国家标准规定，对于公差等级低于 IT8（如 IT9、IT10）的 K、M、N 和公差等级低于 IT7（如 IT8、IT9）的 P~ZC，按照通用规则 $ES=-ei$ 确定孔的基本偏差数值，以保证相同公差等级的孔、轴相配合时，基轴制配合与相应的基孔制配合性质相同。对于公差等级高于或等于 IT8（如 IT7、IT6）的 K、M、N 和公差等级高于或等于 IT7（如 IT6、IT5）的 P~ZC，则按照 $ES=-ei+\Delta$（$\Delta=\mathrm{IT}_n-\mathrm{IT}_{n-1}$，$n$ 为孔的公差等级）来确定孔的基本偏差数值，以保证某一公差等级的孔与高一级的轴相配时，基轴制配合与相应的基孔制配合性质相同。这一规则被称为特殊规则。

已知公称尺寸、给定公差等级和基本偏差代号的一对孔与轴，可根据表 2-3 查出其标准公差数值 T_D 或 T_d，根据表 2-4 或表 2-5 查得其基本偏差数值，便可按照上、下极限偏差与标准公差值 T_D（T_d）的关系确定孔与轴的另一个极限偏差值。即

$$EI=ES-T_D(ei=es-T_d) \tag{2-16}$$

$$ES=EI+T_D(es=ei+T_d) \tag{2-17}$$

例如，公称尺寸为 ϕ30mm 的孔，其公差等级为 IT7 级，查表并计算偏差代号为 F 的基本偏差和极限偏差值。

查表 2-3，对于公称尺寸 ϕ30mm，IT7=21μm，偏差代号为 F，查表 2-4，其基本偏差为下极限偏差 EI=20μm。

则计算孔的上极限偏差 $ES=EI+\mathrm{IT7}$=20μm+21μm=41μm。

在工程实际中，一般直接查阅尺寸极限偏差数值表（GB/T 1800.2—2020）即可。常用孔的极限偏差见附录 A，常用轴的极限偏差见附录 B。

2.2.2 配合标准化

从尺寸公差带图可以看出，孔、轴公差带的相互位置改变，可以组成不同性质、不同松紧程度的配合。为了有利于标准化，以尽可能少的标准公差带形成最多种的配合，以两个配合件中的一个作基准件，其公差带位置不变，通过改变另一个零件的公差带位置来形成各种配合，便可满足不同的使用要求，且技术经济性好。这种孔、轴公差带组成的一种配合制度，称为配合制。国家标准规定了两种等效的配合基准制，即基孔制和基轴制。

1. 基孔制

孔的基本偏差为零的配合，即其下极限偏差（EI）等于零。在基孔制配合中选作基准的孔称为基准孔，其偏差代号为 H，如图 2-14a 所示。

2. 基轴制

轴的基本偏差为零的配合，即其上极限偏差（es）等于零。在基轴制配合中选做基准的轴称为基准轴，其偏差代号为 h，如图 2-14b 所示。

2.2.3 公差与配合的标注

1. 公差带代号与配合代号

公差带代号由公称尺寸、基本偏差代号与公差等级数字组成（省略 IT）。例如，ϕ30H7 表示公称尺寸为 ϕ30mm、公差等级为 IT7、基本偏差代号为 H 的孔公差带，ϕ30f6 表示公称

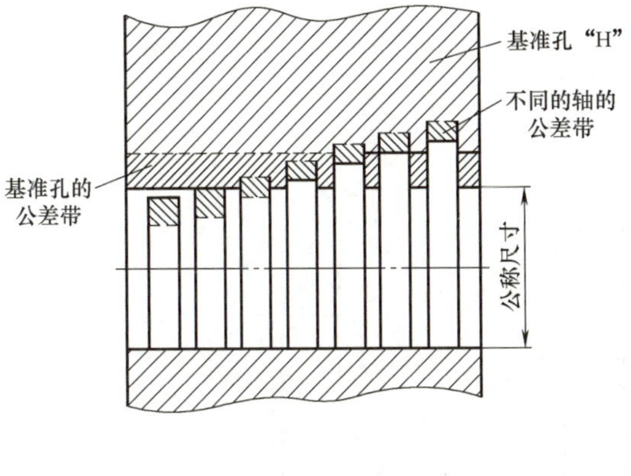

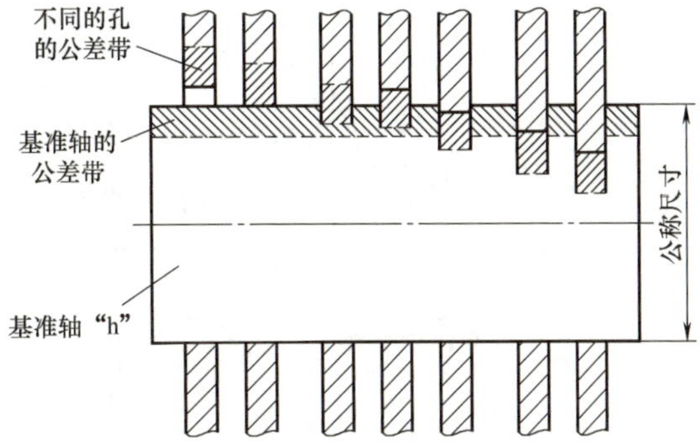

图 2-14 配合的基准制

a）基孔制 b）基轴制

注：

1. 图 2-14a 限制公差带的水平实线代表基准孔或不同的轴的基本偏差。图 2-14b 限制公差带的水平实线代表基准轴或不同的孔的基本偏差。

2. 限制公差带的虚线代表其他极限偏差。

3. 图 2-14a 为基准孔与不同的轴之间可能的组合，与它们的标准公差等级有关。图 2-14b 为基准轴与不同的孔之间可能的组合，与它们的标准公差等级有关。

4. 基孔制配合的可能示例：H7/h6，H6/k5，H6/p4。基轴制配合的可能示例：G7/h6，H6/h6，M6/h6。

尺寸为 ϕ30mm、公差等级为 IT6、基本偏差代号为 f 的轴公差带。如果这对孔与轴组成配合，则配合代号表示为 ϕ30H7/f6。这种将相配合的孔与轴的公差带代号写成分数形式，分子为孔的公差带代号，分母为轴的公差带代号，就称为配合代号，如 ϕ50F7/h6、ϕ60H8/f7。可见，孔与轴的配合由下列元素表示出：相同的公称尺寸、孔的公差带代号、轴的公差带代号。

2. 公差与配合在图样上的标注

在零件图样上标注尺寸公差的方法有下列三种。

1）标注公称尺寸和公差带代号，如 ϕ50H7、ϕ50g6，如图 2-15a 所示。

2）标注公称尺寸和极限偏差值，如 $\phi 50^{-0.009}_{-0.025}$mm，如图 2-15b 所示。

3）标注公称尺寸和公差带代号，括号内标出极限偏差值，如 ϕ50g6（$^{-0.009}_{-0.025}$），如图 2-15c 所示。

零件图样上大多数以第 2）种方法标注。

装配图样上标注尺寸公差与配合的方法通常为：标注公称尺寸和孔、轴的公差带代号，其中，分子表示孔的公差带，分母表示轴的公差带，如 ϕ50H7/g6 或 $\phi 50\dfrac{H7}{g6}$，标注如图 2-15d 所示。

3. 实例分析

为了理解前述基本知识并掌握表格的查阅能力，下面举几个示例。

例 2-6 查表确定 ϕ20H8/f7 和 ϕ20F8/h7 两对相配合的孔、轴极限偏差及配合间隙或过盈，绘制其尺寸公差带图并加以比较。

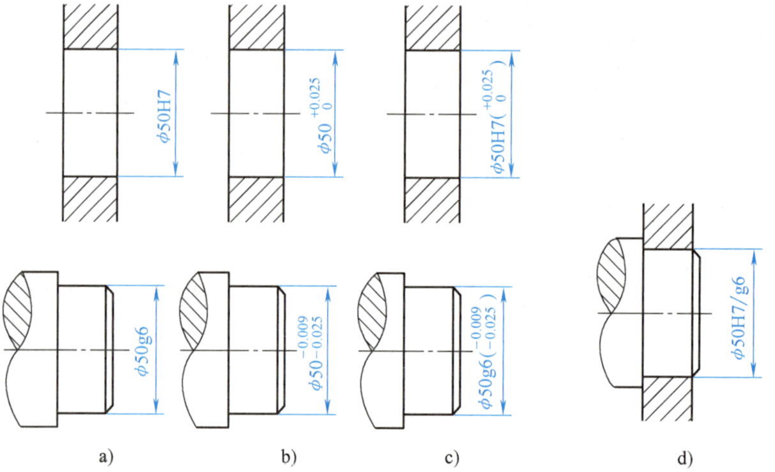

图 2-15 尺寸公差与配合在技术图样上的标注

解 查表 2-3，公称尺寸为 18~30mm 时，IT7 = 21μm，IT8 = 33μm。

1）确定 ϕ20H8/f7 配合的孔、轴极限偏差及配合间隙。

对于孔 H8，$EI = 0$，

由式（2-17）得 $ES = EI + T_D$，$ES = EI + \mathrm{IT8} = +33\mu\mathrm{m}$。

对于轴 f7，查表 2-5 得 f 的基本偏差为上极限偏差，且 $es = -20\mu\mathrm{m}$。

由式（2-16）得 $ei = es - T_d$，$ei = es - \mathrm{IT7} = [(-20) - 21]\mu\mathrm{m} = -41\mu\mathrm{m}$。

由式（2-5）得 $X_{max} = ES - ei = [(+33) - (-41)]\mu\mathrm{m} = 74\mu\mathrm{m}$。

$$X_{min} = EI - es = [0 - (-20)]\mu\mathrm{m} = 20\mu\mathrm{m}。$$

绘制 ϕ20H8/f7 孔与轴尺寸公差带如图 2-16a 所示。

2）确定 ϕ20F8/h7 配合的孔、轴极限偏差及配合间隙。

对于轴 h7，$es = 0$，

由式（2-16）得 $ei = es - T_d$，$ei = es - \mathrm{IT7} = -21\mu\mathrm{m}$。

对于孔 F8，查表 2-4 得 F 的基本偏差为下极限偏差，且 $EI = 20\mu\mathrm{m}$。

由式（2-17）得 $ES = EI + T_D$，$ES = EI + \mathrm{IT8} = (20 + 33)\mu\mathrm{m} = +53\mu\mathrm{m}$。

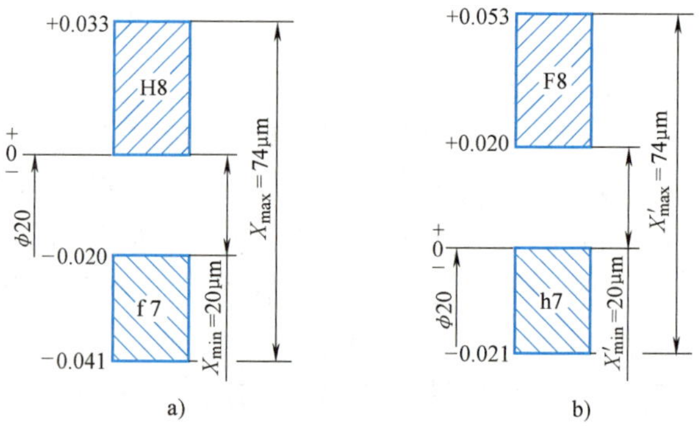

图 2-16 ϕ20H8/f7 与 ϕ20F8/h7 尺寸公差带图

a）ϕ20H8/f7 配合 b）ϕ20F8/h7 配合

由式（2-5）得 $X'_{max} = ES - ei = [(+53) - (-21)]\mu\mathrm{m} = 74\mu\mathrm{m}$。

$$X'_{min} = EI - es = [(+20) - 0]\mu\mathrm{m} = 20\mu\mathrm{m}。$$

绘制 ϕ20F8/h7 孔与轴尺寸公差带如图 2-16b 所示。

显然，ϕ20H8/f7 与 ϕ20F8/h7 配合间隙相同，即 ϕ20H8/f7 = ϕ20F8/h7。本例符合确定基本偏差的通用规则。

例 2-7 查表确定 $\phi20H7/k6$ 和 $\phi20K7/h6$ 两对孔、轴极限偏差及配合间隙或过盈，绘制其尺寸公差带图并加以比较。

解 查表 2-3，公称尺寸>18~30mm 时，IT6 = 13μm，IT7 = 21μm。

1）确定 $\phi20H7/k6$ 孔、轴极限偏差及配合间隙或过盈。

对于孔 H7，EI = 0，

由式（2-17）得 $ES=EI+T_D$，$ES=EI+IT7=(0+21)\mu m=+21\mu m$（孔标注为 $\phi20^{+0.021}_{0}$ mm）。

对于轴 k6，查表 2-5 得 $ei=+2\mu m$。

由式（2-17）得 $es=ei+T_d$，$es=ei+IT6=[(+2)+13]\mu m=+15\mu m$（轴标注为 $\phi20^{+0.015}_{+0.002}$ mm）。

由式（2-5）得 $X_{max}=ES-ei=[(+21)-(+2)]\mu m=19\mu m$。

由式（2-8）得 $Y_{max}=EI-es=[0-(+15)]\mu m=-15\mu m$。

绘制 $\phi20H7/k6$ 孔与轴尺寸公差带如图 2-17a 所示。

2）确定 $\phi20K7/h6$ 孔、轴极限偏差及配合间隙或过盈。

对于轴 h6，$es=0$，

由式（2-16）得 $ei=es-T_d$，$ei=es-IT6=-13\mu m$（轴标注为 $\phi20^{\ 0}_{-0.013}$ mm）。

对于孔 K7，查表 2-4 得 $ES=-2+\Delta$，且 $\Delta=IT7-IT6=(21-13)\mu m=8\mu m$。

则

$$ES=(-2+8)\mu m=+6\mu m$$

由式（2-16）得 $EI=ES-T_D$，$EI=ES-IT7=[(+6)-21]\mu m=-15\mu m$（孔标注为 $\phi20^{+0.006}_{-0.015}$ mm）。

由式（2-5）和式（2-6）计算得

$$X'_{max}=ES-ei=[(+6)-(-13)]\mu m=19\mu m$$

$$Y'_{max}=EI-es=[(-15)-0]\mu m=-15\mu m$$

绘制 $\phi20K7/h6$ 孔与轴尺寸公差带图，如图 2-17b 所示。

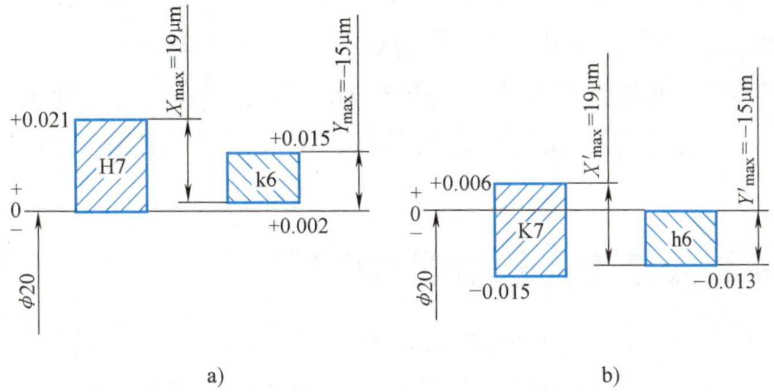

图 2-17 $\phi20H7/k6$ 与 $\phi20K7/h6$ 尺寸公差带图

a）$\phi20H7/k6$ 配合 b）$\phi20K7/h6$ 配合

显然，$\phi20H7/k6$ 与 $\phi20K7/h6$ 配合间隙或过盈相同，$\phi20H7/k6=\phi20K7/h6$。这是因为 $\phi20H7/k6$ 与 $\phi20K7/h6$ 相配合的孔、轴的公差等级是按照轴的公差等级比孔的公差等级高一级的要求给出。本例符合确定基本偏差的特殊规则。

采用的基准制不同，但配合所形成的极限间隙或极限过盈相等，即可认为其配合性质相同。

例 2-8 查表确定 $\phi20H7/k7$ 与 $\phi20K7/h7$ 两对孔、轴极限偏差，并计算其配合间隙或过盈。

解 1）确定 $\phi20H7/k7$。

查附录 A 和附录 B 得，$\phi20H7$ 的上、下极限偏差分别为 $ES=+21\mu m$，$EI=0$（孔标注为 $\phi20^{+0.021}_{0}mm$）。

$\phi20k7$ 的上、下极限偏差分别为 $es=+23\mu m$，$ei=+2\mu m$（轴标注为 $\phi20^{+0.023}_{+0.002}mm$）。

由式（2-5）和式（2-8）计算 $\phi20H7/k7$ 配合最大间隙或过盈为

$$X_{max}=ES-ei=[+21-(+2)]\mu m=+19\mu m$$

$$Y_{max}=EI-es=[0-(+23)]\mu m=-23\mu m$$

2）确定 $\phi20K7/h7$。

查附录 A 和附录 B 得，$\phi20K7$ 的上、下极限偏差分别为 $ES=+6\mu m$，$EI=-15\mu m$（孔标注为 $\phi20^{+0.006}_{-0.015}mm$）。

$\phi20h7$ 的上、下极限偏差分别为 $es=0$，$ei=-21\mu m$，（轴标注为 $\phi20^{\ 0}_{-0.021}mm$）。

由式（2-5）和式（2-8）计算 $\phi20K7/h7$ 配合最大间隙或过盈为

$$X'_{max}=ES-ei=[+6-(-21)]\mu m=+27\mu m$$

$$Y'_{max}=EI-es=[-15-0]\mu m=-15\mu m$$

显然，$\phi20H7/k7$ 与 $\phi20K7/h7$ 配合间隙或过盈并不相同，即 $\phi20H7/k7\neq\phi20K7/h7$。注意，和例 2-7 相比较，如果相配合的孔、轴的公差等级相同，如 $\phi20H7/k7$ 和 $\phi20K7/h7$，则孔、轴的标准公差不变（本例 IT7 = 21μm），但是由于轴的公差等级（由 IT6 到 IT7）降低，即公差值增大了（IT6 = 13μm），将使基孔制配合的最大过盈增大（$Y_{max}=-23\mu m$，$Y'_{max}=-15\mu m$），基轴制配合的最大间隙增大（$X_{max}=+19\mu m$，$X'_{max}=+27\mu m$），所以，$\phi20H7/k7\neq\phi20K7/h7$。也就是说，由于 $\phi20K7/h7$ 的孔、轴公差等级关系不符合标准规定的孔的基本偏差由相应轴的基本偏差换算的条件，因此，它与相应的基孔制配合 $\phi20H7/k7$ 性质不同。

2.2.4 标准公差带代号与配合代号

根据国家标准规定的 20 个标准公差等级和孔、轴各 28 种基本偏差，理论上，孔和轴可以各自组成五百多种公差带，如果将这么多的孔、轴公差带都列入标准，将使得标准烦琐和复杂化，因此，国家标准规定了一系列标准公差带代号供选用。

图 2-18 列出了公称尺寸至 500mm 孔的公差带代号。图 2-19 列出了公称尺寸至 500mm 轴的公差带代号。

虽然国家标准列出了上述公差带代号，但在工程使用中选择范围还是非常宽，因此，对于不需要对公差带代号进行特定选取的一般性用途，又给出了公差带供选用。通过对公差带代号选取的限制，可以避免工具和量具不必要的多样性。

										H1	JS1																
										H2	JS2																
						EF3	F3	FG3	G3	H3	JS3		K3	M3	N3	P3	R3	S3									
						EF4	F4	FG4	G4	H4	JS4		K4	M4	N4	P4	R4	S4									
					E5	EF5	F5	FG5	G5	H5	JS5		K5	M5	N5	P5	R5	S5	T5	U5	V5	X5					
			CD6	D6	E6	EF6	F6	FG6	G6	H6	JS6	J6	K6	M6	N6	P6	R6	S6	T6	U6	V6	X6	Y6	Z6	ZA6		
			CD7	D7	E7	EF7	F7	FG7	G7	H7	JS7	J7	K7	M7	N7	P7	R7	S7	T7	U7	V7	X7	Y7	Z7	ZA7	ZB7	ZC7
	B8	C8	CD8	D8	E8	EF8	F8	FG8	G8	H8	JS8	J8	K8	M8	N8	P8	R8	S8	T8	U8	V8	X8	Y8	Z8	ZA8	ZB8	ZC8
A9	B9	C9	CD9	D9	E9	EF9	F9	FG9	G9	H9	JS9		K9	M9	N9	P9	R9	S9		U9		X9	Y9	Z9	ZA9	ZB9	ZC9
A10	B10	C10	CD10	D10	E10	EF10	F10	FG10	G10	H10	JS10		K10	M10	N10	P10	R10	S10		U10		X10	Y10	Z10	ZA10	ZB10	ZC10
A11	B11	C11		D11						H11	JS11				N11									Z11	ZA11	ZB11	ZC11
A12	B12	C12		D12						H12	JS12																
A13	B13	C13		D13						H13	JS13																
										H14	JS14																
										H15	JS15																
										H16	JS16																
										H17	JS17																
										H18	JS18																

图 2-18 公称尺寸至 500mm 孔的公差带代号（GB/T 1800. 2—2020）

										h2	js2																
						ef3	f3	fg3	g3	h3	js3		k3	m3	n3	p3	r3	s3									
						ef4	f4	fg4	g4	h4	js4		k4	m4	n4	p4	r4	s4									
			cd5	d5	e5	ef5	f5	fg5	g5	h5	js5	j5	k5	m5	n5	p5	r5	s5	t5	u5	v5	x5					
			cd6	d6	e6	ef6	f6	fg6	g6	h6	js6	j6	k6	m6	n6	p6	r6	s6	t6	u6	v6	x6	y6	z6	za6		
			cd7	d7	e7	ef7	f7	fg7	g7	h7	js7	j7	k7	m7	n7	p7	r7	s7	t7	u7	v7	x7	y7	z7	za7	zb7	zc7
		c8	cd8	d8	e8	ef8	f8	fg8	g8	h8	js8	j8	k8	m8	n8	p8	r8	s8	t8	u8	v8	x8	y8	z8	za8	zb8	zc8
a9	b9	c9	cd9	d9	e9	ef9	f9	fg9	g9	h9	js9		k9	m9	n9	p9	r9	s9		u9		x9	y9	z9	za9	zb9	zc9
a10	b10	c10	cd10	d10	e10	ef10	f10	fg10	g10	h10	js10		k10			p10	r10	s10				x10	y10	z10	za10	zb10	zc10
a11	b11	c11		d11						h11	js11		k11											z11	za11	zb11	zc11
a12	b12	c12		d12						h12	js12		k12														
a13	b13			d13						h13	js13		k13														
										h14	js14																
										h15	js15																
										h16	js16																
										h17	js17																
										h18	js18																

图 2-19 公称尺寸至 500mm 轴的公差带代号（GB/T 1800. 2—2020）

图 2-20 所示为国家标准推荐选用的孔公差带代号，框中的公差带代号应优先选取。

						G6	H6	JS6	K6	M6	N6	P6	R6	S6	T6		
					F7	**G7**	**H7**	**JS7**	**K7**	M7	**N7**	**P7**	**R7**	**S7**	T7	U7	X7
				E8	**F8**		**H8**	JS8	K8	M8	N8	P8	R8				
			D9	**E9**	F9		**H9**										
		C10	**D10**	E10			H10										
A11	**B11**	**C11**	D11				**H11**										

图 2-20 推荐选用的孔公差带代号（GB/T 1800. 1—2020）

图 2-21 所示为国家标准推荐选用的轴公差带代号，框中的公差带代号应优先选取。

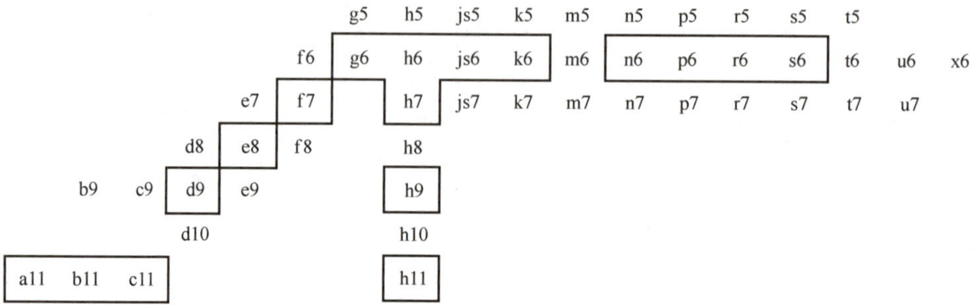

图 2-21 推荐选用的轴公差带代号（GB/T 1800.1—2020）

对于通常的工程目的，只需要许多可能的配合中的少数配合，为此，标准又推荐了可满足普通机构需要的基孔制和基轴制配合代号，如图 2-22 和图 2-23 所示，其中框中公差带代号为优先选用。

基准孔	轴公差带代号		
	间隙配合	过渡配合	过盈配合
H6	g5 h5	js5 k5 m5	n5 p5
H7	f6 g6 h6	js6 k6 m6 n6	p6 r6 s6 t6 u6 x6
H8	e7 f7 h7	js7 k7 m7	s7 u7
	d8 e8 f8 h8		
H9	d8 e8 f8 h8		
H10	b9 c9 d9 e9 h9		
H11	b11 c11 d10 h10		

图 2-22 基孔制配合的优先、常用配合代号（摘自 GB/T 1800.1—2020）

基准轴	孔公差带代号		
	间隙配合	过渡配合	过盈配合
h5	G6 H6	JS6 K6 M6	N6 P6
h6	F7 G7 H7	JS7 K7 M7 N7	P7 R7 S7 T7 U7 X7
h7	E8 F8 H8		
h8	D9 E9 F9 H9		
h9	E8 F8 H8		
	D9 E9 F9 H9		
	B11 C10 D10 H10		

图 2-23 基轴制配合的优先、常用配合代号（摘自 GB/T 1800.1—2020）

选用公差带和配合时，应该按照优先、一般的顺序选取。对于某些特殊要求，若一般公差带中没有满足要求的公差带，国家标准允许采用两种基准制以外的非基准制配合，如 M8/f7、G8/n7 等。

2.3 未注公差标准

未注公差即一般公差，指图样上不单独注出公差、极限偏差或公差带代号，而是在图样上、技术要求中或标注时做出总体说明的公差要求。它是指在车间普通工艺条件下，机床设备的加工能力可以保证的公差。也可以说，在车间正常生产精度能够保证的条件下，它主要由工艺装备和制造者自行控制，如冲压件的未注公差由模具精度保证。

一般公差主要用于低精度的非配合尺寸。它可应用于线性尺寸和角度尺寸。这里主要介绍未注公差的线性尺寸公差的国家标准。

2.3.1 未注公差国家标准

GB/T 1804—2000 规定了线性尺寸（包括角度尺寸）的未注公差的公差等级和极限偏差数值。它适应于金属加工的尺寸，也适用于一般的冲压加工的尺寸，对于非金属材料和其他工艺方法加工的尺寸可参照采用。

一般公差等级分为精密 f、中等 m、粗糙 c、最粗 v 共四级，线性尺寸的极限偏差值见表 2-6，倒圆半径和倒角高度尺寸的极限偏差值见表 2-7。可以看出，一般公差的极限偏差一律呈对称分布。

表 2-6　线性尺寸的极限偏差值（摘自 GB/T 1804—2000）　（单位：mm）

公差等级	公称尺寸分段							
	0.5~3	>3~6	>6~30	>30~120	>120~400	>400~1000	>1000~2000	>2000~4000
精密 f	±0.05	±0.05	±0.1	±0.15	±0.2	±0.3	±0.5	—
中等 m	±0.1	±0.1	±0.2	±0.3	±0.5	±0.8	±1.2	±2
粗糙 c	±0.2	±0.3	±0.5	±0.8	±1.2	±2	±3	±4
最粗 v	—	±0.5	±1	±1.5	±2.5	±4	±6	±8

表 2-7　倒圆半径和倒角高度尺寸的极限偏差值（摘自 GB/T 1804—2000）

（单位：mm）

<table>
<tr><th rowspan="2">公差等级</th><th colspan="4">公称尺寸分段</th></tr>
<tr><th>0.5~3</th><th>>3~6</th><th>>6~30</th><th>>30</th></tr>
<tr><td>精密 f</td><td rowspan="2">±0.2</td><td rowspan="2">±0.5</td><td rowspan="2">±1</td><td rowspan="2">±2</td></tr>
<tr><td>中等 m</td></tr>
<tr><td>粗糙 c</td><td rowspan="2">±0.4</td><td rowspan="2">±1</td><td rowspan="2">±2</td><td rowspan="2">±4</td></tr>
<tr><td>最粗 v</td></tr>
</table>

2.3.2 未注公差的标注

采用未注公差的尺寸，在技术图样上只标注公称尺寸，不标注极限偏差。在图样或技术文件中用国标号和公差等级代号并在两者之间用短画线隔开表示。

例如，选用中等 m 等级时，则表示为：GB/T 1804—m。这表明图样上凡是未注公差的尺寸均按照中等精度 m 加工和检验。

2.4 极限与配合的选用

正确地选择极限与配合，不仅要深入地掌握国家标准，同时要对产品的技术要求、使用要求、工作条件及生产条件进行全面的分析，还要通过生产实践和经验积累，才能逐步加强这方面的实际工作能力。

通常选用极限与配合的方法大致有如下三种。

（1）计算法　通过理论计算确定极限间隙或过盈，然后确定孔、轴的公差带。这种方法比较精确、科学，但工程实际中有很多不确定的因素存在，用这种方法比较麻烦。

（2）类比法　参考工作条件和使用要求相似的且经过实践证明的、工作状况良好的类似结合的极限与配合，以确定需要的配合。这种方法目前使用最多，要求设计、加工人员必须有较丰富的实践经验积累。

（3）试验法　对于机器的工作性能影响较大且又很重要的配合，用专门的试验方法确定最佳的极限与配合。这种方法比较可靠，但成本高。

极限与配合的选用包括公差等级的选用、基准制的选用和配合的选用。

2.4.1 公差等级的选用

公差等级的高低直接影响产品使用性能和加工的经济性。公差等级精度过低，不能满足机械产品的使用要求，使产品质量得不到保证；公差等级精度过高，即要求尺寸精度越高，加工成本就会增加，特别是当公差等级高于 IT6 时，制造成本便急剧增加。所以，选用公差等级时，要根据加工的工艺性、相关零部件或机构的特点，在满足使用要求的前提下，尽可能地选用精度较低的公差等级。

通常采用类比法确定公差等级，应该考虑如下几个方面的问题。

（1）工艺等价性　孔和轴加工的难易程度基本相同。在常用尺寸段 $D \leqslant 500$mm 且孔的公差等级精度要求较高时，一般公差等级≤IT8（如 IT7），孔比轴难加工，也就是说采用同一工艺方法加工时，孔的加工误差会大于轴的加工误差。为了保证工艺等价原则，国家标准推荐选取轴的公差等级比孔的公差等级高一级，如配合 H8/f7，孔为 IT8，则轴为 IT7。当公差等级 IT≥IT9 时（如 IT10），一般采用同级孔与轴配合，如配合 H9/d9，孔和轴均为 IT9。对于尺寸>500mm，一般采用同级孔与轴相配合。

（2）相配零部件的配合精度要匹配　某些孔、轴的公差等级取决于相配件或相关件的精度，如齿轮孔与传动轴的配合，其传动轴的公差等级取决于齿轮的精度等级，与滚动轴承配合的轴承座孔和轴的公差等级取决于滚动轴承的公差等级。

（3）掌握各个公差等级的大致应用范围　表 2-8 为公差等级的应用范围。表 2-9 为各种加工方法可能达到的加工精度，可供选用时参考。

表 2-8　公差等级的应用范围

用途		公差等级																			
		IT01	IT0	IT1	IT2	IT3	IT4	IT5	IT6	IT7	IT8	IT9	IT10	IT11	IT12	IT13	IT14	IT15	IT16	IT17	IT18
量块		—	—	—																	
量规	高精度			—	—	—	—														
	低精度							—	—	—											
配合尺寸	特别精密				—	—	—														
	精密							—	—	—											
	中等										—	—	—								
	低精度													—	—	—					
非配合尺寸															—	—	—	—	—	—	—
原材料尺寸											—	—	—	—	—	—	—				

表 2-9　各种加工方法可能达到的加工精度

加工方法	公差等级																			
	IT01	IT0	IT1	IT2	IT3	IT4	IT5	IT6	IT7	IT8	IT9	IT10	IT11	IT12	IT13	IT14	IT15	IT16	IT17	IT18
研磨	—	—	—	—	—	—	—													
珩						—	—	—	—											
圆磨、平磨							—	—	—	—										
拉削							—	—	—	—										
铰孔								—	—	—	—	—								
车、镗									—	—	—	—	—							
铣										—	—	—	—							
刨、插												—	—							
钻												—	—	—	—					
滚压、挤压												—	—							
冲压												—	—	—	—	—				
压铸													—	—	—	—				
粉末冶金成形								—	—	—										
粉末冶金烧结									—	—	—	—								
砂型铸造、气割																		—	—	—
铸造																	—	—		

公差等级应用说明如下：

IT01～IT1 用于量块的尺寸公差以及高精密测量工具的尺寸公差。

IT1～IT7 用于量规的尺寸公差，这些量规常用于检验 IT6～IT16 的孔和轴。

IT2～IT4 用于特别精密的重要部位的配合，如高精度机床主轴和 4 级滚动轴承的配合、高精度齿轮基准孔或基准轴、精密仪器中特别精密的配合部位。

IT5～IT7 用于精密配合处，在机械制造中应用较广。其中 IT5 的轴和 IT6 的孔用于机床、发动机等机械的关键部位，如机床主轴和 6 级滚动轴承相配的主轴颈以及箱体孔。IT6 的轴和 IT7 的孔应用更广泛，国家标准推荐的常用公差带也较多，常用于普通机床、动力机械、机床夹具等的重要配合部位，传动轴和轴承，内燃机曲轴主轴颈和轴承，传动齿轮和轴的配合；机床夹具中的普通精度镗套以及钻膜套的内、外径配合处；与普通精度滚动轴承相配的轴和外壳孔。

IT7~IT8 用于中等精度的配合部位，如通用机械的滑动轴承与轴颈的配合处，一般速度的 V 带轮、联轴器和轴颈的配合，也用于农业机械、纺织机械、重型机械等较重要的配合部位。

IT9~IT10 用于一般要求的配合或精度要求较高的槽宽的配合。

IT12~IT18 用于非配合尺寸。

2.4.2 基准制的选用

基准制的选用主要从零件结构性、加工工艺性以及经济性几方面考虑。

1. 优先选用基孔制配合

这主要从工艺和宏观经济效益来考虑。因为一般的孔采用钻头、铰刀等定值刀具加工，每一把刀具只能加工某一尺寸的孔，而用同一把车刀可以加工不同尺寸的轴。因此，改变轴的极限尺寸在工艺上所产生的困难和增加的生产费用与改变孔的极限尺寸相比要小得多。因此，采用基孔制配合，可以减少定值刀具（钻头、铰刀、拉刀）和定值量具（如塞规）的规格和数量，提高经济效益。

2. 选用基轴制配合的情况

1）采用不经过切削加工的冷拉钢材制作轴，选用基轴制配合可避免冷拉钢材的尺寸规格过多，节省冷拉模具的制造费用。例如，农业机械和纺织机械中，常使用具有一定精度（IT9~IT11）的冷拉钢材，不需要切削加工直接作为轴与其他零件配合。

2）公称尺寸≤3mm 的小尺寸的孔与轴，由于轴的加工比孔的加工困难，采用基轴制。

3）因结构上的原因，在同一公称尺寸的轴上要求与几个孔相配合并形成几种不同的配合，则考虑采用基轴制配合。

图 2-24a 所示为活塞、活塞销轴及连杆的配合，根据使用要求，活塞 1 和活塞销轴 2 之间应为过渡配合，活塞销轴与连杆 3 之间应为间隙配合。如果采用基轴制配合，活塞销轴可制成一根光轴，既便于生产，又便于装配，如图 2-24b 所示。如果采用基孔制配合，三个孔的公差带一样，活塞销轴就要制成中间小的阶梯形状，如图 2-24c 所示，这样做既不便于加工，

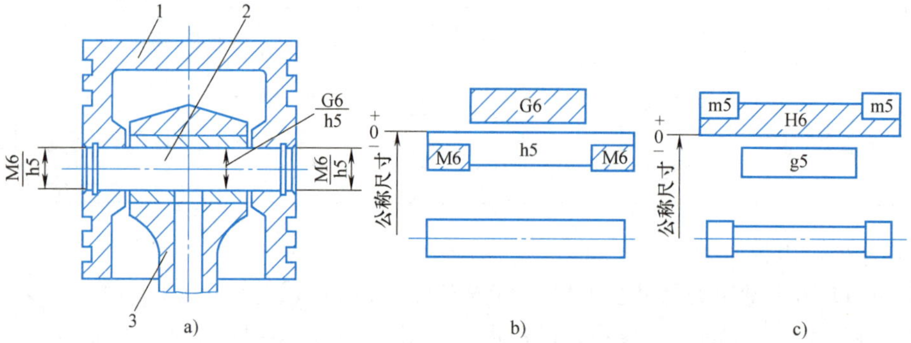

图 2-24 活塞、活塞销轴及连杆间的配合

a）配合示意图 b）基轴制 c）基孔制

1—活塞 2—活塞销轴 3—连杆

又不利于装配。另外，活塞销轴两端直径大于活塞孔径，装配时会刮伤轴和孔的表面，会影响配合质量。视频 2-4 对此例做了进一步分析说明。

2-4 基准制选用实例分析

3. 根据标准件选配合制

若与标准零部件配合时，应以标准零部件为基准件，确定采用基孔制还是基轴制配合。例如，滚动轴承内圈与轴的配合应采用基孔制配合，滚动轴承外圈与外壳孔的配合应采用基轴制配合。

4. 特殊情况下选配合制

为满足配合的特殊要求，允许采用任一孔、轴公差带组成配合。例如，图 2-25 中，轴承外圈与轴承座孔之间的配合为基轴制，孔公差带为 J7，而为了拆卸方便，轴承盖与轴承座孔之间的配合采用间隙配合，因此，选用配合为 $\phi32J7/f9$，属于任意孔、轴公差带组成的配合。

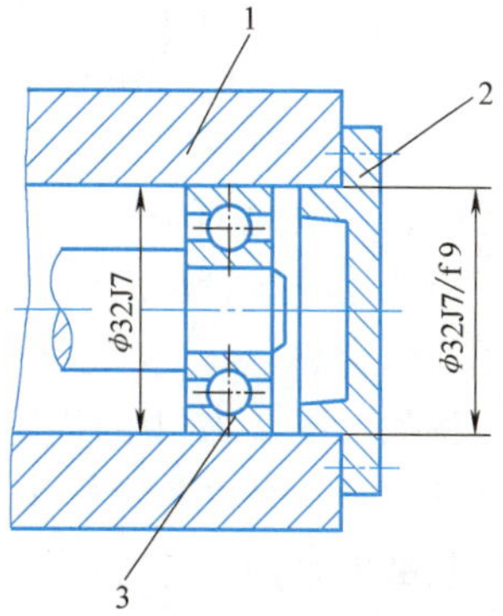

图 2-25 任意配合公差带

1—轴承座 2—轴承盖 3—轴承

2.4.3 配合的选用

配合的选用包括确定配合类别及确定孔或轴的基本偏差代号。

1. 配合类别的选用

国家标准规定有间隙配合、过渡配合和过盈配合三类配合。在机械设计中选用哪类配合，主要决定于使用要求。通常机械产品对配合的使用要求有以下三个方面。

1）靠配合面维持孔、轴之间的相对运动（相对转动或移动）。

2）靠配合面确定孔与轴零部件之间的相互位置。

3）靠配合面传递转矩或其他载荷。

当孔、轴间有相对运动要求时，一般应选间隙配合。无相对运动要求时，应根据具体工作条件来选取。若要求孔、轴配合后传递足够大的转矩，且又不要求拆卸，一般选过盈配合；当需要孔、轴配合后传递一定的转矩，但又要求能够拆卸，应选过渡配合；有些场合，对孔、轴装配后的同轴度要求不高，只是为了装配方便，应选间隙较大的间隙配合。

配合类别的选取见表 2-10。

表 2-10 配合类别的选取

<table>
<tr><td rowspan="4">无相对运动</td><td rowspan="3">传递转矩</td><td rowspan="2">要精确定位</td><td>永久结合</td><td>过盈配合</td></tr>
<tr><td>可拆结合</td><td>过渡配合或 H/h 间隙配合加紧固件</td></tr>
<tr><td colspan="2">不要精确定位</td><td>间隙配合加紧固件</td></tr>
<tr><td>不传递转矩</td><td colspan="2">要精确定位</td><td>过渡配合或小过盈量的过盈配合</td></tr>
<tr><td colspan="4">有相对运动</td><td>间隙配合（要精确定位选 H/h 间隙配合）</td></tr>
</table>

注：紧固件指螺钉、销钉和键等。

2. 基本偏差代号的选用

（1）间隙配合基本偏差代号的选用　间隙配合基本偏差代号在 A～H（a～h）中选用，主要用于孔、轴间有相对运动的场合。确定间隙配合基本偏差代号时，应考虑运动特性、运动条件、运动精度及工作温度等。相对运动速度高，选用间隙较大的配合；相对运动速度较低或有较高的定位要求，选用间隙较小的配合。如图 2-26 所示，固定钻套 1 的内孔用来引导钻头，有一定的定位要求，内孔选用 F7。而钻套外径与钻模板孔之间的配合，具有较高的定位精度要求，固定钻套是薄壁零件，要经常更换，故选用过盈配合 H7/n6。

（2）过盈配合基本偏差代号的选用　过盈配合基本偏差代号一般在 P ~ ZC（p ~ zc）中选用，主要应用于无相对运动的、不可拆卸的连接场合，用来传递转矩或载荷。

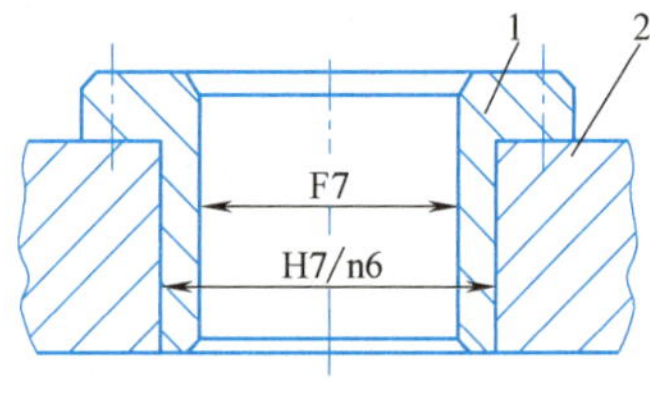

图 2-26　固定钻套配合图例

1—固定钻套　2—钻模板

确定过盈配合基本偏差代号时，应考虑负荷大小、负荷特性、材料的许用应力及装配条件等。最小过盈应保证传递足够的转矩或载荷，最大过盈应使零件内应力不超过材料的许用应力，故过盈的变化范围不能太大，需要选用较高的公差等级，一般为 IT5 ~ IT7。承受重载荷或冲击载荷的固定连接，应选用过盈量较大的配合；既要传递一定的转矩或载荷且要求可拆卸，应选用过盈量小的过盈配合。

例如，图 2-27 中的蜗轮缘与轮毂的配合，图 2-27a 所示为选用过盈较大的配合 H7/s6，靠足够的过盈量来传递转矩；图 2-27b 所示为选用配合 H7/r6 保证传递转矩的可靠性，在结合处加螺钉紧固。

（3）过渡配合基本偏差代号的选用　过渡配合基本偏差代号一般在 J ~ N（j ~ n）中选用，主要应用于既要精确定位，又要求拆卸方便的不动连接的场合。对于定心要求高、拆卸次数少、承受载荷大、冲击和振动大的场合，应选用较紧的配合，否则就选用较松的配合。在过渡配合中，最大间隙和最大过盈的绝对值都比较小，因此，组成配合的孔、轴公差等级都较高，一般为 IT4 ~ IT7。如图 2-28 所示的齿轮内孔与轴的配合，考虑轴的加工及结构工艺性，此处选配合为 H7/k6。

选用配合时应尽量采用国家标准推荐的标准公差带与配合，由优先到一般公差带，选择

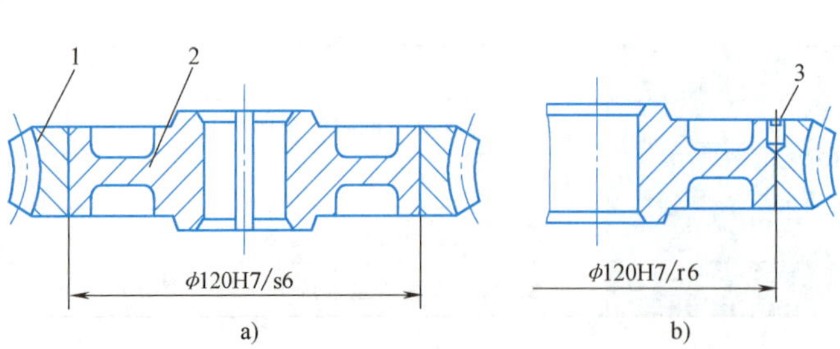

图 2-27　蜗轮缘与轮毂的配合图例

1—蜗轮缘　2—轮毂　3—紧固螺钉

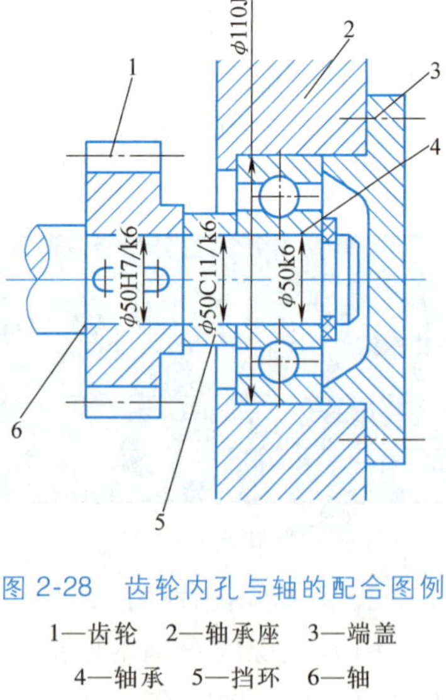

图 2-28　齿轮内孔与轴的配合图例

1—齿轮　2—轴承座　3—端盖

4—轴承　5—挡环　6—轴

适当的配合。选用时要仔细分析零件的结构特点、工作条件和使用要求等具体情况，对照各类配合的特性和应用，做出合理的选择。如同样是齿轮孔与轴的配合，如果是滑动齿轮，只能选用间隙配合；如果是固定齿轮，靠键等紧固件传递转矩，一般选用小间隙量的间隙配合或过渡配合；如果没有紧固件，而需要传递转矩，则要选用过盈配合。

在实际工作中常采用类比法选用配合公差带。表 2-11、表 2-12 分别列出基孔制轴的基本偏差选用情况、公称尺寸至 500mm 的优先和常用配合的选用情况。

表 2-11　基孔制轴的基本偏差选用

配合类型	基本偏差	特性及应用说明
间隙配合	a,b	配合间隙很大,应用较少
	c,d	用于工作条件较差,受力变形,或为了便于装配;可以得到很大的配合间隙,一般用于松的动配合。也适于大直径滑动轴承配合及其他重型机械中的一些滑动支承配合。也用于热动间隙配合
	e	适用于要求有明显间隙,易于转动的支承配合,如大跨距、多点支承、重载等的配合。多用于 IT7~IT9
	f	适用于一般转动配合,广泛应用于普通润滑油(或润滑脂)润滑的支承,如齿轮箱、小电动机、泵和轻工自动机械传动装置等的转轴与支承的配合。多用于 IT6~IT8
	g	适用于不回转的精密滑动轴承、定位销等定位配合,配合间隙小,制造成本较高,除很轻负荷的精密装置外一般不推荐于转动配合。多用于 IT5~IT7
	h	广泛用于无相对转动的零件,作为一般的定位配合,若没有温度、变形等的影响,也用于精密滑动配合,如车床尾座套筒与尾座体间的配合。多用于 IT4~IT11
过渡配合	js	偏差对称分布,平均间隙小,多用于要求间隙较小并允许略有过盈的精密零件的定位配合,一般可用手击或木锤装配。例如,自动包装机械传动装置滚动轴承内、外圈的配合。多用于 IT4~IT7
	k	平均间隙接近于零,推荐用于稍有过盈的定位配合,一般可用木锤装配。例如,滚动轴承内、外圈的配合。多用于 IT4~IT7
	m	平均过盈较小,适用于不允许游动的精密定位配合,组成的配合定位好。例如,不允许窜动的轴承内、外圈的配合。一般可用木锤装配。多用于 IT4~IT7
过盈配合	n	平均过盈比 m 稍大,很少得到间隙,用于定位要求较高且不常拆卸的配合。一般可用木锤或压力机装配。多用于 IT4~IT7
	p	用于小过盈配合,与 H6 或 H7 组成过盈配合,而与 H8 组成过渡配合,对非钢铁类零件,为较轻的压入配合,对钢、铁、铜-钢组件类装配是标准压入配合。多用于 IT5~IT7
	r	用于传递大转矩或受冲击载荷需要加键联结的配合,对钢铁类零件为中等打入配合,对非钢铁类零件为轻打入配合,如蜗轮与轴的配合。多用于 IT5~IT7 注意:H8/r8 配合在公称尺寸<100mm 时为过渡配合
	s	用于钢铁类零件的永久性或半永久性装配,可产生大的结合力,用压力机或热胀法装配,如曲柄销与曲轴的配合、蜗轮轮缘与轮毂间的配合。多用于 IT5~IT7
	t	用于钢铁类零件永久性结合,不用键就能传递转矩,用热套法或冷轴法装配,如联轴器与轴配合采用 H7/t6
	u	用于过盈量大的配合,需验算最大过盈量,用热套法装配,如火车车轮轮毂孔与轴的配合采用 H6/u5
	v~z	过盈量依次增大,除 u 外,一般不推荐采用

表 2-12 优先和常用配合的选用（尺寸≤500mm）

配合类别	配合代号		选用情况说明
	基孔制	基轴制	
间隙配合	H11/c11,H11/d11	C11/h11,D11/h11	间隙很大,用于很松的、转速很慢的动配合,要求大公差、大间隙的外露组件,要求装配方便的、很松的配合
	H9/c9,H9/d9	C9/h9,D9/h9	间隙很大的自由转动配合,用于有大的温度变化,高转速或有大的轴颈压力
	H8/f7,H8/f8	F8/h7,F8/h8	间隙不大的转动配合,用于一般转速的配合,也用于装配较易的中等定位配合,如自动包装机传动系统中轴与支承件的配合
	H7/g6	G7/h6	间隙很小的滑动配合,用于能自由移动或缓慢转动的精密配合部位
	H7/h6,H8/h7,H9/h9,H11/h11	H7/h6,H8/h7,H9/h9,H11/h11	最小间隙为零,最大间隙由孔和轴的公差决定。多用于间隙定位配合,零件可以自由装拆,而工作时一般相对静止不动,也用于精密滑动配合
过渡配合	H7/k6	K7/h6	用于精密定位的过渡配合。加紧固件可以传递一定的载荷
	H7/m6	M7/h6	用于定位精度较高允许有一定过盈的过渡配合。加键可传递较大的载荷。可用铜锤敲入或小压力压入
过盈配合	H7/n6,H7/p6,H7/r6	N7/h6,P7/h6,R7/h6	用于较精确定位的小过盈配合,一般不能靠过盈传递转矩,要传递转矩需要加紧固件
	H7/s6	S7/h6	配合后不需要加紧固件就能传递小转矩和轴向力,加紧固件就能承受较大载荷或动载荷的配合,如蜗轮轮缘与轮毂间的配合
	H7/u6	U7/h6	不加紧固件就能传递和承受较大的转矩及动载荷的配合。要求零件材料有高强度
	H7/x6,H7/z6	T6/h5	能够传递和承受很大转矩及动载荷的配合,需要经过试验后方可以应用

例 2-9　有一组一般用途的孔与轴要组成转动副，其公称尺寸为 ϕ52mm，要求它们配合后转动灵活，间隙在 30~80μm。试确定这组孔与轴的公差等级及配合种类。

解　（1）选择基准制　因为这组孔、轴为一般用途，没有特殊要求，故选用基孔制 $EI=0$。

（2）选择孔与轴的公差等级　由于 $T_f=T_D+T_d=X_{max}-X_{min}=(80-30)\mu m=50\mu m$，从满足使用要求出发，应该满足 $T_D+T_d\leqslant T_f$。

查标准公差数值表 2-3 可知，公称尺寸为 ϕ52mm，IT6 = 19μm，IT7 = 30μm。

下面分三种情况讨论：

1）若孔、轴的公差等级都选 IT7，则配合公差 $T_f=2\times IT7=60\mu m>[T_f]=50\mu m$，不符合要求。

2）若孔、轴的公差等级都选 IT6，则配合公差 $T_f=2\times IT6=38\mu m<[T_f]=50\mu m$，虽符合要求，但不符合选择公差等级的工艺等价性原则，即高精度配合时，轴比孔的精度要求高一级的原则。

3）若孔的公差等级选 IT7，遵循工艺等价性原则，轴的公差等级选 IT6，则配合公差 $T_f=IT7+IT6=(30+19)\mu m=49\mu m<[T_f]=50\mu m$，可以满足使用要求，而且 T_f 计算值接近允许值，故这对孔与轴的精度等级应按照 3）选择。

（3）确定配合基本偏差代号　由题给最小间隙 $X_{min}=30\mu m$ 来确定轴的基本偏差代号。

因为 $X_{min}=EI-es=0-es=30\mu m$，即 $es=-30\mu m$，查表 2-5 得，基本偏差 f 的上极限偏差 $es=-30\mu m$，故取轴的基本偏差为 f。

已选择基孔制，所以，该孔与轴的公差带分别是 H7 和 f6。配合代号为 $\phi52H7/f6$。

最大间隙 $X_{max}=79\mu m$，最小间隙 $X_{min}=30\mu m$。

其孔的尺寸为 $\phi52H7\left(^{+0.030}_{0}\right)$，轴的尺寸为 $\phi52f6\left(^{-0.030}_{-0.049}\right)$。

例 2-10 已知一对孔与轴的公称尺寸为 $\phi200mm$，根据使用要求，允许其装配后的最大与最小过盈分别为 $Y_{max}=-160\mu m$，$Y_{min}=-25\mu m$。试确定这组孔、轴的公差等级。

解 （1）计算孔、轴的允许配合公差 T_f 根据式（2-13）

$$T_f=T_D+T_d=|Y_{max}-Y_{min}|=135\mu m$$

（2）计算、查表确定孔、轴的公差等级 根据使用要求，应满足

$$T_D+T_d\leqslant T_f$$

查表 2-3 得，公称尺寸为 $\phi200mm$ 时，$IT7=46\mu m$，$IT8=72\mu m$。

下面分三种情况讨论：

1）若孔、轴的公差等级都选 IT8，则配合公差 $T_f=2\times IT8=144\mu m>[T_f]=135\mu m$，不符合要求。

2）若孔、轴的公差等级都选 IT7，则配合公差 $T_f=2\times IT7=92\mu m<[T_f]=135\mu m$，虽符合要求，但不符合工艺等价性原则，即高精度配合时，轴比孔的精度要求高一级的原则。

3）若孔的公差等级选 IT8，遵循工艺等价性原则，轴的公差等级选 IT7，则配合公差 $T_f=IT8+IT7=(72+46)\mu m=118\mu m<[T_f]=135\mu m$，可以满足使用要求，而且 T_f 计算值比较接近允许值，故这对孔与轴的精度等级应按照 3）选择。

2-5 尺寸公差的选用实例

视频 2-5 为某变速器中轴的尺寸公差选用实例，仅做参考。

思考题与习题

2.1 什么是基孔制配合与基轴制配合？规定基准制有何意义？什么情况下应采用基轴制配合？

2.2 请思考下列几种说法是否正确。

（1）公差通常为正值，但有时也可以为零或负值。

（2）公差是零件尺寸允许的最大偏差。

（3）配合公差总是大于孔或轴的尺寸公差。

2.3 根据已经提供的数据，填写下表空白处。

零件图样的要求						测量结果		结论
序号	公称尺寸/mm	极限尺寸/mm	极限偏差/μm	公差值/μm	尺寸标注/mm	实际尺寸/mm	实际偏差/μm	是否合格
1	轴 $\phi30$		$es=-20$ $ei=-33$			29.975		
2	轴 $\phi40$		$es=$ $ei=$		$\phi40^{-0.009}_{-0.034}$		0	
3	轴 $\phi50$	50.015 49.990	$es=$ $ei=$				−10	
4	孔 $\phi60$		$ES=$ $EI=0$	60		60.020		

（续）

零件图样的要求						测量结果		结论
序号	公称尺寸/mm	极限尺寸/mm	极限偏差/μm	公差值/μm	尺寸标注/mm	实际尺寸/mm	实际偏差/μm	是否合格
5	孔 $\phi 70$	70.015 69.985	$ES=$ $EI=$				10	
6	孔 $\phi 90$		$ES=$ $EI=36$	35			72	

2.4 根据已知条件，求孔、轴极限偏差与配合公差，并画出尺寸公差带图。

（1）孔与轴的公称尺寸为 $\phi 45$mm，$es=0$，$T_D=25\mu m$，$Y_{max}=-50\mu m$，$Y_m=-29.5\mu m$；

（2）孔与轴的公称尺寸为 $\phi 25$mm，$EI=0$，$T_d=13\mu m$，$X_{max}=+74\mu m$，$X_{min}=40\mu m$。

2.5 确定下列各孔、轴的极限偏差，画出公差带图，说明属于哪类配合及基准制。

（1）ϕ30H8/g7　（2）ϕ60H6/p5　（3）ϕ90H7/js6

（4）ϕ50M8/h8　（5）ϕ70G8/h7　（6）ϕ100R8/h7

2.6 查表确定下列各组孔与轴的要求项目并填入表中。

序号	给定数值/mm	要求确定项目		
		极限偏差数值/μm	公差值/μm	尺寸标注
1	ϕ30F8			
	ϕ30f8			
2	ϕ40JS6			
	ϕ40js6			
3	ϕ80p7			
	ϕ80P7			
4	ϕ200e9			
	ϕ200E9			

2.7 有一对孔与轴的公称尺寸为 $\phi 50$mm，要求其配合间隙在 45~115μm，试确定孔与轴的配合代号，并画出尺寸公差带图。

2.8 某孔与轴的公称尺寸为 $\phi 38$mm，已知孔的公差带为 H7，要求与轴配合过盈为-55~-10μm，试确定轴的公差等级和选用适当的公差带代号。

2.9 图 2-29 所示为钻床夹具简图。已知（1）配合尺寸 a 和 d 的结合面处分别都有定心要求，需要过盈量不大的固定连接；（2）配合尺寸 b 的结合面处有定心要求，安装和取出夹具时需要轴向移动；（3）配合尺寸 c 的结合面处有导向要求，钻头能够在转动状态下伸入钻套。试选择以上各配合面的配合代号。

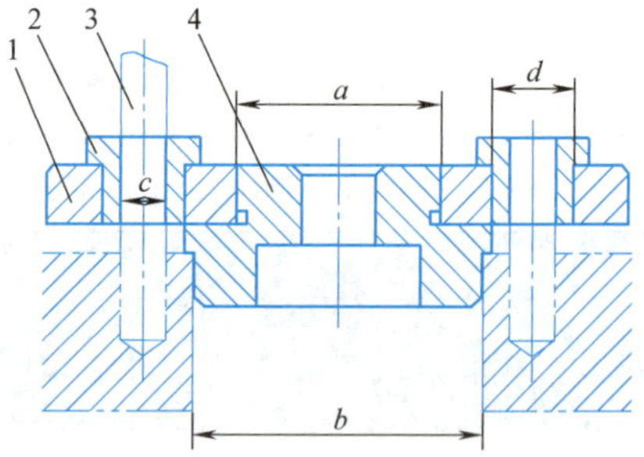

图 2-29 习题 2.9 图

1—钻模底板 2—定位套 3—钻头 4—钻套

第3章 几何公差及其检测

【章节提示】

本章主要学习几何公差项目及其误差检测、公差原则、几何公差的选择等。重点是几何公差项目及其选择和应用，难点是几何误差的检测与评定、公差原则的概念及应用。章节最后编排有几何误差的检测实训，体现了教学内容理实一体化。

通过理论学习和检测实训，培养对零部件几何精度设计、几何误差检测与评定的能力；培养细心观察与分析判断能力，养成一丝不苟、严谨认真的学习和工作作风；培养工匠精神，强化质量意识。

【编写依据】

本章内容主要依据下列现行国家标准编写，但不限于以下标准。

① GB/T 17851—2022《产品几何技术规范（GPS） 几何公差 基准和基准体系》。

② GB/T 13319—2020《产品几何技术规范（GPS） 几何公差 成组（要素）与组合几何规范》。

③ GB/T 24637.1—2020《产品几何技术规范（GPS） 通用概念 第1部分：几何规范和检验的模型》。

④ GB/T 24637.2—2020《产品几何技术规范（GPS） 通用概念 第2部分：基本原则、规范、操作集和不确定度》。

⑤ GB/T 4249—2018《产品几何技术规范（GPS） 基础 概念、原则和规则》。

⑥ GB/T 1182—2018《产品几何技术规范（GPS） 几何公差 形状、方向、位置和跳动公差标注》。

⑦ GB/T 16671—2018《产品几何技术规范（GPS） 几何公差 最大实体要求（MMR）、最小实体要求（LMR）和可逆要求（RPR）》。

⑧ GB/T 17852—2018《产品几何技术规范（GPS） 几何公差 轮廓度公差标注》。

⑨ GB/T 1958—2017《产品几何技术规范（GPS） 几何公差 检测与验证》。

⑩ GB/T 1184—1996《形状和位置公差 未注公差值》。

3.1 概述

图样上给出的零件是没有误差的理想几何体。零件在加工过程中，由于机床、夹具、刀具和工件组成的工艺系统本身存在各种误差，以及加工过程中出现受力变形、振动、磨损等各种干扰，使加工后零件的实际形状和相互位置，与理想几何体规定的形状以及线、面相互位置存在差异，这种形状上的差异就是形状误差，相互位置之间的差异就是位置误差，它们统称为几何误差。

零件的几何误差对其使用性能会产生影响。

1）影响零件的功能要求。例如，机床导轨表面的直线度、平面度不高，会影响机床刀架的运动精度。齿轮箱上各轴承孔的位置误差，会影响齿轮传动的齿面接触精度和齿侧间隙。

2）影响零件的配合性质。例如，对于圆柱结合的间隙配合，圆柱表面的形状误差会使间隙大小分布不均，当配合件发生相对转动时，磨损加快，降低零件的工作寿命和运动精度。

3）影响零件的自由装配性。例如，轴承盖上各螺钉孔的位置不正确，就有可能影响其自由装配。

要制造完全没有几何误差的零件，几乎是不可能的。因此，在设计零件时，为了减少或消除这些不利影响，需对零件的几何误差予以合理的限制。给出一个经济、合理的公差许可变动范围，即对零件的几何要素规定必要的几何公差。

3.1.1 几何公差的研究对象

几何公差研究的对象是几何要素。任何机械零件都是由点、线、面、体组合而成的，把构成零件特征的点、线、面、体或它们的集合统称为几何要素，简称要素。

图 3-1 所示的零件是由多种要素组成的。要素可以从不同的角度分类。

（1）按存在状态分　按存在状态分为实际要素和理想要素。

1）实际要素。零件在加工后实际存在的要素称为实际要素。通常用测量得到的要素来代替实际要素。

2）理想要素。由参数化方程定义的具有几何学意义的要素称为理想要素，它们不存在任何误差。图样上表示的要素均为理想要素。

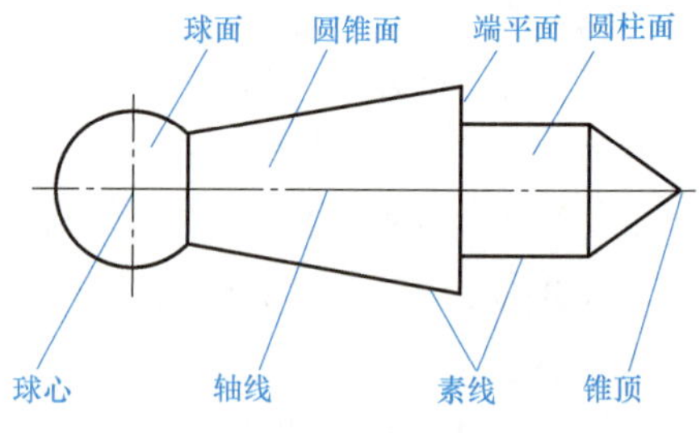

图 3-1　零件的几何要素

（2）按结构特征分　按结构特征分为轮廓要素和中心要素。

1）轮廓要素。构成零件外形的点、线、面各要素称为轮廓要素。如图 3-1 中的球面、圆锥面、圆柱面、端平面以及圆柱面和圆锥面的素线。

2）中心要素。指零件上球面的中心点，圆柱面、圆锥面的轴线，槽面的中心平面等称为中心要素。中心要素是看不见、摸不着的，它总是由相应的轮廓要素来体现的，如图 3-1

中的球心、轴线等。

(3) 按要素在几何公差中所处的地位分　按要素在几何公差中所处的地位分为被测要素和基准要素。

1) 被测要素。图样上给出了几何公差要求的要素称为被测要素，是需要检测的要素。

2) 基准要素。用来确定被测要素的方向或（和）位置的要素称为基准要素。

(4) 按被测要素的功能关系分　按被测要素的功能关系分为单一要素和关联要素。

1) 单一要素。在图样上仅对其本身给出形状公差要求的要素称为单一要素。此要素对其他要素无功能关系。

2) 关联要素。对其他要素有功能关系的要素，即相对于基准要素规定方向、位置、跳动公差的要素称为关联要素。

3.1.2 几何公差项目和符号

1. 特征项目及符号

根据国家标准 GB/T 1182—2018 的规定，几何公差的几何特征和符号见表 3-1。

表 3-1　几何公差的几何特征和符号（摘自 GB/T 1182—2018）

公差类型	几何特征	符号	有无基准
形状公差	直线度	⏤	无
	平面度	⏥	无
	圆度	○	无
	圆柱度	⌭	无
	线轮廓度	⌒	无
	面轮廓度	⌓	无
方向公差	平行度	//	有
	垂直度	⊥	有
	倾斜度	∠	有
	线轮廓度	⌒	有
	面轮廓度	⌓	有
位置公差	位置度	⌖	有或无
	同心度（用于中心点）	◎	有
	同轴度（用于轴线）	◎	有
	对称度	⌯	有
	线轮廓度	⌒	有
	面轮廓度	⌓	有
跳动公差	圆跳动	↗	有
	全跳动	⌰	有

2. 几何公差带

几何公差带是由一个或几个理想的几何线、面或体所限定的，由线性公差值表示其大小，用来限制被测实际要素变动的区域。这个区域是一个几何图形，它可以是平面区域或空间区域。只要被测实际要素能全部落在给定的公差带内，就表明该被测实际要素合格。

几何公差带控制点、线、面等区域，具有形状、大小、方向和位置四个特征要素。这四个要素会在图样标注中体现出来。

(1) 形状　几何公差带的形状由被测要素的理想形状和给定的公差特征项目确定，如直线度公差带的形状为两平行直线，圆度公差带形状为两同心圆。常见的几何公差带形状及其说明见表 3-2。

表 3-2　常见的几何公差带的形状及其说明

公差带形状	说明	公差带形状	说明
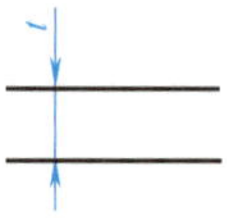	两平行直线之间的区域	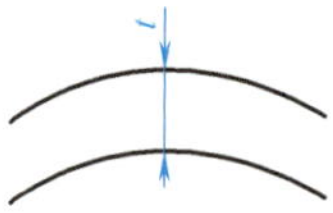	两等距曲线之间的区域
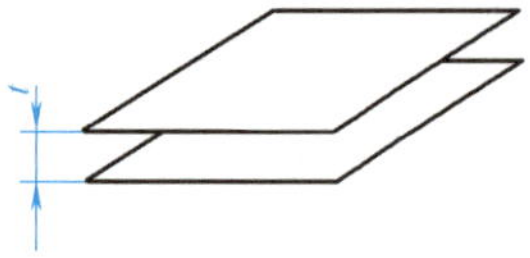	两平行平面之间的区域		两等距曲面之间的区域
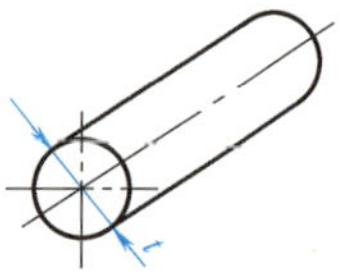	一个圆柱面内区域	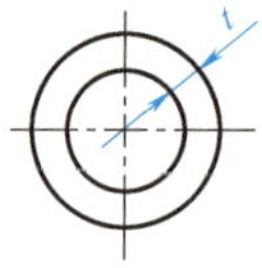	两个同心圆之间的区域
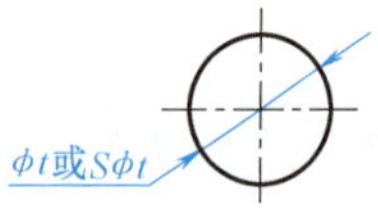	一个圆内区域或一个圆球面内区域	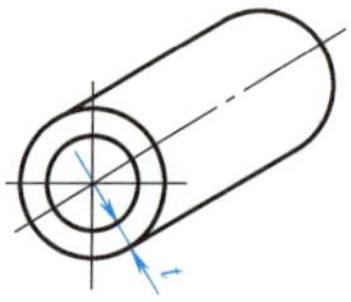	两同轴圆柱面之间的区域
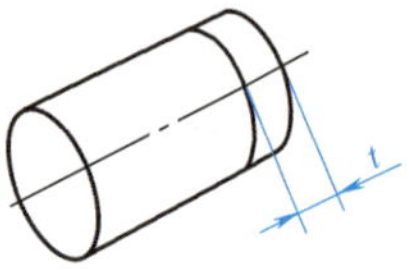	一段圆柱面的区域	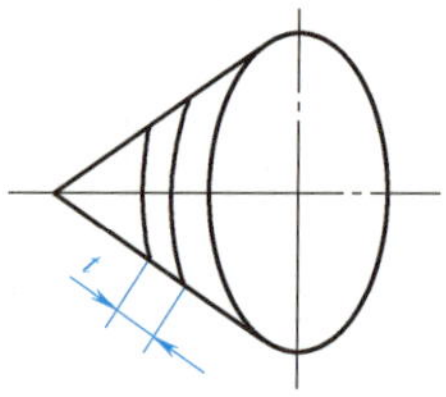	一段圆锥面的区域

（2）大小　几何公差带的大小由设计给定的公差值确定，以公差带区域的宽度（距离）t 或直径 $\phi t(S\phi t)$ 表示。如果公差带形状是圆形或圆柱形的，则在公差值前加注 ϕ；如果是球形，则加注 $S\phi$。它反映了几何公差要求的高低。

（3）方向　几何公差带的方向理论上应与图样上几何公差框格指引线所指的方向垂直。公差带的实际方向根据几何公差项目性质不同，分别按下列方法确定。

1）对于形状公差带，其放置方向由最小条件确定。

2）对于定向公差带（平行度、垂直度和倾斜度），其放置方向由被测要素与基准的几何关系（平行、垂直和倾斜）确定。其中基准的方向由最小条件确定。

3）对于定位公差带（同轴度、对称度、位置度），其放置方向由相对于基准的理论正确尺寸确定。其中同轴度、对称度分别由基准轴线、基准中心面确定（即理论正确尺寸为零），而位置度则由三坐标体系中给出的理论正确尺寸确定。

（4）位置　位置指公差带位置是固定的还是浮动的。所谓固定是指公差带的位置不随实际尺寸的变动而变化，如由理论正确尺寸定位的同轴度、对称度和位置度，其公差带位置是固定的。所谓浮动是指公差带的位置随实际（组成）要素的变化（上升或下降）而浮动，如无位置要求的形状公差带和相对于基准由尺寸公差确定的平行度、垂直度和倾斜度，其公差位置可在尺寸公差范围内上、下浮动。

3.1.3 几何公差的标注

在技术图样中，几何公差应采用代号标注。当无法采用代号标注，如现有的几何公差项目无法表达，或采用代号标注过于复杂时，才允许在图样的技术要求中用文字说明。

几何公差代号包括：几何公差框格、指引线、几何公差项目的符号、几何公差值和有关符号以及基准字母等，如图 3-2 所示。

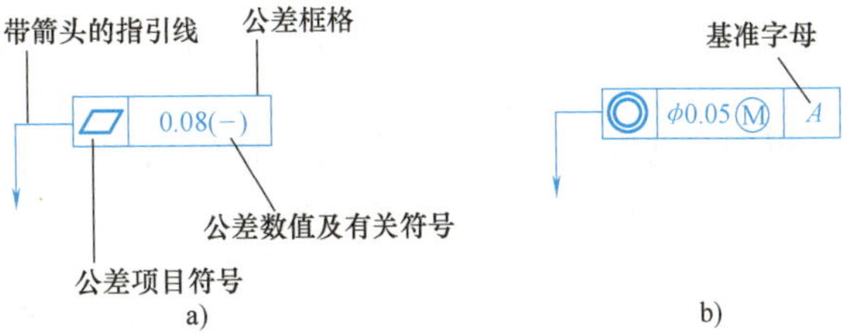

图 3-2　几何公差标注代号

a）形状公差代号　b）位置公差代号

对被测要素的几何公差要求，填写在公差框格内。几何公差框格至少有两格，也有多格的。按规定从左到右填写框格，第一格为公差项目符号，第二格为公差值和有关符号，从第三格起为代表基准的字母。基准字母采用大写的英文字母，为了避免混淆，不得采用 *E*、*F*、*I*、*J*、*L*、*M*、*O*、*P*、*R* 这几个字母。

图 3-3a 所示为两格的填写方法示例，图 3-3b 所示为三格的填写方法示例，其中 *A*—*B* 表示由基准 *A* 和 *B* 共同组成的公共基准。图 3-3c 所示为五格的填写方法示例，其中基准字母 *A*、*B*、*C* 依次表示第一、第二、第三基准。

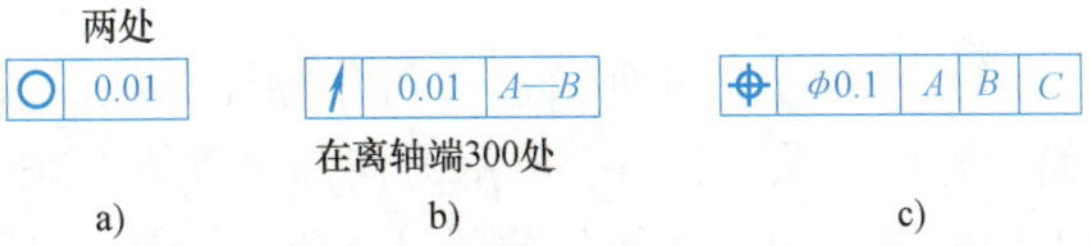

图 3-3　几何公差框格的形式

当几何公差适用于多个几何要素时，应使用修饰符 SZ 或 CZ 或 CZR。注意修饰符应标注在框格的公差数值后面，如图 3-4a 和图 3-4b 所示，图 3-4c 所示为有基准的 2 个独立的非成组规范标注。

修饰符 SZ 表示独立公差带；CZ 表示组合公差带，有方向及位置约束；CZR 表示仅约束转动的组合公差带，仅有方向约束。

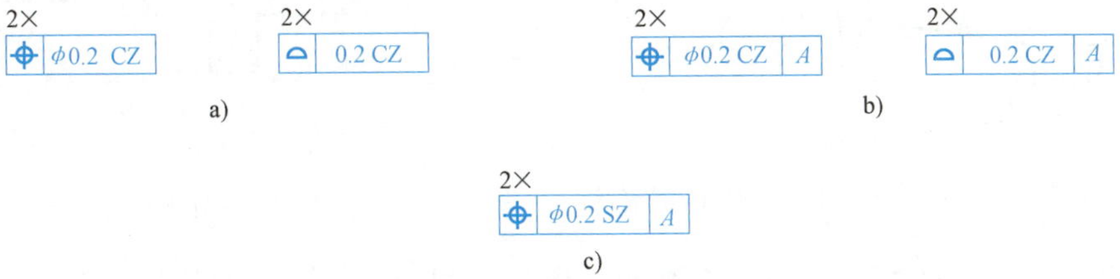

图 3-4　成组或非成组几何公差要求的标注

a）无基准的成组标注　b）有基准的成组标注　c）有基准的 2 个独立的非成组规范标注

几何公差标注时，必须注意以下几方面。

（1）区分被测（基准）要素是轮廓要素还是中心要素　当被测（基准）要素为中心要素时，指引线的箭头（基准符号的连线）应与尺寸线对齐，如图 3-5 所示。

当被测（基准）要素为轮廓要素时，箭头（基准符号）指向该轮廓要素或指向其引出线上，并应明显地与尺寸线错开，如图 3-6 所示。

（2）区分指引线的箭头指向是公差带的宽度方向还是直径方向　若指引线的箭头指向

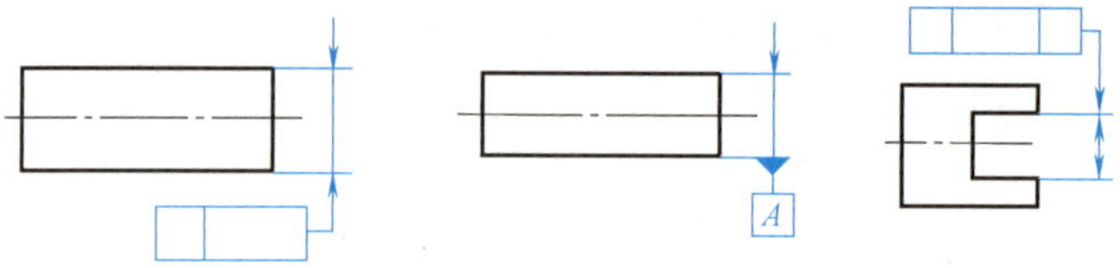

a) b)

图 3-5 中心要素的标注

a）被测要素为中心要素时的注法 b）基准要素为中心要素时的注法

公差带的宽度方向，几何公差值框格中只标出数值；若指引线的箭头指向公差带的直径方向，几何公差框格中，在数值前加注“ϕ”；若公差带是球体，则在数值前加注“$S\phi$”。

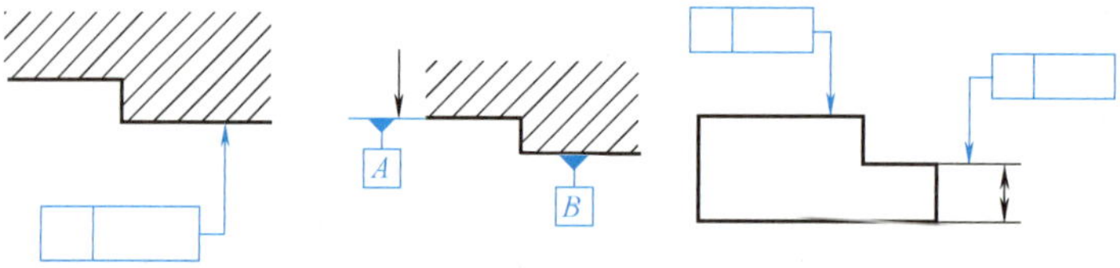

a) b)

图 3-6 被测轮廓要素的标注

a）被测要素为轮廓要素时的标注 b）基准要素为轮廓要素时的标注

（3）正确掌握几何公差的简化标注方法 在保证读图方便和不引起误解的前提下，可以简化标注方法。图 3-7 所示为同一要素有多项几何公差项目要求的标注示例。图 3-8 所示为不同要素有同一几何公差项目要求的标注示例。还可以在几何公差框格的上方或下方加文字说明，属于被测要素数量的说明，应写在公差框格的上方；属于解释性的说明（包括对测量方法的要求等），应写在公差框格的下方。

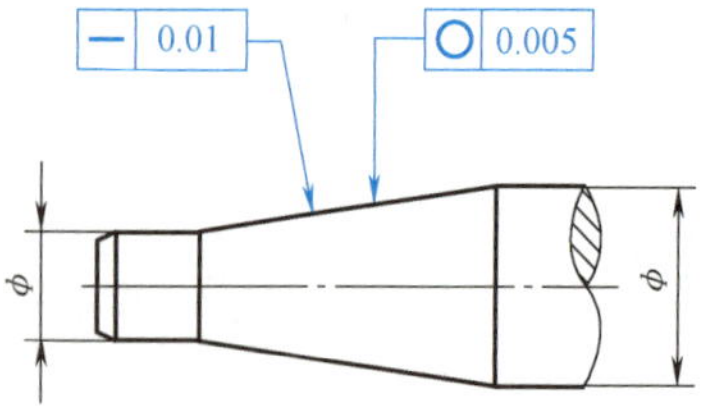

图 3-7 同一要素有多项几何公差项目要求时的标注

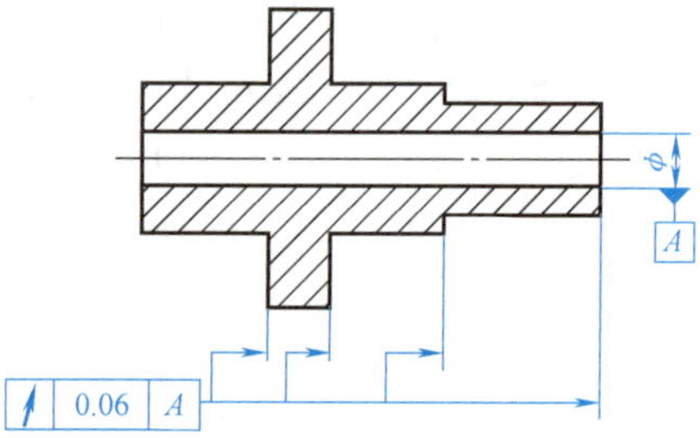

图 3-8 不同要素有同一几何公差项目要求时的标注

（4）组合公差带的标注 当几个被测要素处于同一高度要求，且具有单一公差带时，可以用成组公差带符号 CZ 在框格内的公差数值后面标注，如图 3-9 所示。

（5）用周全符号的标注 在指引线的弯折处有一小圆圈，表示该视图的轮廓周边或周面均受此框格内公差带的控制，如图 3-10 所示。

为避免产生歧义，当位置度特征符号适用于多个几何要素时，应在公差部分标注修饰符。

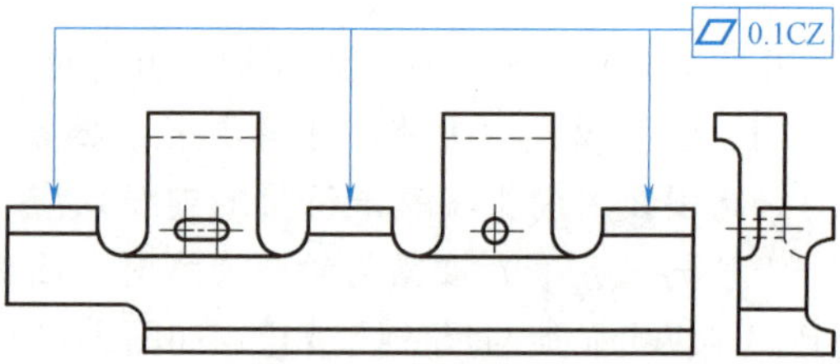

图 3-9 组合公差带的标注图例

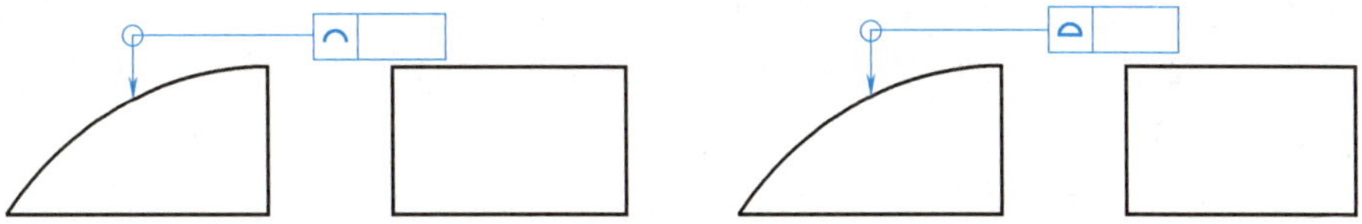

图 3-10　用周全符号的标注图例

图 3-11 和图 3-12 所示为现行国家标准与已废止的旧标准的标注方法的变化对比图例，其中图 3-11 所示为无基准的位置度公差标注的变化，图 3-12 所示为两个包含距离为 50mm 的约束及相对于基准 *A* 的位置约束的公差标注的变化图例。

a)　　　　b)

图 3-11　无基准的位置度公差标注的变化

a）现行标准的标注　b）已废止标准的标注

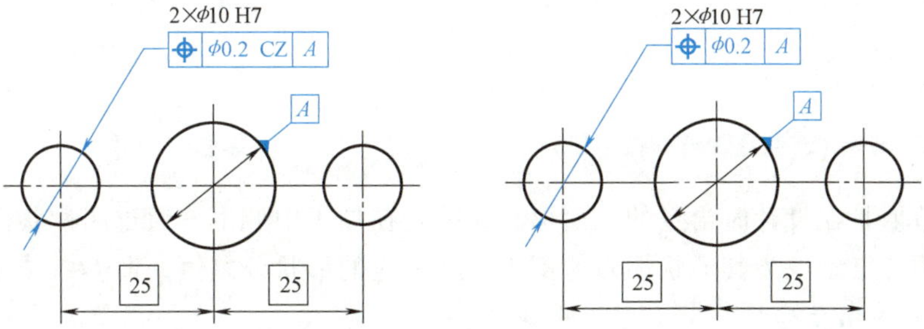

a)　　　　b)

图 3-12　有基准的位置度公差标注的变化

a）现行标准的标注　b）已废止标准的标注

3.2　几何公差项目及误差检测

3.2.1　形状公差及误差检测

1. 形状误差和形状公差

形状公差是为限制形状误差而设置的，除轮廓度项目有基准要求外，形状公差用于单一要素，所以形状公差是单一要素的形状所允许的变动量。测得的形状误差值不大于相应的公差值，则认为合格。

2. 最小条件准则

国家标准规定，最小条件是评定形状误差的基本准则。所谓最小条件就是被测实际要素对其理想要素的最大变动量为最小。以给定平面内的直线度为例来说明，如图 3-13 所示，被测要素的理想要素为直线，其方向有多种情况，如图中的Ⅰ、Ⅱ、Ⅲ方向等，相应的包容区域的宽度为f_1、f_2、f_3（$f_1<f_2<f_3$）。根据最小条件的要求，Ⅰ位置时两平行直线之间的包容区域宽度最小，故直线恰当的方向应该是Ⅰ，距离f_1为直线度误差。这种评定形状误差的方法称为最小区域法。

最小区域是根据被测实际要素与包容区域的接触状态来判别的。例如，评定在给定平面内的直线度误差时，实际直线与两包容直线至少应有高、低、高（或低、高、低）三点接触，这个包容区就是最小包容区，如图3-13中Ⅰ所示区域；评定圆度误差时，包容区为两同心圆之间的区域，实际圆应至少有内、外交替的四点与两包容圆接触，这个包容区就是最小包容区，如图3-14所示。

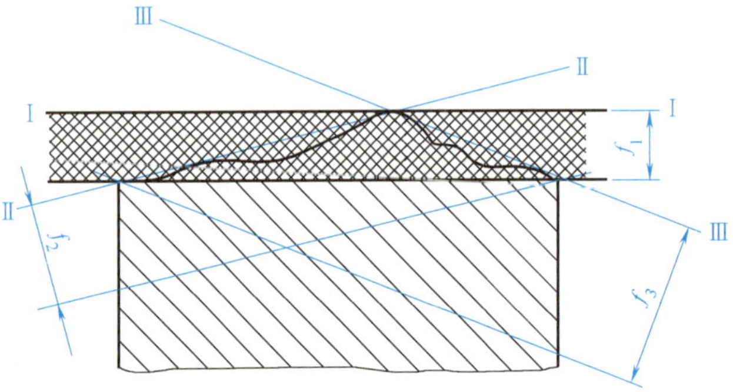

图3-13 直线度误差的最小包容区域

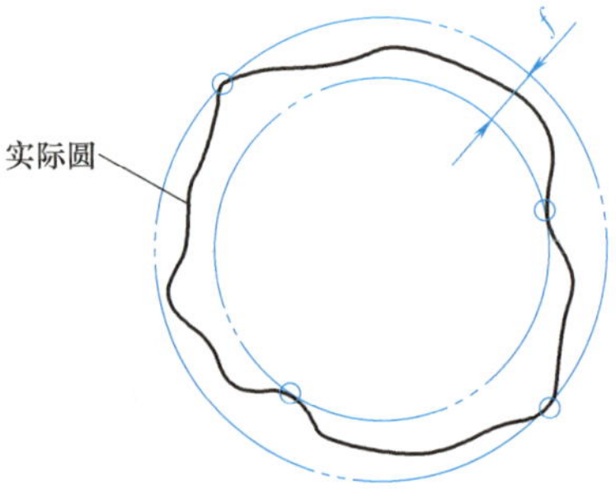

图3-14 圆度误差的最小包容区域

形状公差值是在设计时给定的，而形状误差是在加工中产生、通过测量获得的。判断零件形状误差的合格条件为其形状误差值不大于其相应的形状公差值，即$f\leqslant t$或$\phi f\leqslant \phi t$。

3. 形状公差带及检测

形状公差限制零件本身形状误差的大小，其中直线度、平面度、圆度和圆柱度四个项目为单一要素，属于形状公差项目。线轮廓度、面轮廓度中有基准要求的应看作位置公差项目，无基准要求的应看作形状公差项目。

形状公差的公差带定义、标注示例及常用检测方法见表3-3。

3.2.2 位置公差及误差检测

位置误差是指关联被测实际要素的方向或位置对其理想要素的变动量。而理想要素的方向或位置由基准确定；位置公差用来限定位置误差的变化范围。位置误差值不大于相应的公差值，则认为合格，即$f\leqslant t$或$\Delta f\leqslant \Delta t$时，被测要素是合格的。

1. 基准

基准是反映被测要素的方向或位置的参考对象，是确定要素之间几何关系的依据。

（1）基准的种类　在图样上标出的基准通常分为三种：单一基准、组合基准（公共基准）、基准体系。

1）单一基准。由一个要素建立的基准，如图3-15所示。图中由一个平面要素建立基准，该基准就是基准平面A。

2）组合基准（公共基准）。由两个或两个以上的要素建立的一个独立基准称为组合基准或公共基准，如图3-16所示。由两段轴线A、B建立起公共基准轴线$A—B$。在公差框格中标注时，将各个基准字母用短横线相连起来写在同一格内，以表示作为一个基准使用。

表 3-3 形状公差的公差带定义、标注示例及常用检测方法（摘自 GB/T 1182—2018、GB/T 1958—2017）

项目	公差带定义	标注示例及读法	常用检测方法
（一）直线度	直线度公差所限定被测要素的属性和形状为明确给定的直线或一组直线，属线要素 1. 被测要素在任一轴截面内 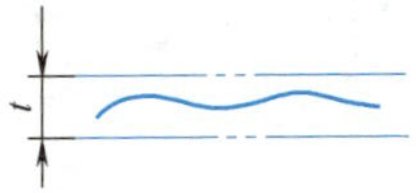 公差带为间距等于公差值 t 的两平行直线之间的区域	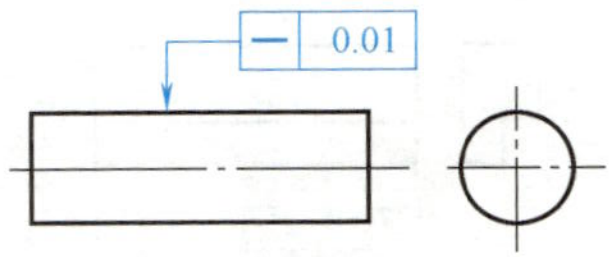 被测圆柱面与任一轴向截面的交线应限定在该平面内间距等于 0.01mm 的两平行直线区域内	1. 用刀口尺或平尺测量：刀口位置要符合最小条件，其间隙可用塞尺测量，或与标准光隙比较估读 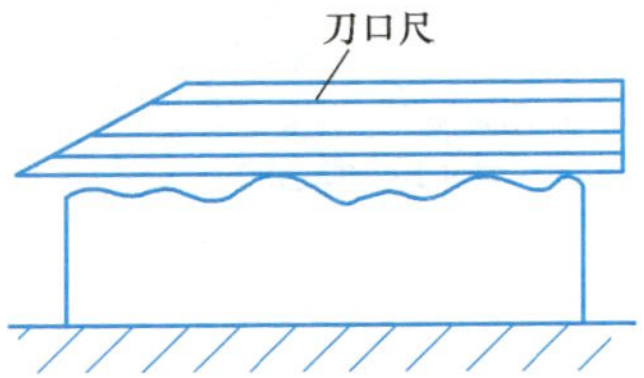 2. 用节距法测量：适用于用水平仪或自准直仪测量狭长表面，如导轨等。如下图所示，将水平仪放在专用垫块上，根据专用垫块将被测长度分为若干段，使专用垫块首尾相接，逐段测量。水平仪气泡移动的读数值表示被测轮廓线在一定长度内对水平线的高度误差值。将各段的高度误差值按比例绘在坐标纸上，横坐标表示分段距离，纵坐标表示被测轮廓线段的高度误差值，连接各点，绘出误差曲线，用最小区域法评定其直线度误差 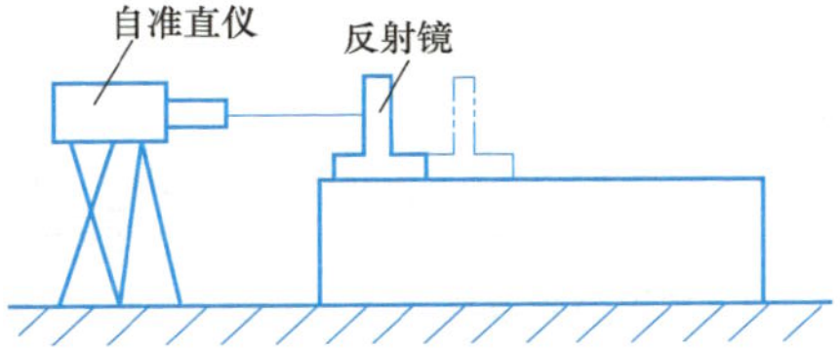
	2. 被测要素在由相交平面框格规定的平面内 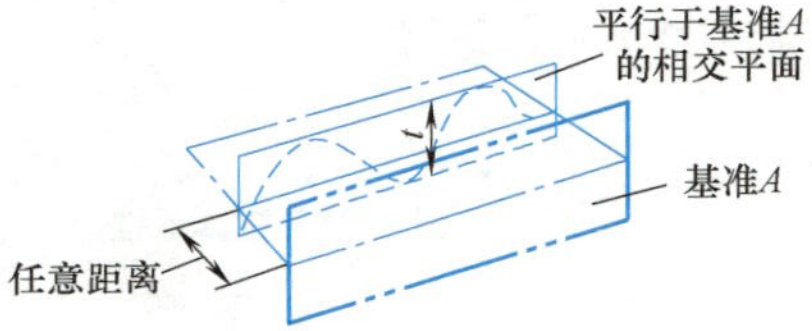 公差带为在平行于（相交平面框格给定的）基准 A 的给定平面内与给定方向上、间距等于公差值 t 的两平行直线所限定的区域	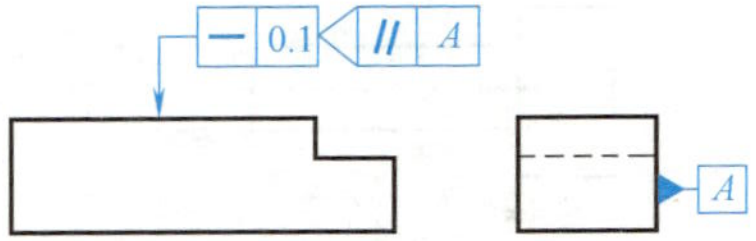 在由相交平面框格规定的平面内，上表面的提取（实际）线应限定在间距等于 0.1mm 的两平行直线之间	

（续）

项目	公差带定义	标注示例及读法	常用检测方法
（一）直线度	3. 被测要素限定在任意方向上 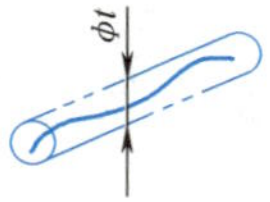 公差值前加注 φ，公差带是直径为公差值 t 的圆柱面内的区域	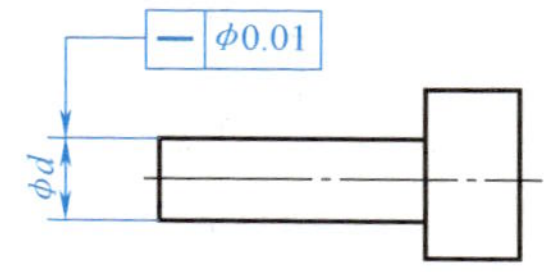 被测 ϕd 轴的轴线应限定在直径为公差值 0.01mm 的圆柱面区域内	下图中 f 为直线度误差。由于纵横坐标比例不同，误差曲线实际上是变了形的实际轮廓线，所以误差值 f 不能沿平行线垂直方向量取，一般沿纵坐标方向量 f，这与实际相差甚微 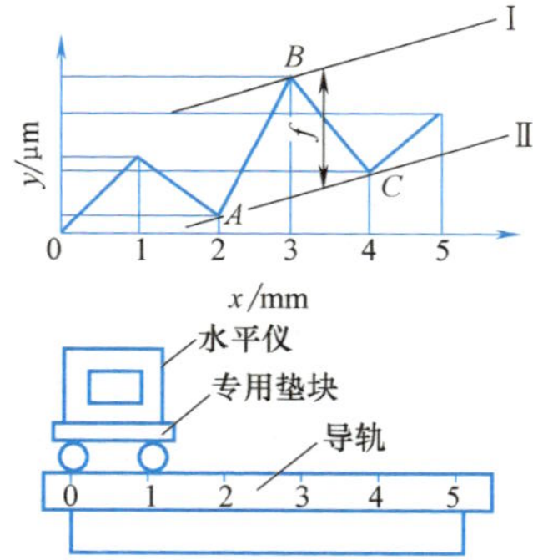
（二）平面度	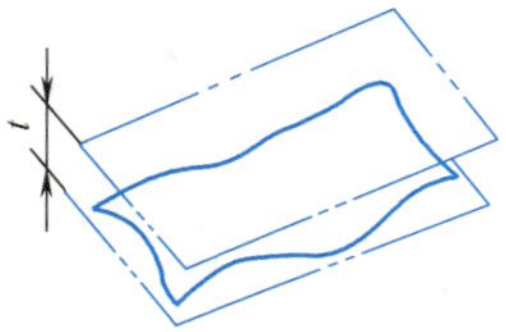 公差带为间距等于公差值 t 的两平行平面所限定的区域	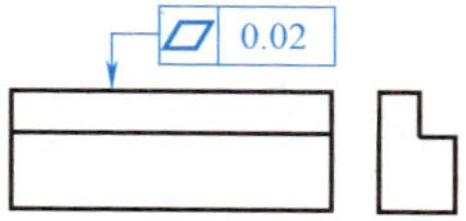 被测表面应限定在间距等于公差值 0.02mm 的两平行平面内	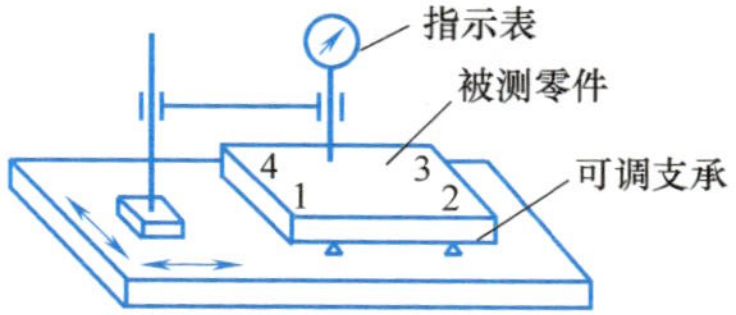 一般平面可支承在平板上，调整支承使被测表面对角线二端点 1 与 3、2 与 4 分别等高，指示表最大与最小读数的差值近似地作为平面度误差，必要时可按最小条件出求其平面度误差。此外还可用水平仪、自准直仪、平面干涉等测量

（续）

项目	公差带定义	标注示例及读法	常用检测方法
（三）圆度	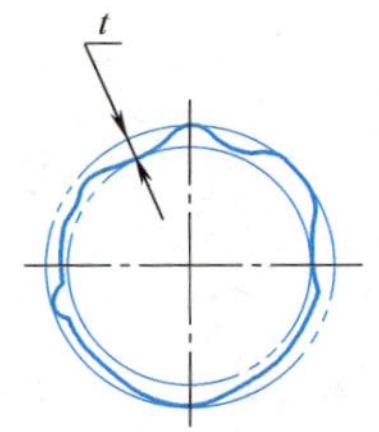 公差带是在同一正截面上，半径差为公差值 t 的两同心圆之间的区域	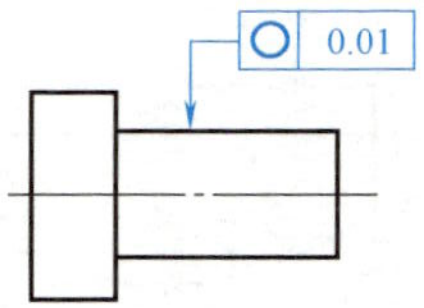 被测圆柱面的任一正截面的圆周应限定在半径差为公差值 0.01mm 的两同心圆之间	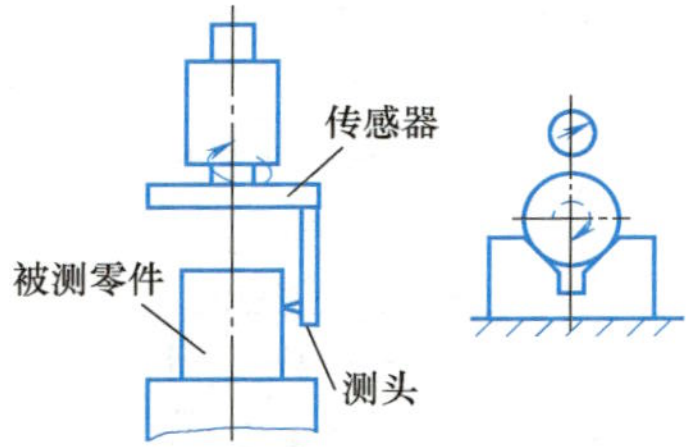 1. 用圆度仪测量：测量时传感器的测头始终接触被测零件，并绕其旋转一周，在坐标纸上自动描绘出放大的实际轮廓 2. 采用近似测量方法。①两点法：用千分尺等量出同一截面最大与最小直径，其差的半值即为该截面的圆度误差，取各截面中最大误差值作为该零件的圆度误差，此法用于测量偶数棱工件。②三点法：如上图所示，被测零件转一周，指示表最大与最小读数差的半值即为其圆度差，此法用于测量奇数棱工件
（四）圆柱度	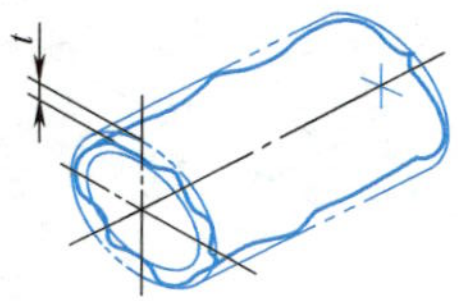 公差带是半径差等于公差值 t 的两同轴圆柱面之间的区域	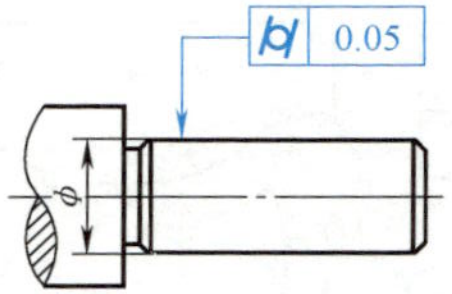 被测圆柱面应限定在半径差为公差值 0.05mm 的两同心圆柱面之间	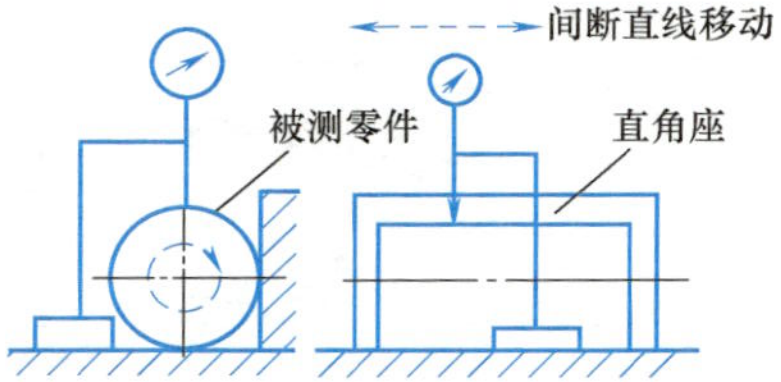 1. 用三坐标测量仪测量 2. 采用近似测量方法，被测零件放在 V 形铁或直角座（图示）上测量

（续）

项目	公差带定义	标注示例及读法	常用检测方法
（五）线轮廓线	1. 无基准的线轮廓度公差 被测要素在由相交平面框格规定的平面内 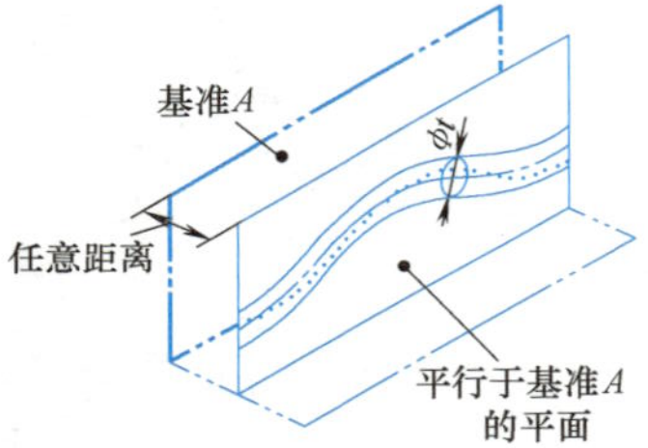 公差带为直径等于公差值 t，圆心位于理论正确几何形状上的一系列圆的两等距包络线所限定的区域	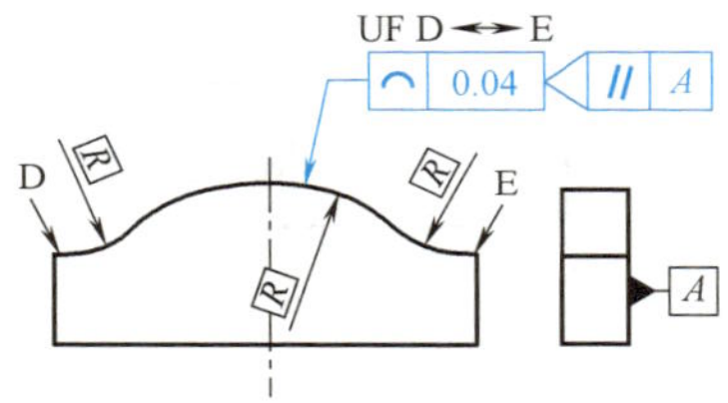 在任一平行于基准 A 的截面内，如相交平面框格所规定的，提取（实际）轮廓线应限定在直径等于 0.04mm，圆心位于理论正确几何形状上的一系列圆的两等距包络线之间。使用 UF 表示组合要素上的三个圆弧部分应组成联合要素	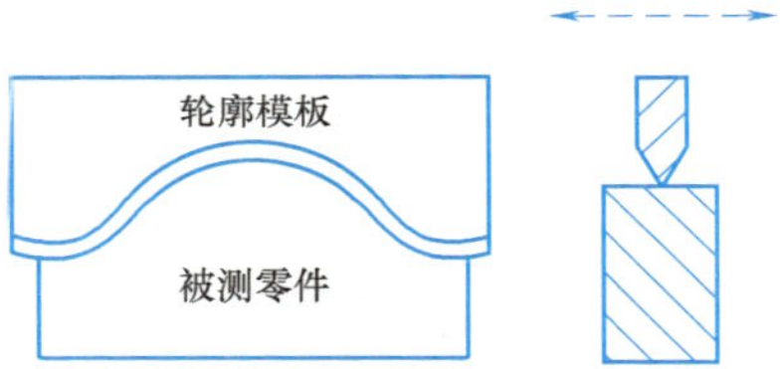 一般用样板、投影仪检测。图示用样板测量，根据光隙大小估读，取最大间隙作为该零件的线轮廓度误差。此外还可以用坐标测量装置或仿形测量装置测量
	2. 有基准的线轮廓度公差 被测要素在由相交平面框格规定的平面内 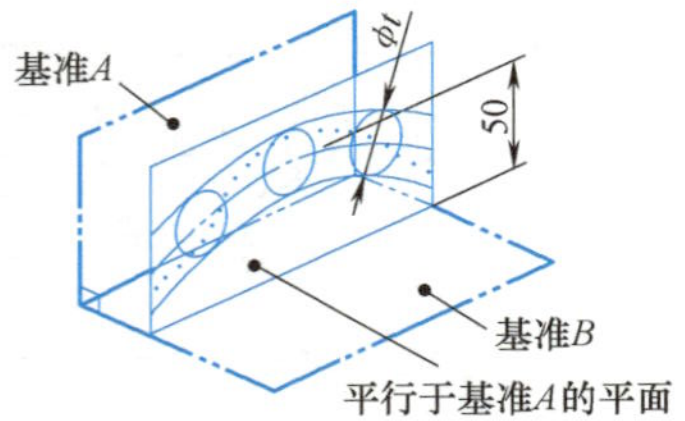 公差带为直径等于公差值 t，圆心位于由基准 A 和基准 B 确定的被测要素理论正确几何形状上的一系列圆的两包络线所限定的区域	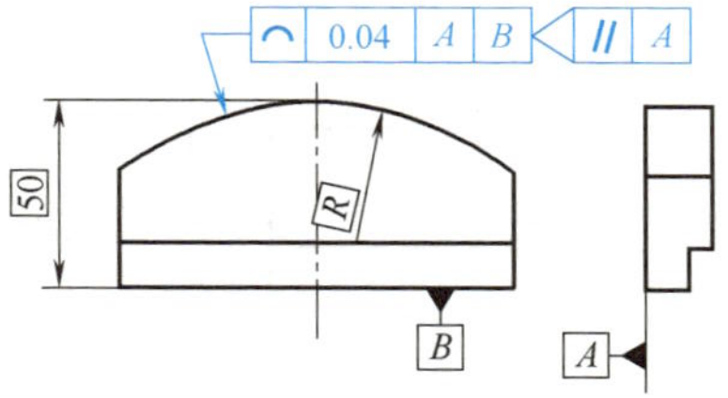 在任一由相交平面框格所规定的平行于基准 A 的截面内，提取（实际）轮廓线应限定在直径等于 0.04mm，圆心位于由基准 A 和基准 B 确定的被测要素理论正确几何形状上的一系列圆的两等距包络线之间	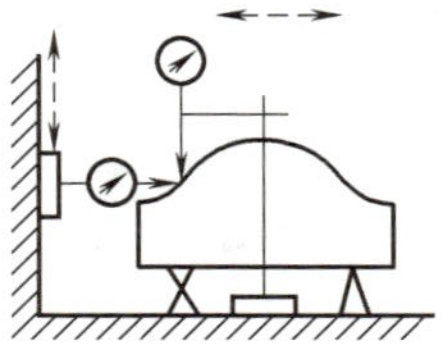 坐标测量法：测量基准 A、基准 B，确定测量评定平面，在被测轮廓面线素上进行曲线离散点测量（尽可能在评定平面附近测量，并只取探针针头中心点），将测点投影到评定平面上在 A 基准面、B 基准面及理论值正确尺寸的约束下对测点群与 CAD 模型（或理论曲线）进行最佳拟合计算（即只能在 A 面方向及 B 面方向的约束下对工件做虚拟的空间水平移动）

（续）

<table>
<tr><th>项目</th><th>公差带定义</th><th>标注示例及读法</th><th>常用检测方法</th></tr>
<tr><td rowspan="2">（六）面轮廓度</td><td>1. 无基准的面轮廓度公差
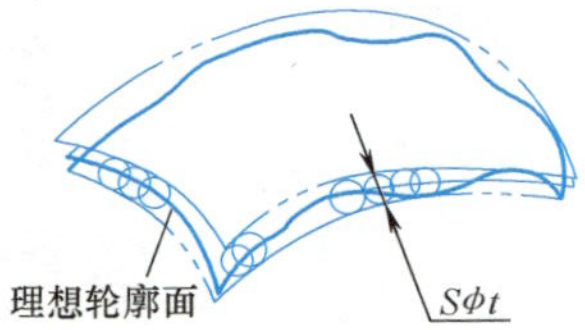
公差带是包络一系列直径为公差值 t 的球的两包络面之间的区域，诸球的球心应位于具有理论正确几何形状的面上</td><td>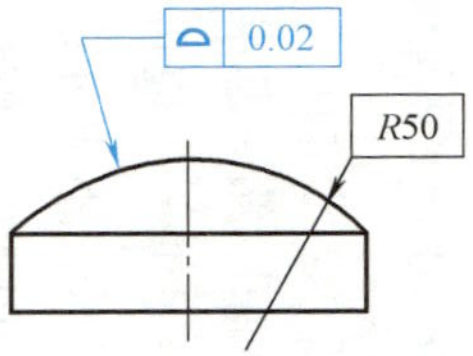
被测轮廓面必须位于包络一系列球的两等距包络面之间，诸球的直径为公差值 0.02mm，且球心位于由理论正确尺寸 $R50$mm 所确定的几何形状的面上</td><td>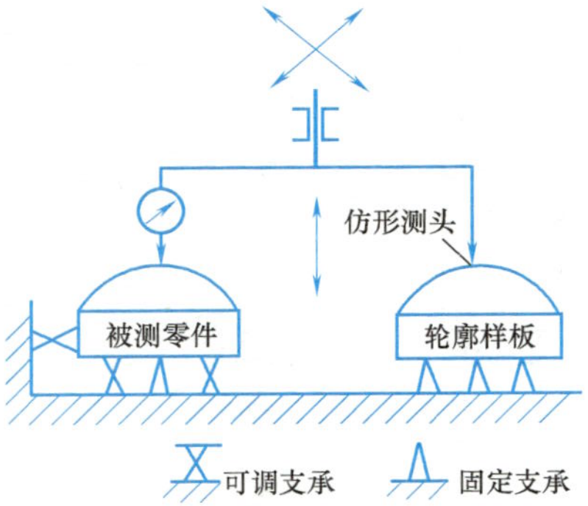
一般用截面轮廓样板检测，也可用在坐标测量装置或仿形测量装置（图示）测量</td></tr>
<tr><td>2. 有基准的面轮廓度公差
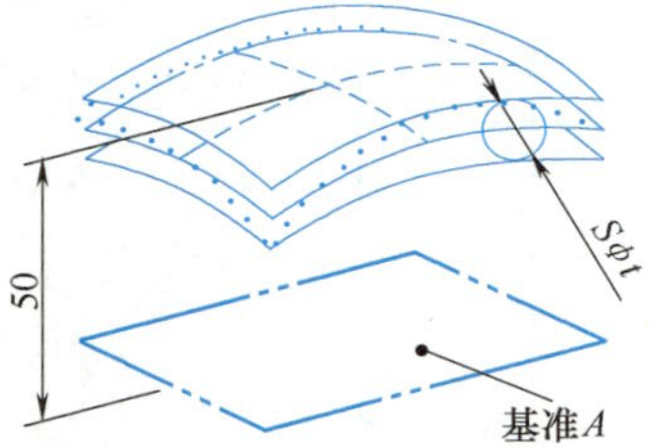
公差带为直径等于公差值 t，球心位于由基准 A 确定的被测要素理论正确几何形状上的一系列圆球的两包络面所限定的区域</td><td>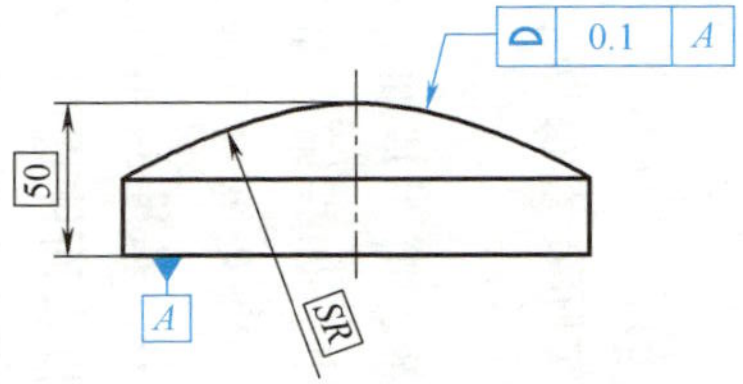
提取（实际）轮廓面应限定在直径等于 0.1mm，球心位于由基准 A 确定的被测要素理论正确几何形状上的一系列圆球的两等距包络面之间</td><td>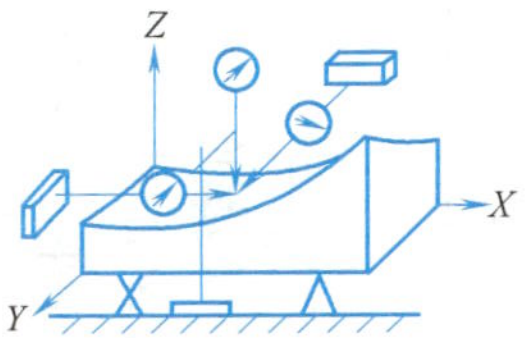
坐标测量法：测量基准 A，在被测轮廓面上进行曲面离散点测量（只取探针针头中心点），在 A 基准面及理论值正确尺寸的约束下对测点群与 CAD 模型（或理论曲面）进行最佳拟合计算（即只能在 A 面上进行移动和转动的变换操作）</td></tr>
</table>

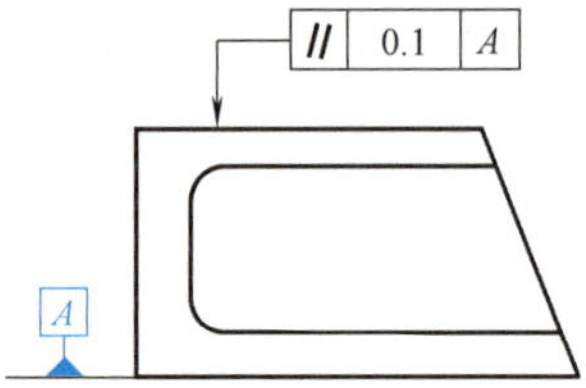

图 3-15 单一基准

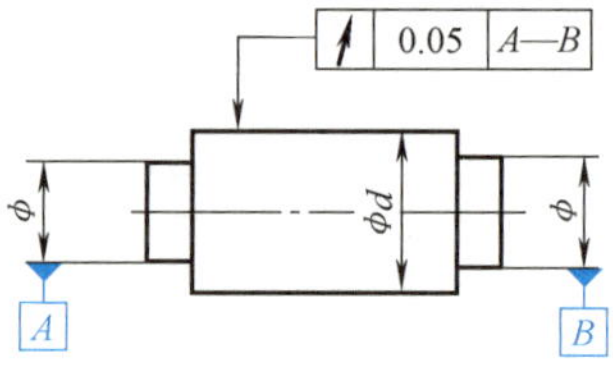

图 3-16 组合基准

3）基准体系（三基面体系）。由两个或多个基准要素按照特定顺序所建立的一组方位要素。由三个相互垂直的平面所构成的基准体系即三基面体系，如图 3-17 所示。应用三基面体系时，应注意基准的标注顺序，选最重要的或最大的平面作为第一基准 A，选次要或较长的平面作为第二基准 B，选不太重要的平面作为第三基准 C。

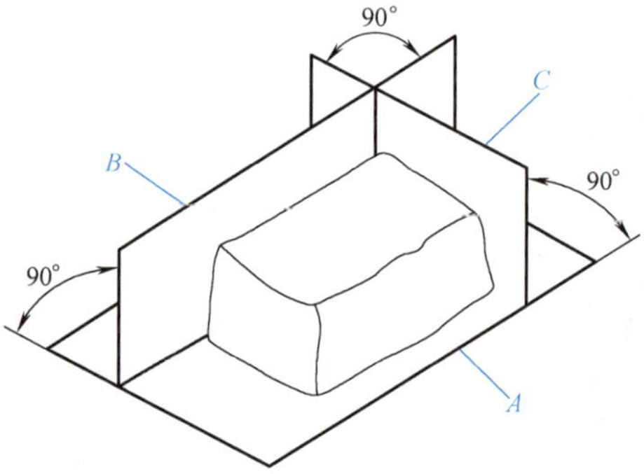

图 3-17 三基面体系

（2）基准的建立和体现 评定位置误差的基准应是理想的基准要素。但基准要素本身也是实际加工出来的，也存在形状误差。因此，基准应该由基准实际要素根据最小条件或最小区域法来建立。

对于基准体系，第一基准对第二基准存在方向和位置的约束，第二基准对第三基准存在方向和位置的约束。如果第一基准对公差带的自由度约束已经足够，不应再建立第二或第三基准；如果第一基准和第二基准对公差带的自由度约束已经足够，不应再建立第三基准。

在实际检测中，基准的体现方法通常用模拟法。模拟法是用形状足够精确的表面模拟基准。例如，以平板表面体现图 3-18a 所示的基准平面，如图 3-18b 所示；以心轴表面体现图 3-19a 所示的基准孔的轴线，如图 3-19b 所示。

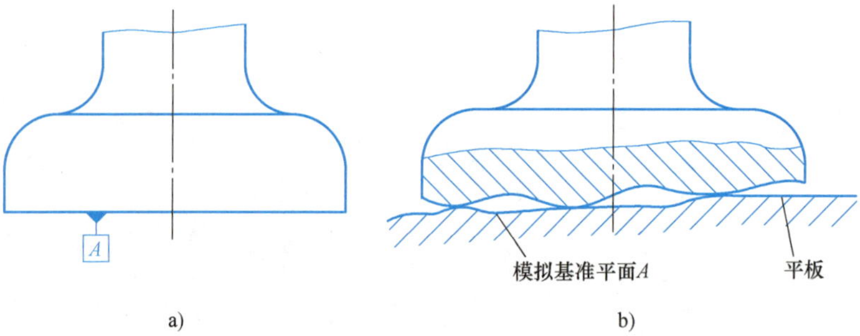

图 3-18 用平板模拟基准平面

2. 位置公差带及检测

位置公差按其特征可分为定向公差、定位公差和跳动公差三类。

（1）定向公差与公差带 定向公差是关联实际要素对其有确定方向的理想要素的允许

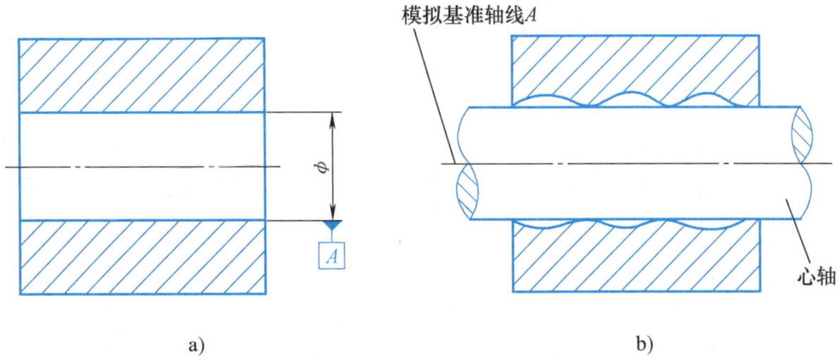

图 3-19 用心轴模拟基准孔轴线

变动量。理想要素的方向由基准及理论正确尺寸（角度）确定。当理论正确角度为0°时，称为平行度公差；为90°时，称为垂直度公差；为任意角度时，称为倾斜度公差。这三项公差都有面对面、线对线、面对线和线对面四种情况。

表3-4列出了定向公差的公差带定义、标注示例及常用检测方法。

定向公差带具有如下特点。

1）定向公差带相对于基准有确定的方向，而其位置往往是浮动的。

2）定向公差带具有综合控制被测要素的方向和形状的功能。如平面的平行度公差，可以控制该平面的平面度误差和直线度误差；轴线的垂直度公差可以控制该轴线的直线度误差。在保证使用要求的前提下，对被测要素给出定向公差后，通常不再对该要素提出形状公差要求。需要对被测要素的形状有进一步的要求时，可再给出形状公差，但其公差数值应小于定向公差值。

（2）定位公差与公差带　定位公差是关联实际要素对其有确定位置的理想要素的允许变动量。理想要素的位置由基准及理论正确尺寸（角度）确定。当理论正确尺寸为零，且基准要素和被测要素均为轴线时，称为同轴度公差；当理论正确尺寸为零，基准要素或被测要素为其他中心要素（中心平面）时，称为对称度公差；在其他情况下均称为位置度公差。

表3-5列出了定位公差的公差带定义、标注示例及常用检测方法。

定位公差带具有如下特点。

1）定位公差带相对于基准具有确定的位置。位置度公差带的位置由理论正确尺寸确定，同轴度和对称度的理论正确尺寸为零，图上可省略不注。

2）定位公差带具有综合控制被测要素位置、方向和形状的功能。如平面的位置度公差，可以控制该平面的平面度误差和相对于基准的方向误差；同轴度公差可以控制被测轴线的直线度误差和相对于基准轴线的平行度误差。在满足使用要求的前提下，对被测要素给出定位公差后，通常对该要素不再给出定向公差和形状公差。如果需要对方向和形状有进一步要求时，则可另行给出定向公差或形状公差，但其数值应小于定位公差值。

（3）跳动公差与公差带　跳动公差是针对特定的检测方式而定义的公差项目。它是被测要素绕基准要素回转过程中所允许的最大跳动量，也就是指示器在给定方向上指示的最大读数与最小读数之差的允许值。跳动公差又分为圆跳动和全跳动。

表3-6列出了跳动公差的公差带定义、标注示例及常用检测方法。

表 3-4 定向公差的公差带定义、标注示例及常用检测方法（摘自 GB/T 1182—2018、GB/T 1958—2017）

项目	公差带定义	标注示例及读法	常用检测方法
（一）平行度	1. 面对面。相对于基准平面的平面 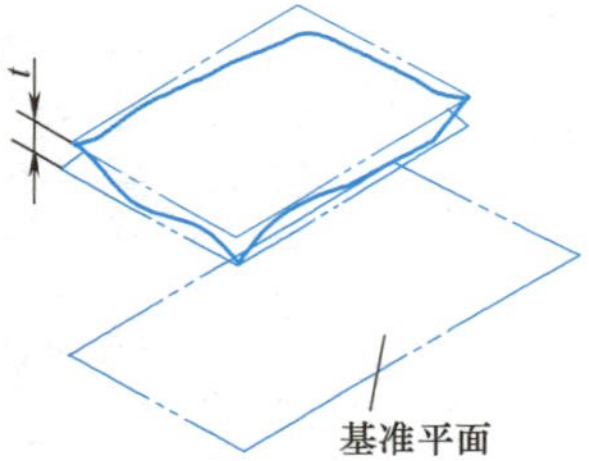 公差带是距离为公差值 t，且平行于基准平面的两平行平面之间的区域	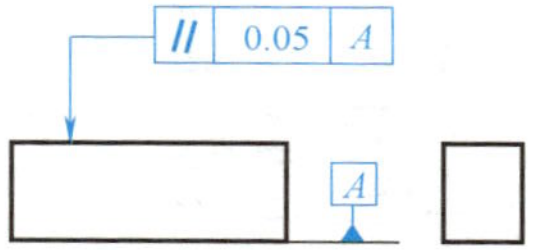 被测表面（上表面）应限定在间距等于公差值 0.05mm，且平行于基准平面 A（底面）的两平行平面之间	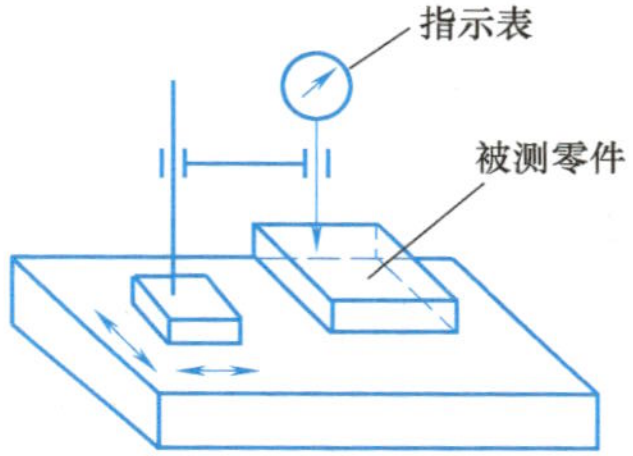 将被测零件的基准表面放在平板上，在被测表面范围内，指示表最大与最小读数之差为平行度误差
	2. 线对面。相对于基准面的中心线 同上	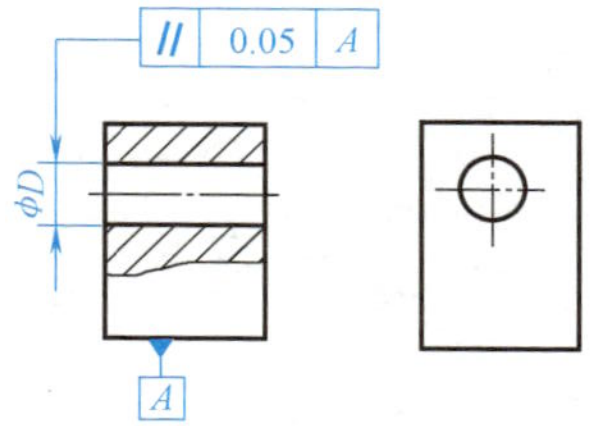 被测 ϕD 孔的中心线应限定在间距等于公差值 0.05mm，且平行于基准平面 A（底面）的两平行平面之间	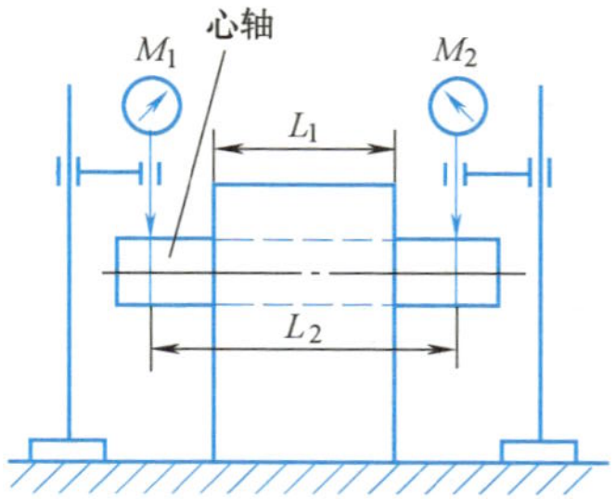 被测轴线由心轴模拟。在测量距离为 L_2 的两个位置上测得的读数分别为 M_1 和 M_2，则平行度误差 f 为 $$f=\frac{L_1}{L_2}\lvert M_1-M_2\rvert$$ 式中 L_1——被测轴的长度

（续）

项目	公差带定义	标注示例及读法	常用检测方法
（一）平行度	3. 面对线。相对于基准直线的平面 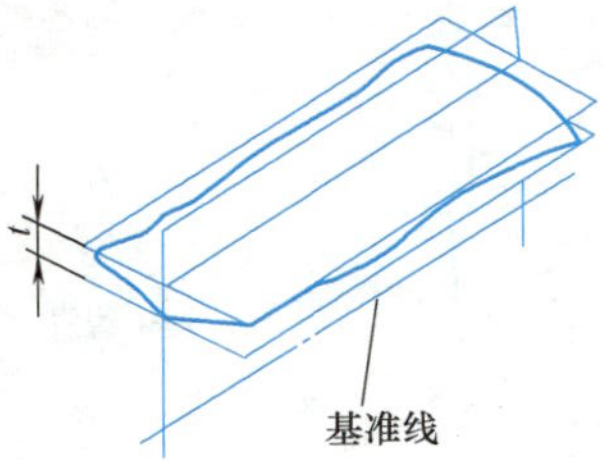 公差带是距离为公差值 t，且平行于基准线的两平行平面之间的区域	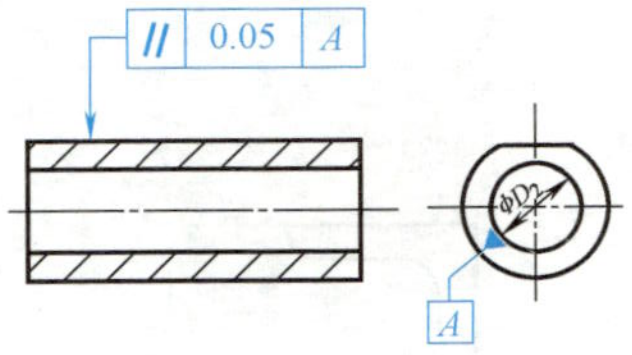 被测表面应限定在间距等于公差值 0.05mm，且平行于基准轴线 A 的两平行平面之间	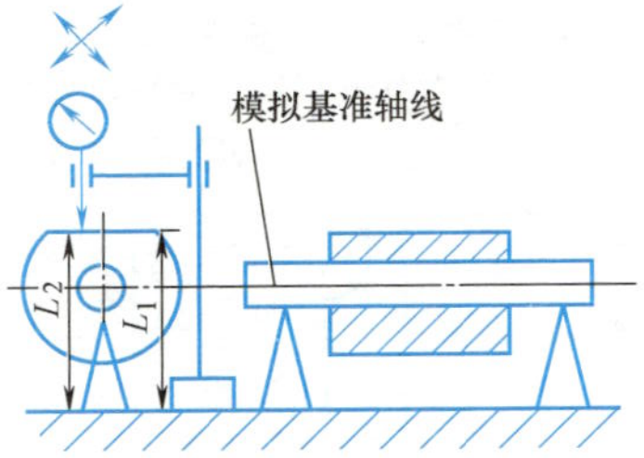 基准轴线由心轴模拟。将被测零件放在等高支承上，并转动零件，使 $L_1=L_2$，然后测量整个表面，指示表的最大与最小读数之差作为该零件的平行度误差
	4. 线对线。相对于基准直线的中心线 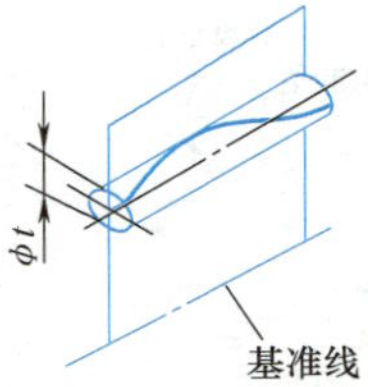 公差值前加注 ϕ，公差带是直径为公差值 t，且平行于基准轴线的圆柱面内的区域	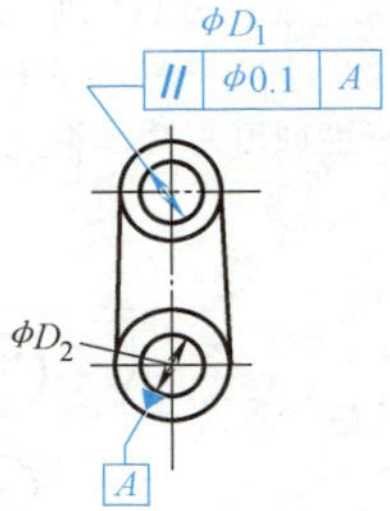 被测 ϕD_1 轴线必须位于直径为公差值 0.1mm，且平行于基准轴线 A 的圆柱面内	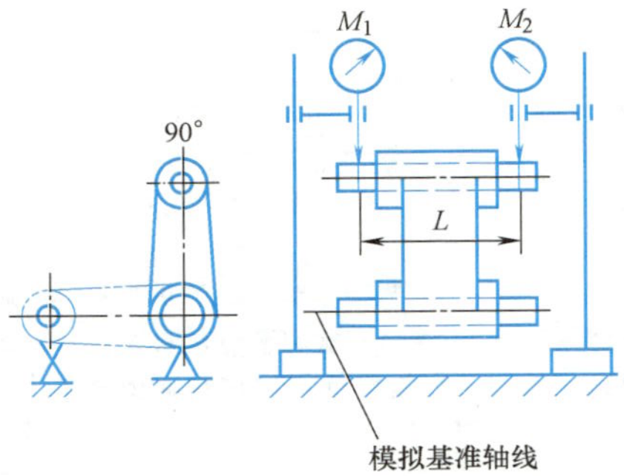 基准轴线和被测轴线均由心轴模拟，将被测零件放在等高支承上，在测量距离为 L 的两个位置上分别测出轴线在垂直方向上和水平方向上的平行度误差 $f_{垂直}$ 和 $f_{水平}$，则被测轴线在任意方向上的平行度误差 f 为 $f=\sqrt{f_{垂直}^2+f_{水平}^2}$

（续）

项目	公差带定义	标注示例及读法	常用检测方法
（一）平行度	5. 相对于基准体系的中心线平行度公差 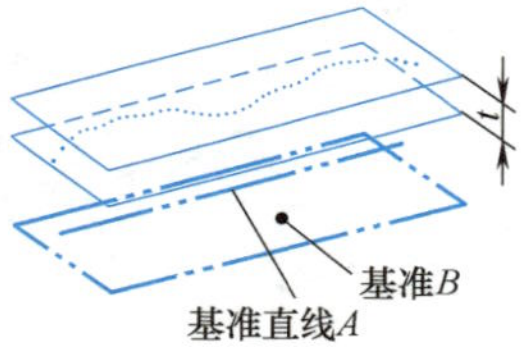 公差带为间距等于公差值 t，平行于基准直线 A 且沿规定方向的两平行平面所限定的区域	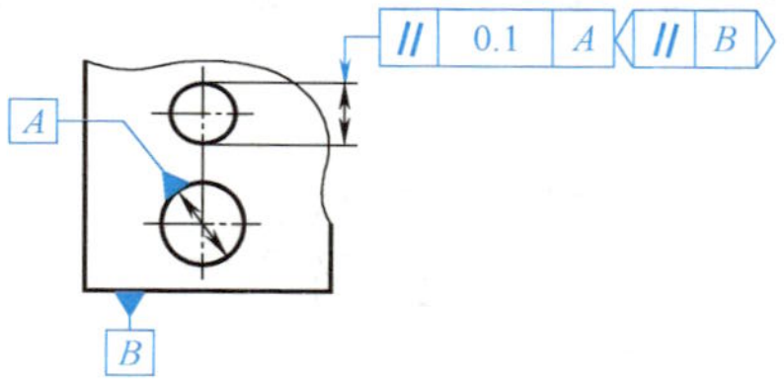 提取（实际）中心线应限定在间距等于 0.1mm、平行于基准直线 A 的两平行平面之间。限定公差带的平面均平行于由定向平面框格规定的基准平面 B。基准 B 为基准 A 的辅助基准	基准直线和被测轴线均由心轴模拟。将被测零件放在由基准 A 和基准 B 构成的基准体系中，在由定向平面框格规定的基准 B 方向上多次测量
（二）垂直度	1. 面对面。相对于基准平面的平面 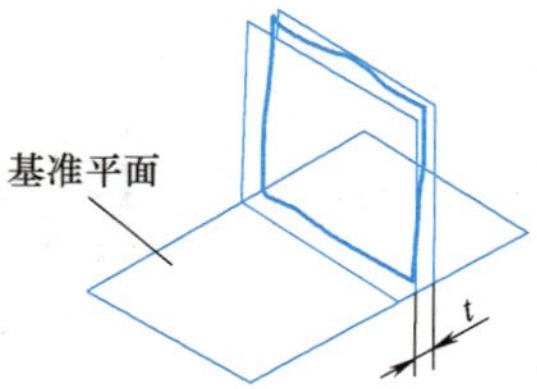 公差带为间距等于公差值 t，且垂直于基准平面的两平行平面之间的区域	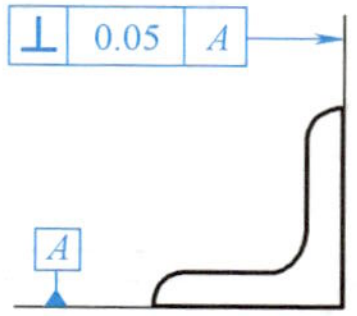 被测表面（右侧面）应限定在间距等于公差值 0.05mm，且垂直于基准平面 A（底面）的两平行面之间	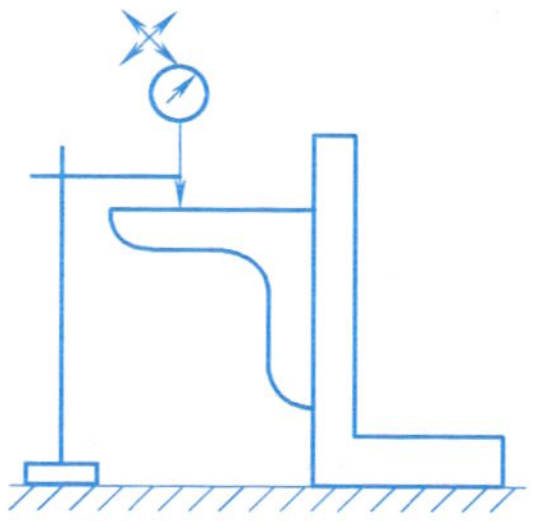 将被测零件的基准面固定在直角座上。同时调整靠近基准的被测表面的读数差为最小值，取指示表在整个被测表面测得的最大与最小读数之差作为其垂直度误差

（续）

项目	公差带定义	标注示例及读法	常用检测方法
（二）垂直度	2. 面对线。相对于基准直线的平面 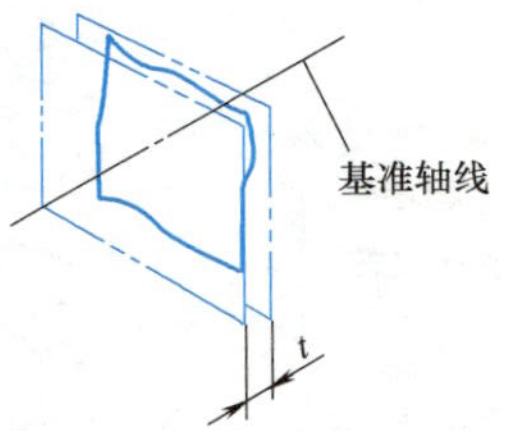 公差带为间距等于公差值 t，且垂直于基准轴线的两平行平面之间的区域	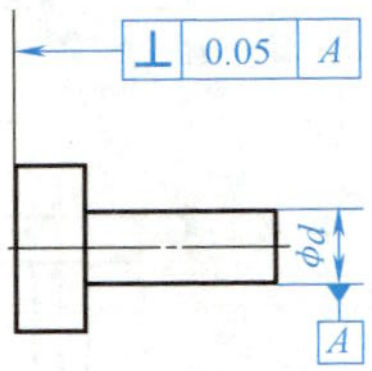 被测表面（左端面）应限定在间距等于公差值0.05mm，且垂直于基准线 A（ϕd 轴线）的两平行面之间	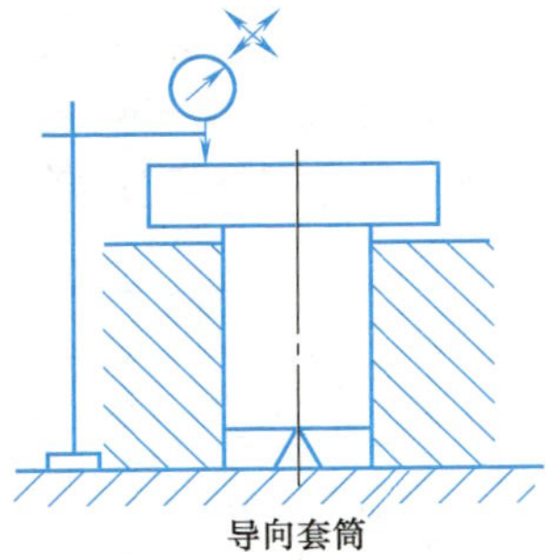 基准轴线由导向套筒模拟。将被测零件放在导向套筒内，然后测量整个被测表面，取最大读数差作为该零件的垂直度误差
	3. 线对线。相对于基准直线的中心线 同上	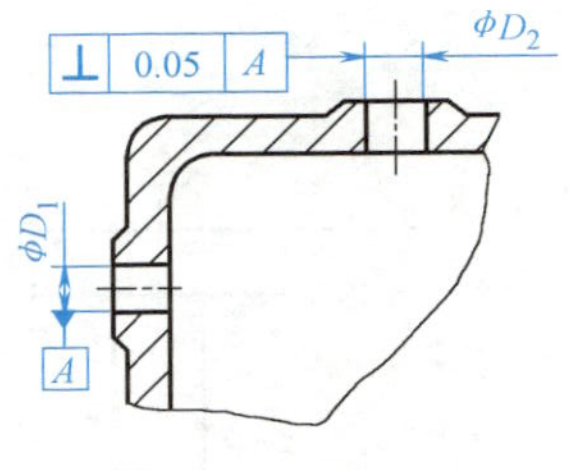 被测 ϕD_2 孔的中心线应限定在间距等于公差值0.05mm，且垂直于基准线 A（ϕD_1 孔的中心线）的两平行面之间	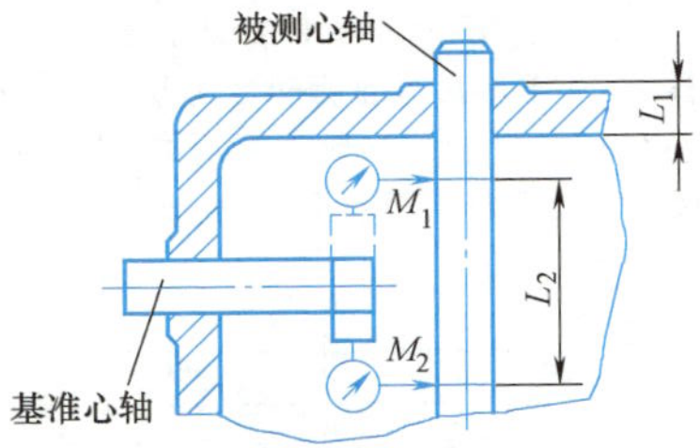 基准轴线和被测轴线均由心轴模拟。转动基准心轴，在测量距离为 L_2 的两个位置上测得的数值分别为 M_1 和 M_2 垂直误差度 f 为 $$f=\frac{L_1}{L_2}\lvert M_1-M_2\rvert$$ 式中 L_1——被测轴线的长度

（续）

项目	公差带定义	标注示例及读法	常用检测方法
（二）垂直度	4. 线对面。相对于基准面的中心线 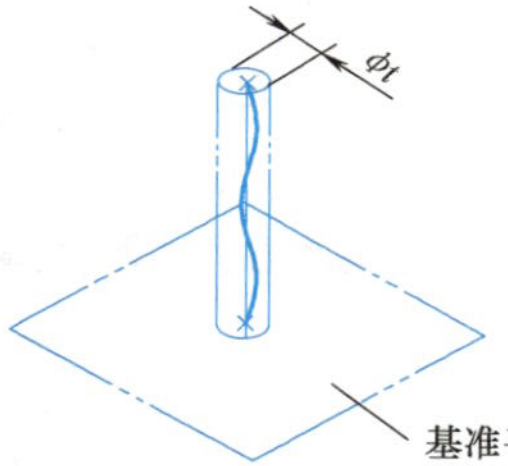 公差值前加注 ϕ，公差带是直径为公差值 t，且垂直于基准平面的圆柱面内的区域	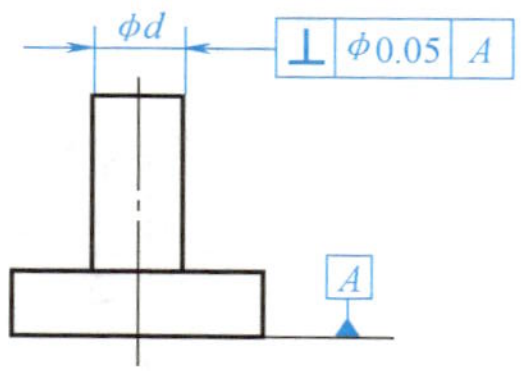 被测 ϕd 轴线应限定在直径为公差值 0.05mm，且垂直于基准平面 A（底面）的圆柱面内	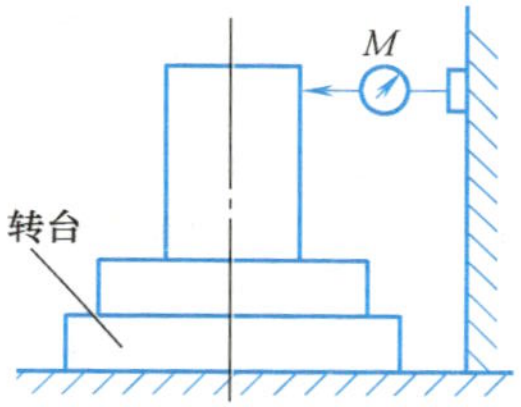 除按上述方法测量外，还可在转台上测量。被测零件放置在转台上，并使被测轴线与转台的回转轴线对中（通常在被测轮廓要素的较低位置对中）。测量若干横截面内轮廓要素上各点的半径差，并记录在同一坐标图上，用图解法求出其垂直度误差
	5. 相对于基准体系的中心线垂直度公差 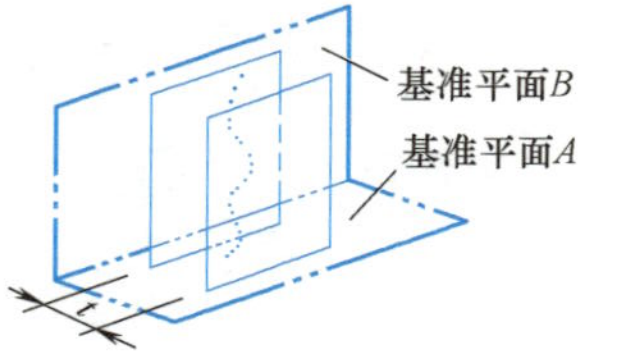 公差带为间距等于公差值 t 的两平行平面所限定的区域。该两平行平面垂直于基准平面 A 且平行于辅助基准平面 B	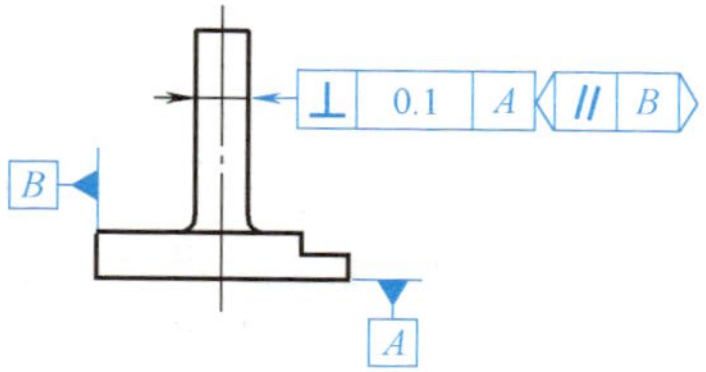 圆柱面的提取（实际）中心线应限定在间距等于 0.1mm 的两平行平面之间；该两平行平面垂直于基准平面 A，且方向由基准平面 B 规定。基准平面 B 为基准平面 A 的辅助基准	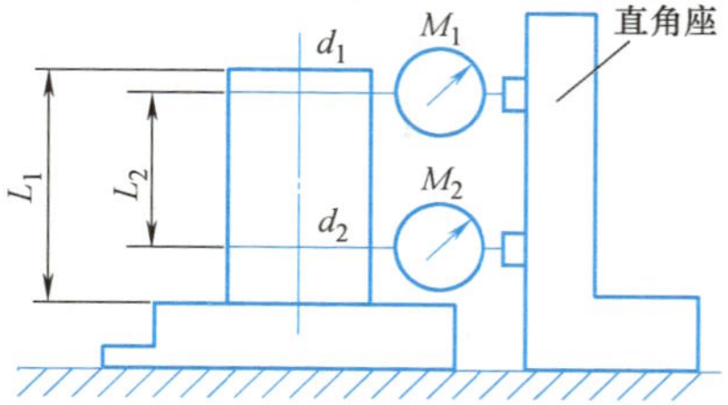 在由定向平面框格规定的基准面 B 方向上测量距离为 L_2 的两个位置，测得 M_1 和 M_2 及相应的轴径 d_1 和 d_2 则在该方向上的垂直度误差 f 为 $f=\frac{L_1}{L_2}\left\|(M_1-M_2)+\frac{d_1-d_2}{2}\right\|$ 式中 L_1——为被测轴线的长度

（续）

项目	公差带定义	标注示例及读法	常用检测方法
（三）倾斜度	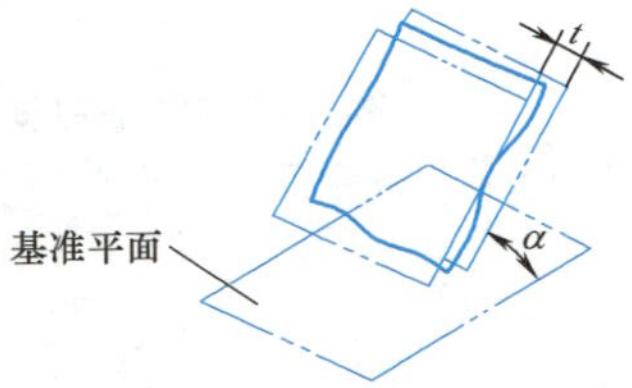 公差带是距离为公差值 t，且与基准面（线）成一给定角度 α 的两平行平面之间的区域	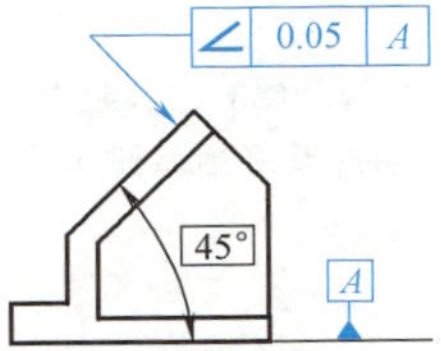 被测表面（斜面）必须位于距离为公差值 0.05mm，且与基准平面 A（底面）成理论正确角度 45°的两平行平面之间	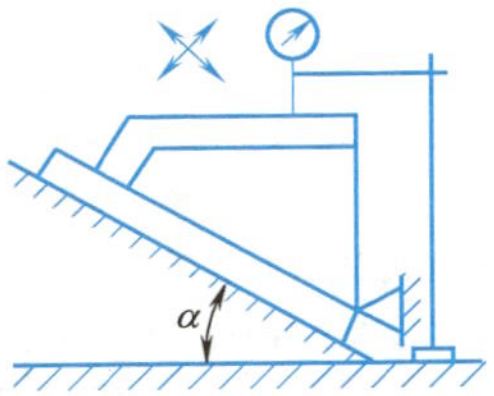 将被测零件放在定角座（或正弦尺）上，调整被测件，使整个被测表面的读数差为最小值。指示表的最大与最小读数之差作为其倾斜度误差

表 3-5　定位公差的公差带定义、标注示例及常用检测方法（摘自 GB/T 1182—2018、GB/T 1958—2017）

项目	公差带定义	标注示例及读法	常用检测方法
（一）同轴度	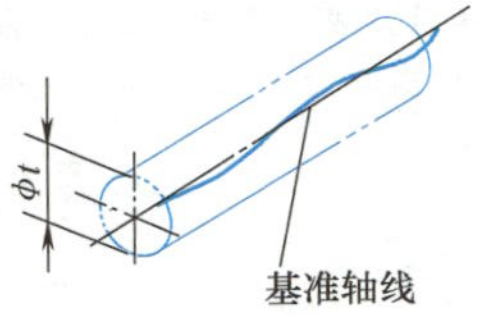 公差值前加注 ϕ，公差带是直径为公差值 t，且与基准轴线同轴的圆柱面内的区域	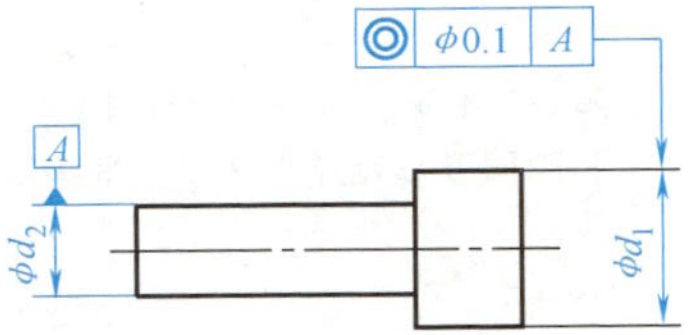 被测 ϕd_1 轴的轴线应限定在直径为公差值 0.1mm，且与基准轴线 A（ϕd_2 轴的轴线）同轴的圆柱面内	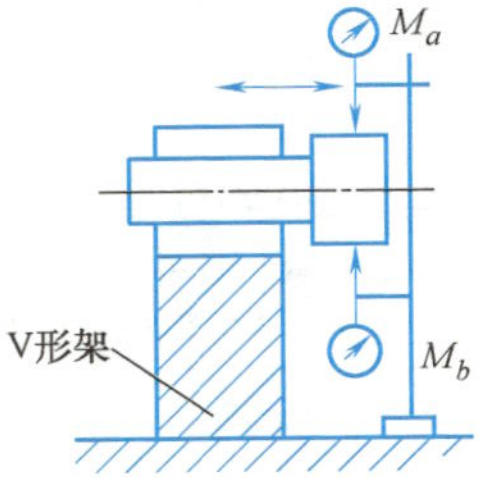 基准轴线由 V 形架模拟。将两指示表分别在铅垂轴向截面调零。旋转工件，取指示器在垂直基准轴线的正截面上测得各对应点的读数差值 $\vert M_a - M_b \vert$ 中最大值为该截面上的同轴度误差。然后，转动被测零件测量若干截面，取各截面测得的读数差中最大值（绝对值）作为该零件的同轴度误差，此法适用于测量形状误差较小的零件。此外，还可用圆度仪、三坐标测量仪按定义测量或用同轴度量规检测

（续）

项目	公差带定义	标注示例及读法	常用检测方法
（二）对称度	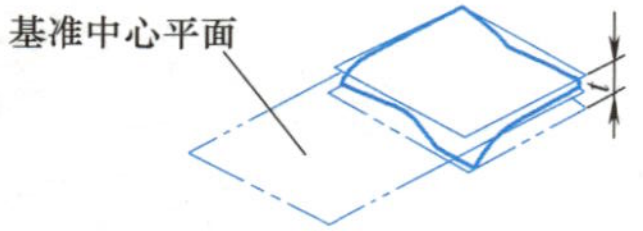 公差带是距离为公差值 t，且相对基准中心平面对称配置的两平行平面之间的区域	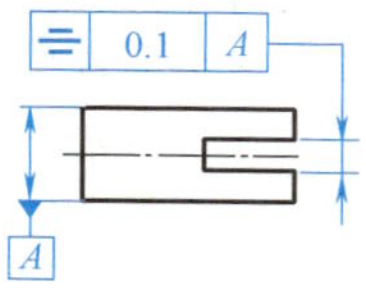 被测槽的中心平面应限定在间距等于公差值 0.1mm，且相对基准中心平面 A 对称配置的两平行平面之间	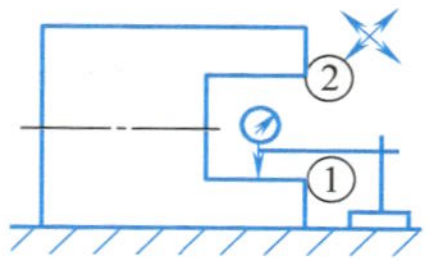 ① 测量被测表面与平板之间的距离 ② 将被测件翻转后，测量另一被测表面与平板之间的距离。取测量截面内对应两测点的最大差值作为对称度误差
	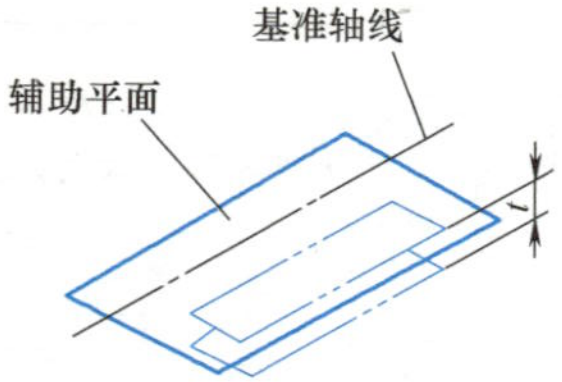 公差带是距离为公差值 t，且相对基准轴线对称配置的两平面之间的区域	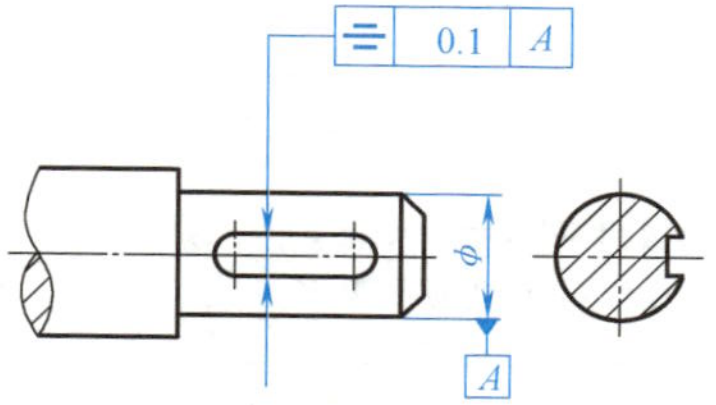 被测键槽的中心平面应限定在间距等于公差值 0.1mm，且相对基准轴线 A 对称配置的两平行平面之间	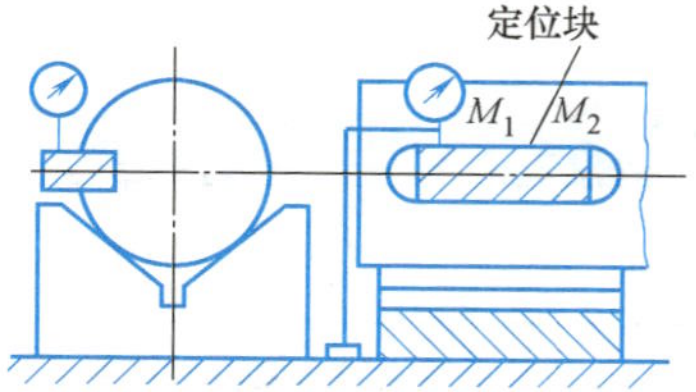 基准轴线由 V 形架模拟，被测中心平面由定位块模拟。先在定位块一端 M_1 处测量，调整被测件使定位块沿径向与平板平行，测量定位块至平板的距离，再将被测件旋转 180°重复上述测量，得到指示表的一个读数差。同样，在定位块另一端 M_2 处测得另一个读数差。上述二个读数差中的较大值为 a_1，较小值为 a_2，则轴槽的对称度误差 f 为 $$f=\frac{d(a_1-a_2)+2a_2h}{2(d-h)}$$ 式中　d——轴的直径 h——键槽深度 a_1、a_2——测得的读数差，且 $\|a_1\|>\|a_2\|$

(续)

项目	公差带定义	标注示例及读法	常用检测方法
(三)位置度	1. 点的位置度公差 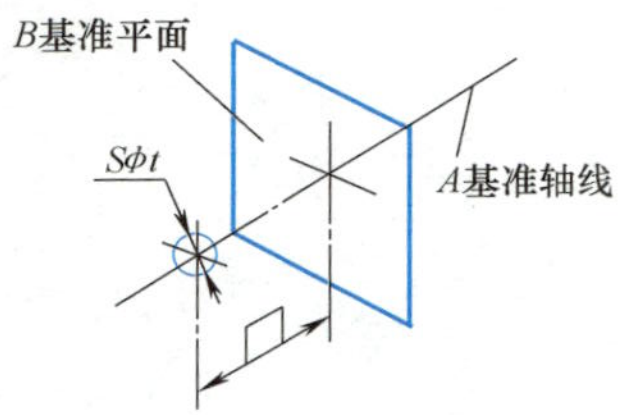 公差值前加注 Sϕ,公差带是直径为公差值 t 的球内区域,该球的球心位置由相对基准 A 和 B 的理论正确尺寸确定	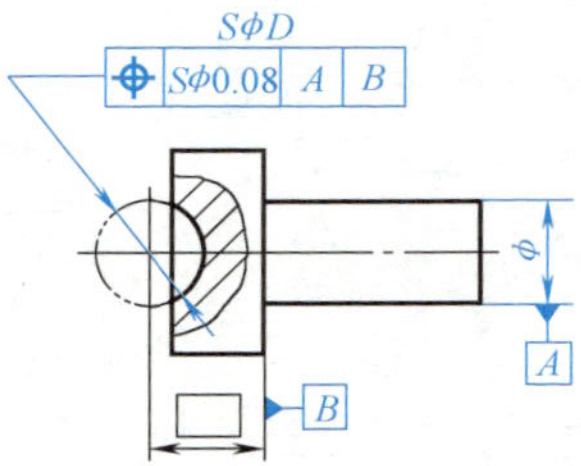 被测球的球心应限定在直径为公差值 0.08mm 的球内,该球的球心位于由相对基准 A 和 B 理论正确尺寸所确定的理想位置上	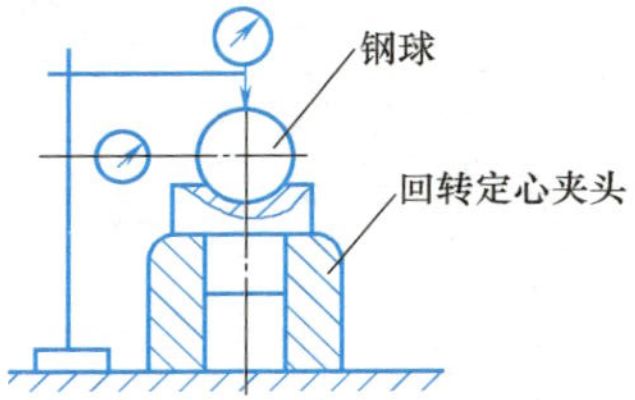 装上标准零件,并放置适当直径的钢球,将指示表调零。然后换上被测零件,以钢球球心模拟被测球面的中心。被测零件回转一周,径向指示表最大读数差之半为径向误差 f_x,垂直方向指示表最大读数为轴向误差 f_y,被测点位置度误差 f 为 $f=2\sqrt{f_x^2+f_y^2}$
	2. 中心线的位置度公差 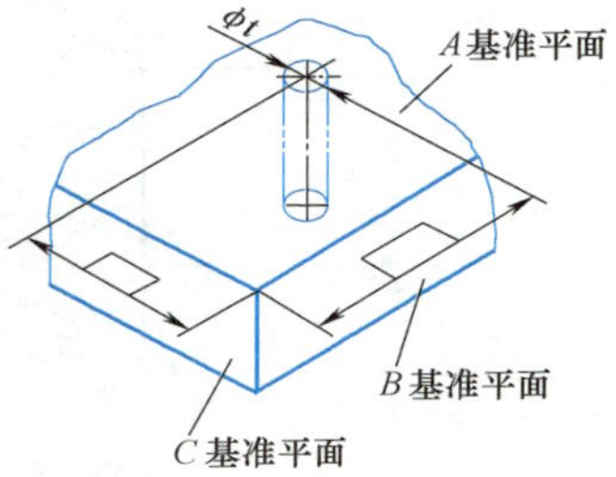 公差值前加注 ϕ,公差带是直径为公差值 t 的圆柱内区域,该圆柱轴线的位置由相对于三基面体系的理论正确尺寸确定	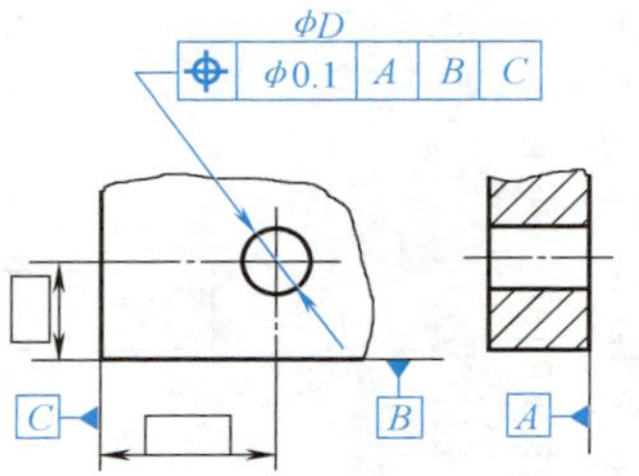 被测 ϕD 孔的中心线应限定在直径为公差值 0.1mm 的圆柱内,该圆柱的轴线位置由基准 A、B、C 的理论正确尺寸确定	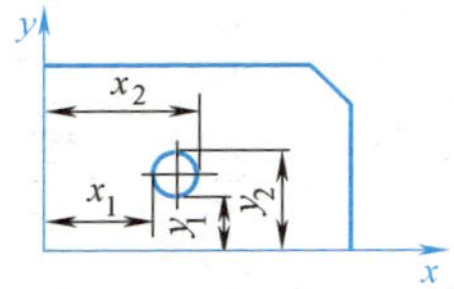 按基准顺序调整被测零件,使其与测量装置的坐标方向一致。将心轴插入被测孔中,测量心轴相对基准的坐标尺寸 x_1、x_2、y_1、y_2,则孔的实际坐标尺寸:$x=\frac{x_1+x_2}{2}$,$y=\frac{y_1+y_2}{2}$。将 x、y 分别与相应的理论正确尺寸比较,得到 f_x 和 f_y,则位置度误差为 $f=2\sqrt{f_x^2+f_y^2}$,然后把被测件翻转,重复上述测量。取其中较大的误差值作为该零件的位置度误差

跳动公差带具有如下特点。

1）跳动公差带的位置具有固定和浮动双重特点，一方面公差带的中心（或轴线）始终与基准轴线同轴，另一方面公差带的半径又随实际要素的变动而变动。

2）跳动公差具有综合控制被测要素的位置、方向和形状的作用。例如，径向圆跳动公差带可综合控制圆柱度和圆度误差，径向全跳动公差带可综合控制同轴度和圆柱度误差，轴向全跳动公差带可综合控制端面对基准轴线的垂直度误差和平面度误差。在满足使用要求的前提下，对被测要素给出跳动公差后，通常对该要素不再给出位置公差和形状公差。如果需要对位置和形状有进一步要求时，可另行给出位置或（和）形状公差，但其数值应小于跳动公差值。

3）跳动公差适用于回转表面或其端面。视频 3-1 是跳动公差的应用实例。

3-1 跳动公差的应用实例

3. 位置误差的评定

评定位置误差的大小，采用定向或定位最小包容区去包容被测实际要素，这个最小包容区与基准保持给定的几何关系，且使包容区的宽度或直径最小。

图 3-20 所示的面对面的垂直度误差是包容被测实际平面最紧的且与基准平面保持垂直的两平行平面之间的距离，这个包容区称为定向最小包容区。图 3-21 所示的台阶轴，被测轴线的同轴度误差是包容被测实际轴线最紧的且与基准轴线同轴的圆柱面的直径，这个包容区称为定位最小包容区。

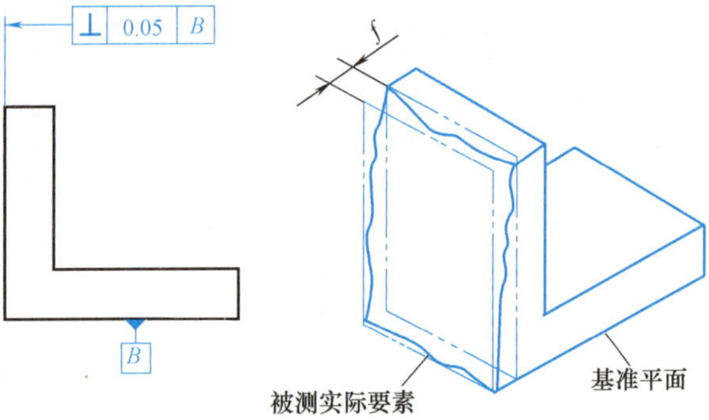

图 3-20 定向最小包容区

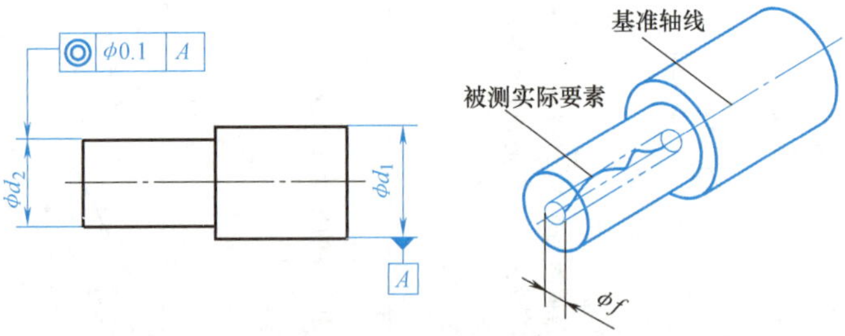

图 3-21 定位最小包容区

定向、定位跳动最小包容区的形状与其对应的公差带形状相同。当最小包容区的宽度或直径小于公差值时，即 $f \leqslant t$ 或 $\phi f \leqslant \phi t$ 时，被测要素是合格的。

表 3-6 跳动公差的公差带定义、标注示例及常用检测方法（摘自 GB/T 1182—2018、GB/T 1958—2017）

项目	公差带定义	标注示例及读法	常用检测方法
（一）圆跳动	1. 径向圆跳动 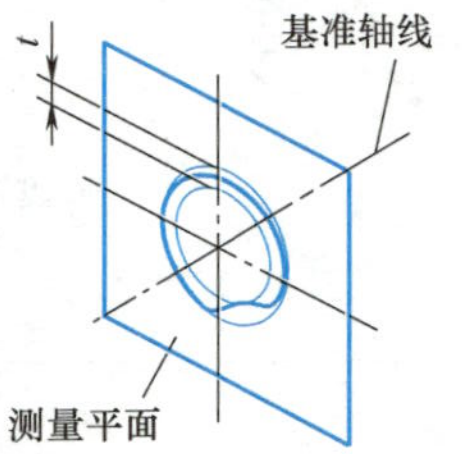 公差带是在垂直于基准轴线的任一测量平面内半径差为公差值 t，且圆心在基准轴线的两共面同心圆之间的区域	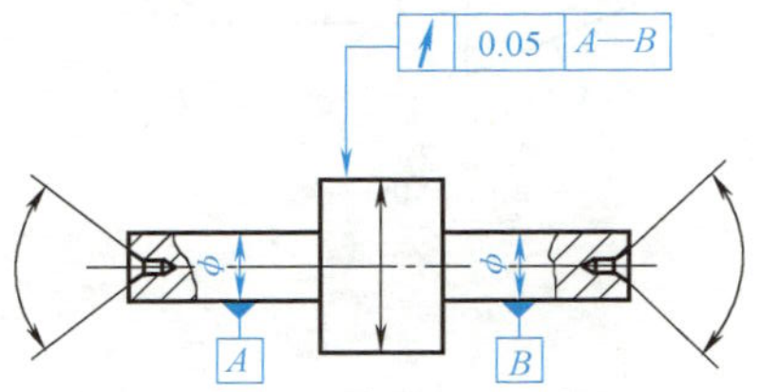 在任一垂直于公共基准轴线 $A—B$ 的横截面内，提取（实际）线应限定在半径差等于 0.05mm，圆心在基准轴线 $A—B$ 的两共面同心圆之间	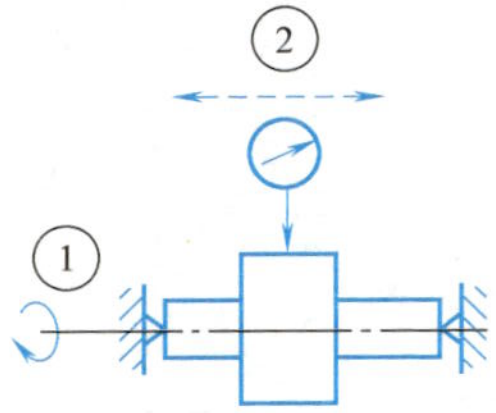 基准轴线由两个同心圆尖顶模拟。①被测件回转一周，指示表读数最大差值为单个测量平面上的径向圆跳动。②以各个测量平面的跳动量中的最大值作为该零件的径向圆跳动

（续）

项目	公差带定义	标注示例及读法	常用检测方法
（一）圆跳动	2. 轴向圆跳动 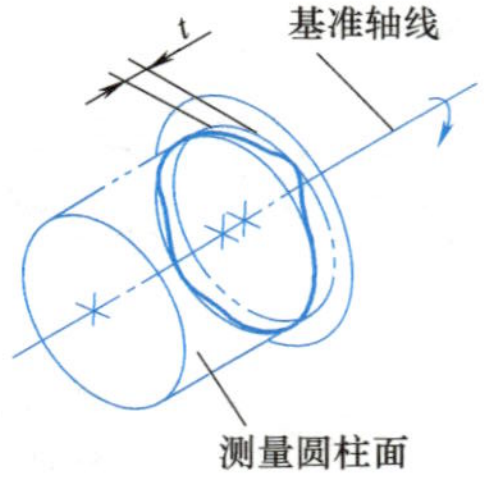 公差带是在与基准轴线同轴的任一直径位置的测量圆柱面上沿轴线方向距离为公差值 t 的圆柱面区域	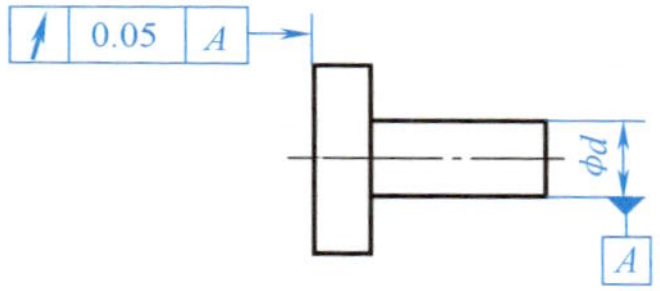 在与基准轴线同轴的任一圆柱形截面上，提取（实际）圆应限定在轴向距离等于 0.05mm 的两个等圆之间	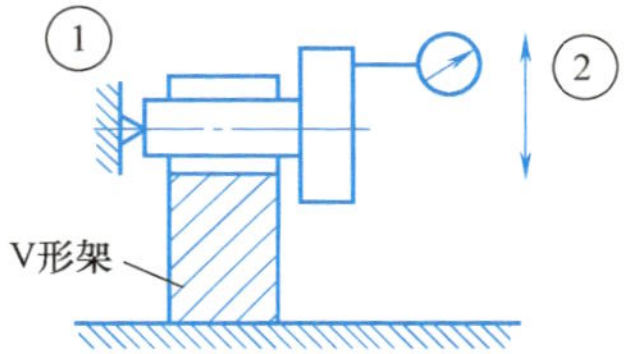 基准轴线由 V 形架模拟。被测零件由 V 形架支承，并在轴向定位。①被测零件回转一周，指示表读数的最大差值为单个测量圆柱面上的轴向圆跳动。②以各测量圆柱面上测得跳动量中的最大值为该零件的轴向圆跳动
	3. 斜向圆跳动 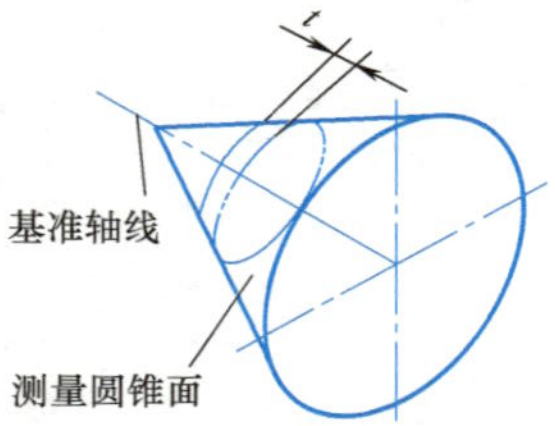 公差带是在与基准轴线同轴的任一测量圆锥面上距离为公差值 t 的两圆之间的区域。除另有规定，其测量方向应与被测面垂直	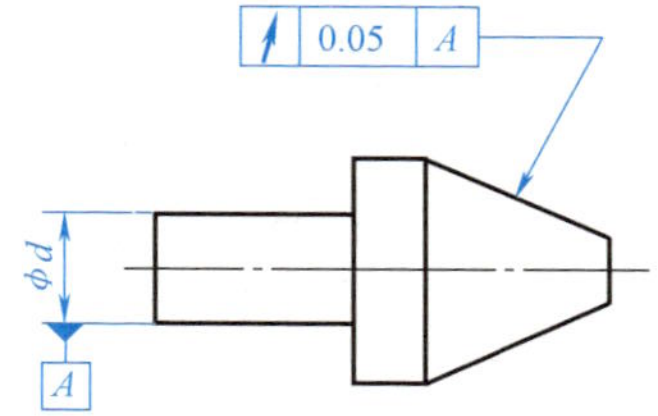 在与基准轴线 A 同轴的任一圆锥截面上，提取（实际）线应限定在素线方向间距等于 0.05mm 的两个不等圆之间，且截面的锥角与被测要素垂直	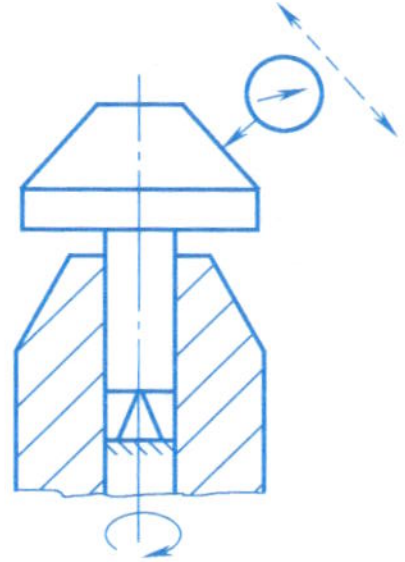 基准轴线由导向套筒（弹簧夹头）模拟。被测零件固定在导向套筒内，并在轴向定位。①被测零件回转一周，指示表读数的最大值为单个测量圆锥面上的斜向圆跳动，测量时指示表测头要垂直于被测表面。②以各个测量圆锥面上的跳动量中的最大值为该零件的斜向圆跳动

（续）

项目	公差带定义	标注示例及读法	常用检测方法
（二）全跳动	1. 径向全跳动 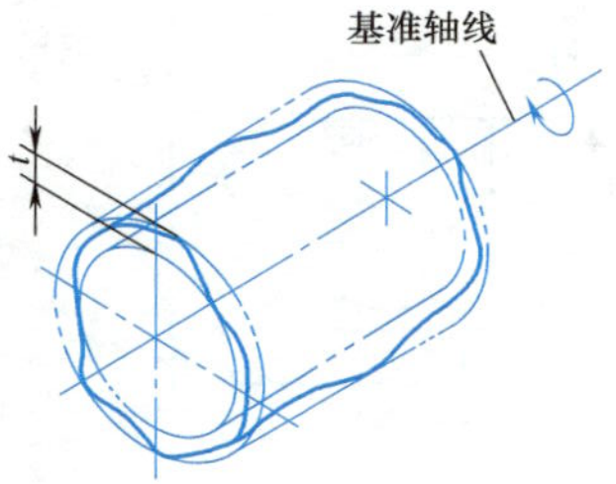 公差带是半径差为公差值 t，且与基准线同轴的两圆柱面之间的区域	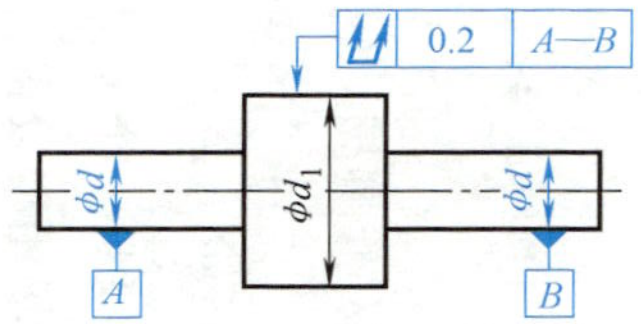 当被测要素围绕公共基准线 $A—B$ 做若干次旋转，并在测量仪器与工件间做轴向移动，提取（实际）表面应限定在半径差等于 0.2mm，与公共基准轴线 $A—B$ 同轴的两圆柱面之间	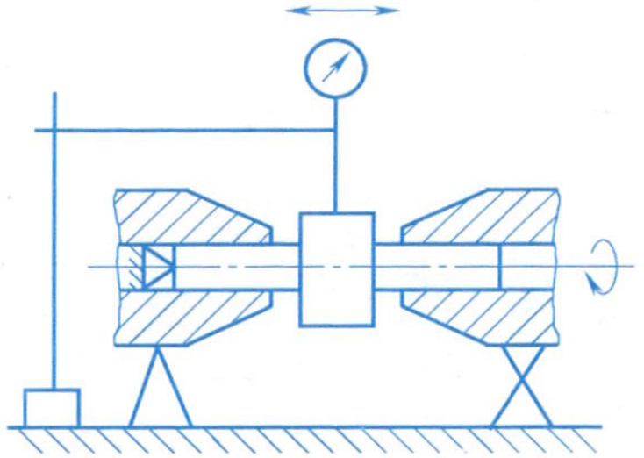 将被测零件固定在两同轴导向套筒内，同时在轴向定位并调整该对套筒，使其与平板平行 在被测零件连续回转过程中，同时让指示表沿基准轴线方向做直线运动，指示表读数最大差值即为该零件的径向全跳动
	2. 轴向全跳动 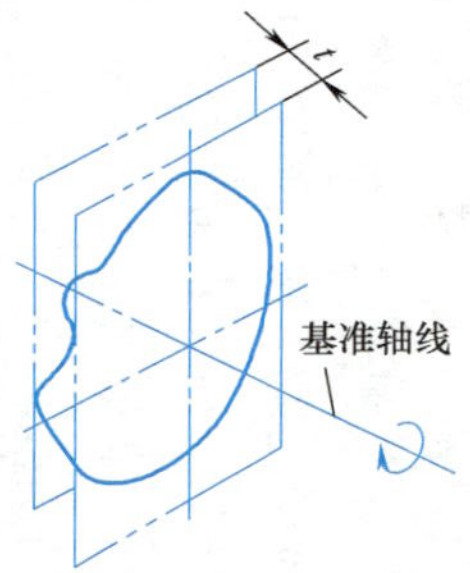 公差带是距离为公差值 t，且垂直于基准轴线的两平行平面之间的区域	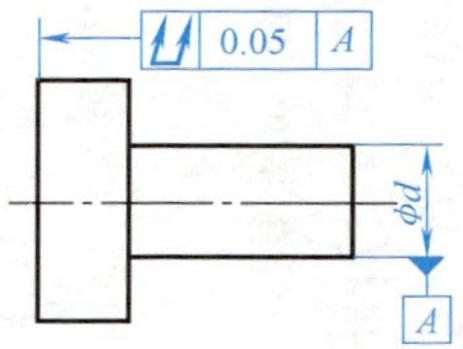 当被测表面（左端面）绕基准轴线 A（ϕd 轴线）做若干次旋转，并在测量仪器与工件间做径向移动，提取（实际）表面应限定在间距等于 0.05mm，垂直于基准轴线 A 的两平行平面之间 注：该描述与垂直度的含义相同	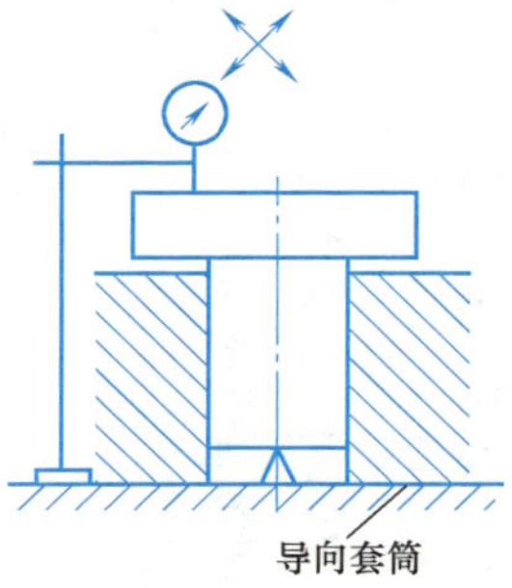 基准轴线由导向套筒模拟。将被测零件放在导向套筒内，然后测量整个被测表面，取最大读数差即为该零件的轴向全跳动

3.2.3 检测原则及应用

1. 几何误差的检测原则

(1) 与理想要素比较原则 将被测要素与理想要素比较，由直接法或间接法获得。应用该检测原则时，理想要素可用不同的方法体现。例如，用实物体现，刀口尺的刃口、平尺的工作面、一条拉紧的钢丝绳、平台和平板的工作面以及样板的轮廓等都可作为理想要素。如表 3-4 中图示的用刀口形直尺测量直线度误差，是以刀口作为理想直线，被测直线与之比较。根据光隙大小或用塞尺测量来确定直线度误差。

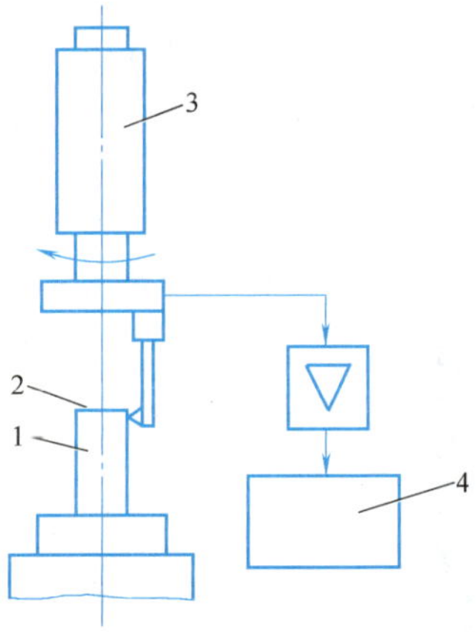

图 3-22 用圆度仪测量圆度误差

1—工件 2—测头 3—精密回转轴 4—记录仪

理想要素也可用运动轨迹来体现。图 3-22 所示为用圆度仪测量圆度误差，是以一个精密回转轴上的一个点（测头）在回转中所形成的轨迹（即产生的理想圆）为理想要素，被测圆与之比较求得圆度误差。此外，理想要素还可以用一束光线、水平线（面）来体现。

(2) 测量坐标值原则 测量被测实际要素的坐标值，经数据处理获得几何误差值。

几何要素的特征总是可以在坐标中反映出来，用坐标测量装置如三坐标测量仪、工具显微镜等测得被测要素上各测点的坐标值后，经数据处理获得几何误差值。该原则在对轮廓度、位置度的测量中应用较为广泛。

(3) 测量特征参数原则 测量被测实际要素具有代表性的参数表示几何误差值。用该原则测量所得到的几何误差值与按定义确定的几何误差值相比，只是一个近似值，但应用此原则，可以简化过程和设备，也不需要复杂的数据处理，生产现场用得较多。例如，以平面上任意方向的最大直线度来近似表示该平面的平面度误差；用两点法测圆度误差；在一个横截面内的几个方向上测量直径，取最大直径与最小直径之差的一半作为圆度误差。

(4) 测量跳动原则 被测实际要素绕基准轴线回转过程中，沿给定方向测量其对参考点（线）的变动量。如图 3-23 所示，用 V 形架模拟基准轴线，并对零件轴向限位，在被测要素回转一周的过程中，指示器最大与最小读数之差为该截面的径向圆跳动误差；若被测要素回转的同时，指示器缓慢地轴向移动，在整个过程中，指示器最大读数与最小读数之差为该工件的径向全跳动误差。

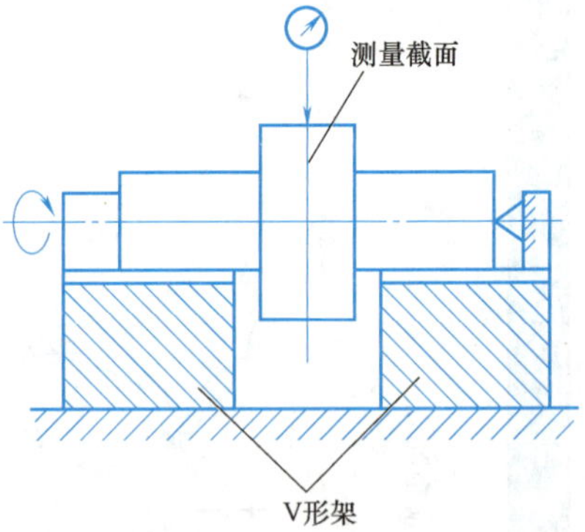

图 3-23 径向跳动误差测量

(5) 控制实效边界原则 检验被测实际要素是否超过实效边界，以判断被测实际要素合格与否。按最大实体要求（或同时采用最大实体要求及可逆要求）给出几何公差时，意味着给出了一个理想边界即最大实体实效边界，要求被测实体不得超越该边界。作此判断的有效方法是使用光滑极限量规或位置量规检验。

2. 实例分析

例 3-1 如图 3-24 所示，要求测量上平面对下平面的平行度，简述其检测步骤。

检测步骤：

1）由于基准面下平面也有形状误差，可用平板的精确平面作为模拟基准，按最小条件把零件下平面与平板稳定接触，可认为下平面为基准要素。

2）与基准平面平行作两个包容实际表面的平行平面，就形成最小包容区域。

3）以最小包容区域间距 f 定为平行度误差值。

例 3-2 作图分析形状公差、定向公差、定位公差三者的异同。

解 1）形状公差带仅用于控制被测要素的形状误差，如图 3-25 所示。圆度不能控制圆锥体尺寸大小。

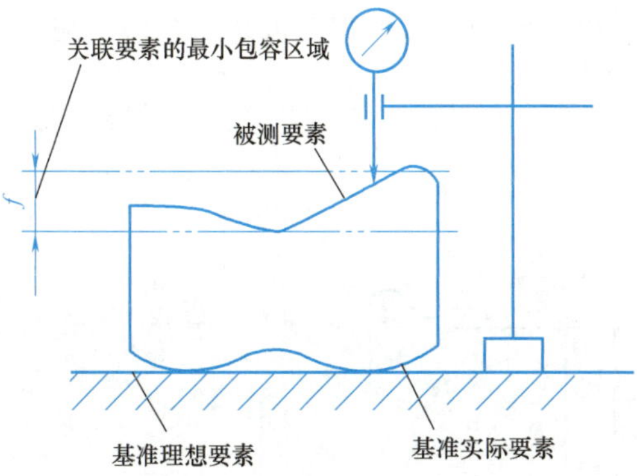

图 3-24 平行度测量

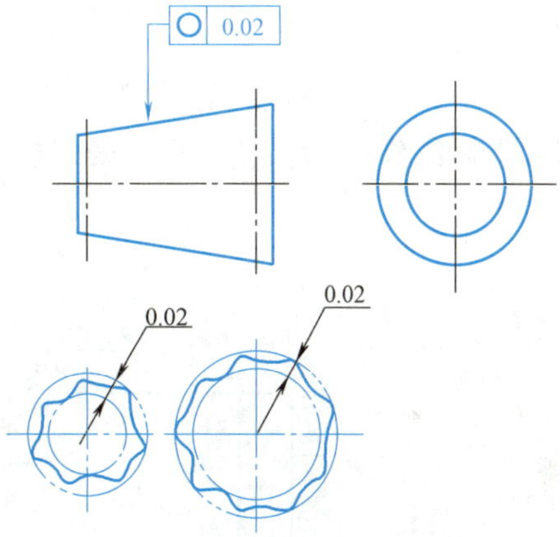

图 3-25 圆度控制圆锥体截面

2）定向公差带用于控制被测要素的方向和形状，公差带位置随尺寸公差的变动范围而相对于基准浮动。如图 3-26 所示，尺寸为 19.8mm 时公差带位于公称尺寸 20mm 的下方，尺寸为 20.2mm 时公差带位于公称尺寸 20mm 的上方。

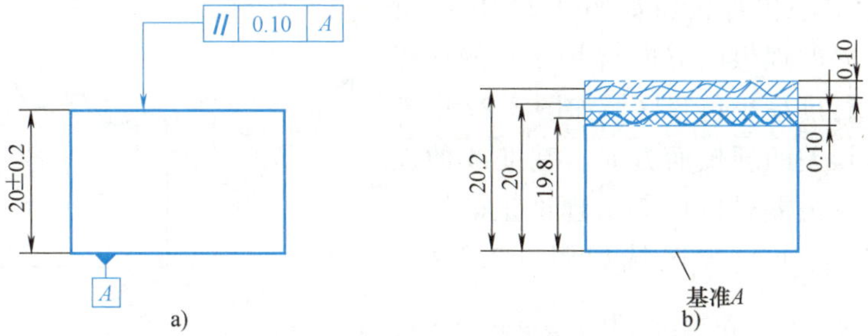

图 3-26 浮动公差带示意图

3）定位公差带用于控制被测要素的位置、方向和形状，定位公差带具有确定的位置，相对于基准的尺寸由理论正确尺寸确定。如图 3-27 所示，公差带为 ϕ0.3mm 的圆，其圆心是由 A 和 B 两基准确定的唯一点。

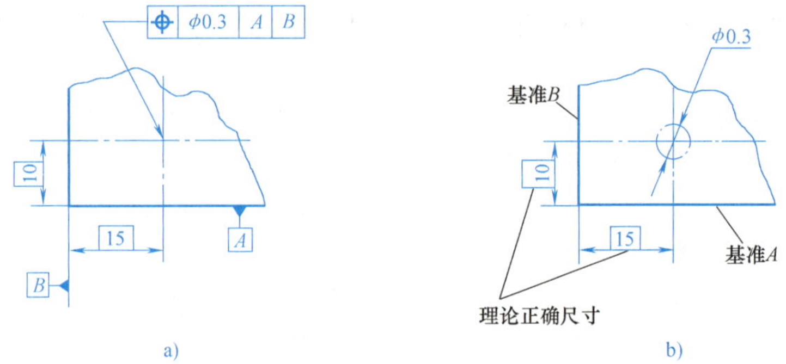

图 3-27 定位公差带示意图

例 3-3 在图 3-28 中画出被测要素的平面度、平行度和位置度误差的最小包容区域。并说明如果标注公差，f_1、f_2、f_3 应是怎样的关系。

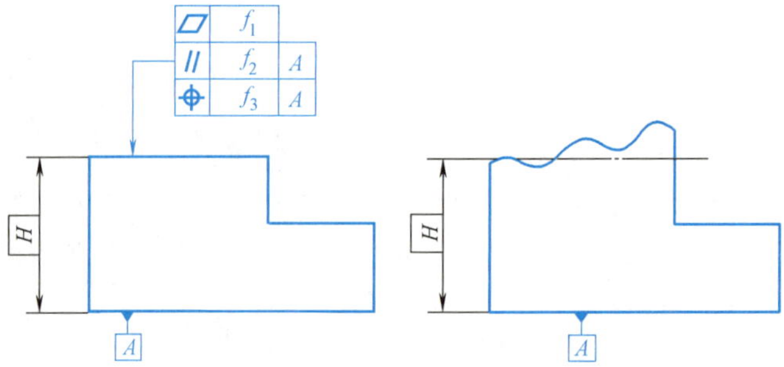

图 3-28 例 3-3 图

解 结合例 3-1 和例 3-2 分析，可得被测要素的平面度、平行度和位置度误差的最小包容区域为：①平面度误差的理想面方向由最小条件确定，平面度最小包容区域如图 3-29 中 f_1 所示；②平行度误差的理想面方向与基准 A 的理想面方向平行，平行度最小包容区域如图 3-29 中 f_2 所示；③位置度误差的理想面方向由基准 A 的理想面方向确定，且公差带的中心由理论正确尺寸 $\boxed{H}$ 固定，位置度最小包容区域如图 3-29 中 f_3 所示。

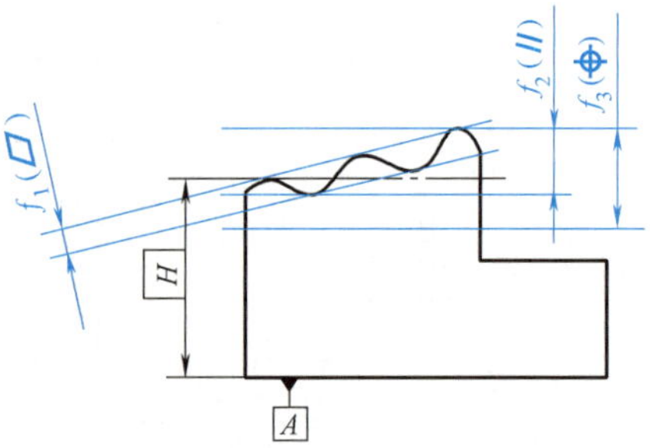

图 3-29 形状、定向、定位公差带的方向与位置的区别

因为：①形状公差带仅用于控制被测要素的形状误差；②定向公差带用于控制被测要素的方向和形状；③定位公差带用于控制被测要素的位置、方向和形状。故对图 3-28 所示的同一要素加工表面上，其定位误差中包含定向误差，定向误差中包含形状误差。如果标注公差，则 f_1、f_2、f_3 之间的关系应是 $f_1<f_2<f_3$。

3.3 公差原则

零件上几何要素的实际状态是要素的尺寸和几何误差综合作用的结果，两者都会影响零件的配合性质，因此，在设计和检测时，需要明确几何公差与尺寸公差之间的关系。处理几何公差与尺寸公差之间关系的原则称为公差原则。公差原则分为独立原则和相关要求。相关要求又分为包容要求、最大实体要求、最小实体要求和可逆要求。

3.3.1 有关术语

1. 作用尺寸

作用尺寸分为体外作用尺寸和体内作用尺寸。

（1）体外作用尺寸　即零件装配时起作用的尺寸，由被测要素的实际尺寸和几何误差综合形成。在被测要素的给定长度上，与实际内表面（孔）体外相接的最大理想面或与实际外表面（轴）体外相接的最小理想面的直径或宽度，称为体外作用尺寸。

对于内表面（孔），体外作用尺寸为实际尺寸 D_a 减去中心要素的几何误差 $f_{几何}$，用 D_{fe} 表示。

对于外表面（轴），体外作用尺寸为实际尺寸 d_a 加上中心要素的几何误差 $f_{几何}$，用 d_{fe} 表示，如图 3-30 所示。即

内表面（孔）　$D_{fe}=D_a-f_{几何}$

外表面（轴）　$d_{fe}=d_a+f_{几何}$

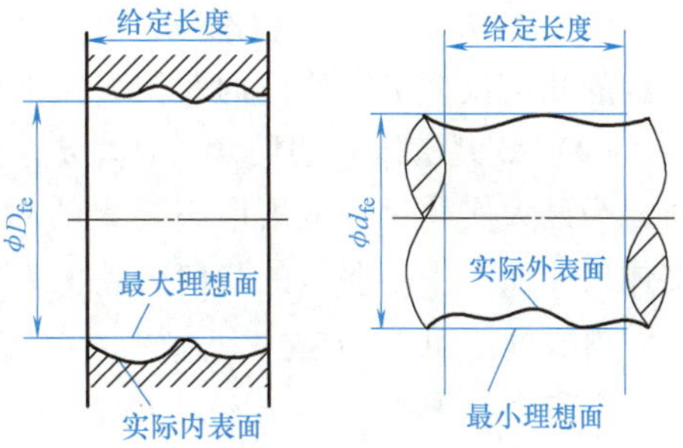

图 3-30　单一要素的体外作用尺寸

对于关联要素，该理想面的轴线或中心平面必须与基准 A 保持图样给定的几何关系，如图 3-31 所示。

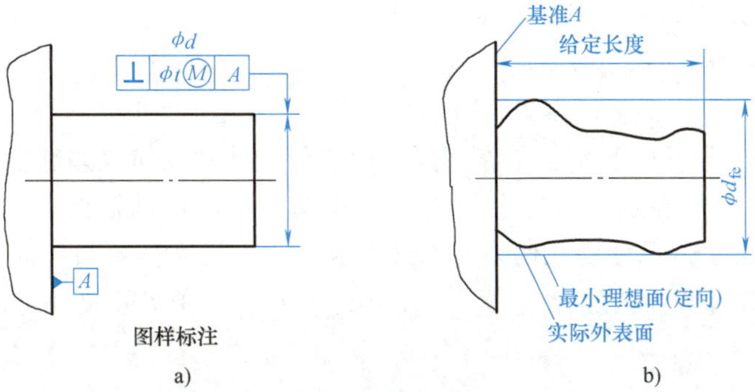

图 3-31　关联要素的体外作用尺寸

（2）体内作用尺寸　即零件强度计算时起作用的尺寸，由被测要素的实际尺寸和几何误差综合形成。在被测要素的给定长度上，与实际内表面（孔）体内相接的最小理想面，

或与实际外表面（轴）体内相接的最大理想面的直径或宽度，称为体内作用尺寸。

对于内表面（孔），体内作用尺寸为实际尺寸 D_a 加上中心要素的几何误差 $f_{几何}$，用 D_{fi} 表示；对于外表面（轴），体内作用尺寸为实际尺寸 d_a 减去中心要素的几何误差 $f_{几何}$，用 d_{fi} 表示，如图 3-32 所示。即

内表面（孔） $D_{fi}=D_a+f_{几何}$

外表面（轴） $d_{fi}=d_a-f_{几何}$

对于关联要素，该理想面的轴线或中心平面必须与基准保持图样给定的几何关系。

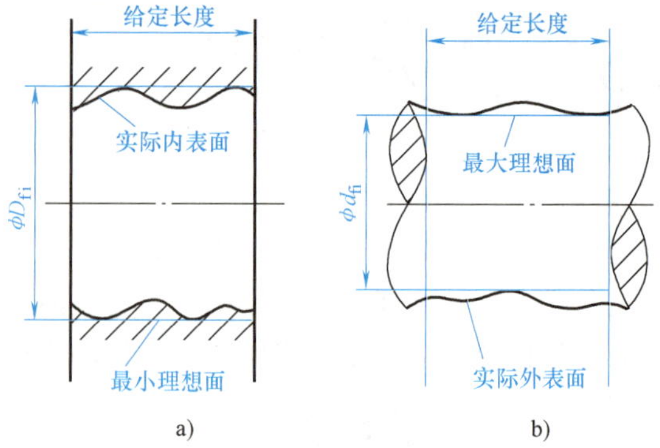

图 3-32 单一要素的体内作用尺寸

孔的体内作用尺寸大于该孔的最大局部实际尺寸，轴的体内作用尺寸小于该轴的最小局部实际尺寸（图 3-32）。

2. 最大实体实效状态和最大实体实效尺寸

（1）最大实体实效状态 MMVC 在给定长度上，实际要素处于最大实体状态且其中心要素的几何误差等于给出的几何公差值时的综合极限状态。

（2）最大实体实效尺寸（D_{MV} d_{MV}） 最大实体实效状态下的体外作用尺寸。对于内表面，为最大实体尺寸减去中心要素的几何公差值 $t_{几何}$，用 D_{MV} 表示；对于外表面，为最大实体尺寸加上中心要素的几何公差值 $t_{几何}$，用 d_{MV} 表示。即

内表面（孔） $D_{MV}=D_{min}-t_{几何}$

外表面（轴） $d_{MV}=d_{max}+t_{几何}$

3. 最小实体实效状态和最小实体实效尺寸

（1）最小实体实效状态 MMVS 在给定长度上，实际要素处于最小实体状态且其中心要素的几何误差等于给出的几何公差值时的综合极限状态。

（2）最小实体实效尺寸（D_{LV} d_{LV}） 最小实体实效状态下的体外作用尺寸。对于内表面，为最小实体尺寸加上中心要素的几何公差值 $t_{几何}$，用 D_{LV} 表示；对于外表面，为最小实体尺寸减去几何公差值 $t_{几何}$，用 d_{LV} 表示。即

内表面（孔） $D_{LV}=D_{max}+t_{几何}$

外表面（轴） $d_{LV}=d_{min}-t_{几何}$

作用尺寸与实效尺寸的区别：①作用尺寸由实际尺寸和几何误差综合形成，其由实际尺寸与几何（形位）误差确定，对每个零件不尽相同。如对一批轴而言是一变量，$d_{fe}=d_a+f_{几何}$。②实效尺寸由实体尺寸和几何公差综合形成，其由尺寸公差与几何公差确定，对每个零件均相同。如对一批轴而言是一定量，$d_{MV}=d_{max}+t_{几何}$。③实效尺寸可以视为作用尺寸的允许极限值。

4. 理想边界

理想边界是设计时给定的、具有理想形状的极限边界。边界用于综合控制实际要素的尺寸和几何误差。根据零件的功能及经济性，可以给出如下边界：

1）最大实体边界（MMB）：尺寸为最大实体尺寸的边界。

2）最小实体边界（LMB）：尺寸为最小实体尺寸的边界。

3）最大实体实效边界（MMVB）：尺寸为最大实体实效尺寸的边界。

4）最小实体实效边界（LMVB）：尺寸为最小实体实效尺寸的边界。

其中，最大实体边界用于包容原则，最大实体实效边界用于最大实体要求，最小实体实效边界用于最小实体要求。

3.3.2 独立原则及其应用

（1）独立原则的含义及特点　独立原则指被测要素在图样上给出的尺寸公差与几何公差无相互关系，分别满足要求的原则，如图3-33所示。图样上注出的尺寸要求仅限制轴的局部实际尺寸，即不管轴线怎样弯曲，各局部实际尺寸只能在 $\phi19.96\sim\phi20$mm 的范围内。同样，不论轴的实际尺寸如何变动，轴线直线度误差不得超过 $\phi0.02$mm。

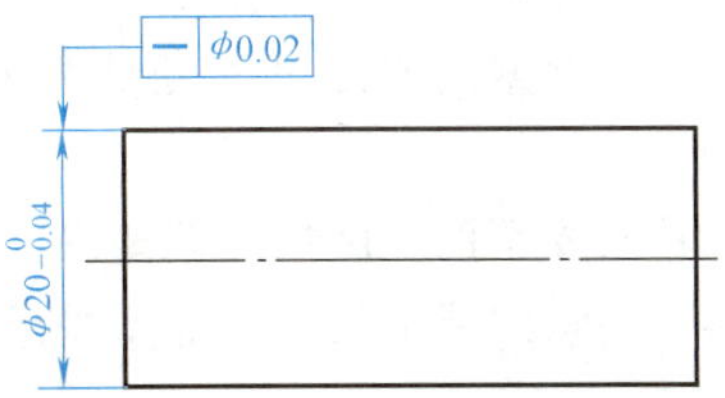

图3-33　独立原则的标注

采用独立原则标注具有如下特点。

1）尺寸公差仅控制要素的局部实际尺寸，不控制其几何误差。

2）给出的几何公差为定值，不随要素的实际尺寸变化而改变。

3）几何误差的数值采用通用量具测量。

（2）独立原则的应用　大多数机械零件采用独立原则给出尺寸公差和几何公差。注意以下几点。

1）对尺寸公差无严格要求，对几何公差有较高要求时可采用独立原则。例如，印刷机的滚筒，重要的是控制其圆柱度误差，以保证印刷时与纸面接触均匀，保证图文清晰，而滚筒的直径大小对印刷质量影响不大，故可按独立原则给出圆柱度公差，尺寸公差按一般公差处理。

2）为了保证运动精度要求时，可采用独立原则。例如，当孔和轴配合后有轴向运动精度和回转精度要求时，除了给出孔和轴的直径公差外，还需给出直线度公差以满足轴向运动精度要求，给出圆度（或圆柱度）公差以满足回转精度要求，并且不允许随着孔和轴的实际尺寸变化而使直线度误差和圆度（或圆柱度）误差超过给定的公差值。这时要求尺寸公差和形状公差相互独立，可采用独立原则。

3）对于非配合要求的要素，可采用独立原则。例如，各种长度尺寸、退刀槽、间距、圆角和测角等。

3.3.3 相关要求及其应用

根据要素实际状态所应遵守的边界不同，相关要求分为包容要求、最大实体要求、最小实体要求和可逆要求。

1. 包容要求

（1）包容要求的含义及特点　包容要求是指要求实际要素处处不得超过最大实体边界的一种公差原则。即实际轮廓要素应遵守最大实体边界，其体外作用尺寸不超出最大实体尺寸，且局部尺寸不得超过最小实体尺寸。按照这一公差原则，如果实际要素达到最大实体状态，就不得有任何几何误差；只有在实际要素偏离最大实体状态时，才允许存在与偏离量相等的几何误差。显然，遵守包容要求时，对于孔，其局部实际尺寸应不大于其最小实体尺寸；对于轴，其局部实际尺寸应不小于其最小实体尺寸。

包容要求只适用于处理单一要素的尺寸公差与几何公差的相互关系。

采用包容要求的单一要素应在其尺寸极限偏差或公差带代号之后加注符号“Ⓔ”，如图3-34a所示。

包容要求的实质是当要素的实际尺寸偏离最大实体尺寸时，允许其形状误差增大（图3-34允许轴线的直线度增大），才能使实际要素始终位于理想边界上，它反映了尺寸公差与几何公差之间的补偿关系。因此，包容要求有以下几个特点。

1）实际要素的体外作用尺寸不得超出最大实体尺寸（MMS）。

2）当要素的实际尺寸处处为最大实体尺寸时，不允许有任何形状误差，即形状误差为零。

3）当要素的实际尺寸偏离最大实体尺寸时，其偏离量可补偿给形状误差。

4）要素的局部实际尺寸不得超出最小实体尺寸。

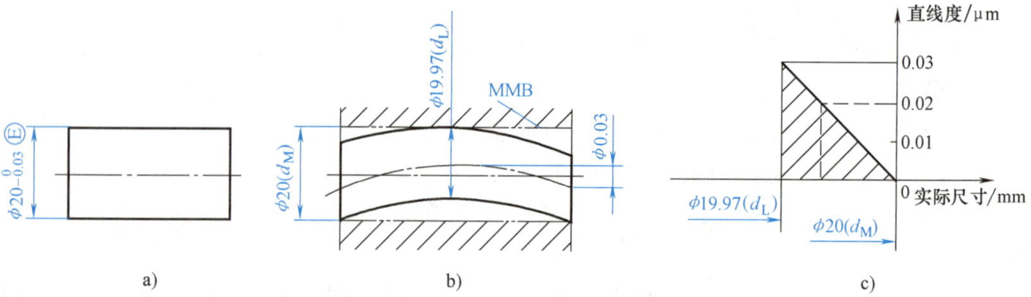

图 3-34 包容要求

可见，采用包容要求时，尺寸公差不仅限制了要素的实际尺寸，还控制了要素的形状误差。例如，图3-34a的轴按包容要求给出了尺寸公差，其表达的含义为：①当轴的直径均为最大实体尺寸 ϕ20mm 时，轴的直线度误差为零；②当轴的直径均为最小实体尺寸 ϕ19.97mm 时，允许轴具有 ϕ0.03mm 的直线度误差，如图3-34b所示；③轴的局部实际尺寸可在 ϕ19.97~ϕ20mm 之间变动。

表3-7与图3-34c相对应列出了轴为不同实际尺寸所允许的几何误差值。

表 3-7 包容要求的实际尺寸及允许的几何误差 （单位：mm）

被测要素实际尺寸	被测要素边界尺寸	允许的直线度误差
		给定值+被测要素补偿值
ϕ20	ϕ20	ϕ0+0
ϕ19.99		ϕ0+0.01
ϕ19.98		ϕ0+0.02
ϕ19.97		ϕ0+0.03

（2）包容要求的应用 包容要求常应用于要求保证配合性质的场合。例如，ϕ25H7($^{+0.021}_{0}$)Ⓔ孔与 ϕ25h6($^{0}_{-0.013}$)Ⓔ轴的间隙配合中，所需要的间隙是通过孔和轴各自遵守最大实体边界来保证的，这样既能保证预定的最小间隙等于零，避免了因孔和轴的形状误差而

产生过盈，又可用最小实体尺寸控制最大间隙，从而达到所要求的配合性质。另外，包容要求还应用在配合精度要求较高的场合。例如，滚动轴承内圈与轴颈的配合，采用包容要求时可以提高轴颈的尺寸精度，保证其严格的配合性质，确保滚动轴承运转灵活。

2. 最大实体要求

（1）最大实体要求的含义及特点　最大实体要求是控制被测要素的实际轮廓处处不得超过最大实体实效边界的一种公差要求。即实际轮廓要素应遵守最大实体实效边界，其体外作用尺寸不超出最大实体实效尺寸，且局部尺寸不得超过最小实体尺寸。最大实体要求既可以用于被测要素，也可以用于基准要素。当其用于被测要素时，应在被测要素几何公差框格中的公差值后标注符号“Ⓜ”；当其用于基准要素时，应在几何公差框格内的基准字母代号后标注符号“Ⓜ”。

最大实体要求有如下特点：

1）被测要素遵守最大实体实效边界，即被测要素的体外作用尺寸不超过最大实体实效尺寸。

2）当被测要素的局部实际尺寸处处均为最大实体尺寸时，允许的几何误差为图样上给定的几何公差值。

3）当被测要素的实际尺寸偏离最大实体尺寸后，其偏离量可补偿给几何公差，允许的几何误差为图样上给定的几何公差值与偏离量之和。

4）实际尺寸必须在最大实体尺寸和最小实体尺寸之间变化。

下面仅就最大实体要求用于被测要素加以举例分析。

图 3-35a 所示为 $\phi20_{-0.3}^{\ 0}$mm 轴的轴线直线度公差采用最大实体要求的原则。当被测要素处于最大实体状态时，其轴线直线度公差为 $\phi0.1$mm，则轴的最大实体实效尺寸 $d_{MV}=d_{max}+t_{几何}=\phi20\text{mm}+0.1\text{mm}=\phi20.1\text{mm}$。根据最大实体实效尺寸 d_{MV}，可确定最大实体实效边界，该边界是一个直径为 $\phi20.1$mm 的理想圆柱孔。

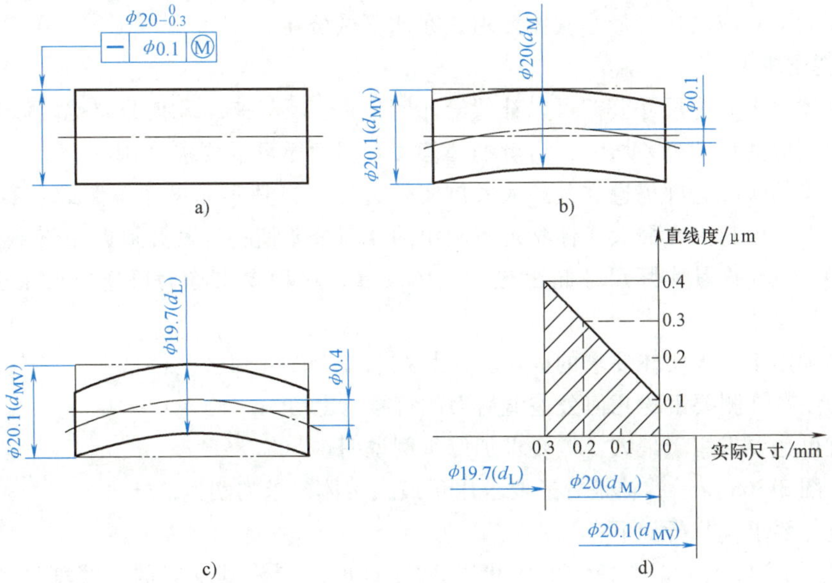

图 3-35　最大实体要求用于被测要素

分析如下：

1）当轴处于最大实体状态（实际尺寸为 ϕ20mm）时，允许轴线的直线度误差为给定的公差值 ϕ0.1mm，如图 3-35b 所示。

2）当轴的尺寸偏离最大实体尺寸为 ϕ19.9mm 时，偏离量 0.1mm 可补偿给直线度公差，允许轴线的直线度误差为 ϕ0.2mm，即为给定的公差值 0.1mm 与偏离量 0.1mm 之和。

3）当轴的尺寸为最小实体尺寸 ϕ19.7mm 时，偏离量达到最大值（等于尺寸公差 0.3mm），这时允许轴线的直线度误差为给定的直线度公差 ϕ0.1mm 与尺寸公差 0.3mm 之和，即为 ϕ0.4mm，如图 3-35c 所示。

4）轴的实际尺寸在 ϕ19.7～ϕ20mm 之间。

表 3-8 与图 3-35d 相对应地列出了该轴为不同实际尺寸时所允许的几何误差值。

表 3-8 最大实体要求用于被测要素的实际尺寸及允许的几何误差 （单位：mm）

被测要素实际尺寸	被测要素边界尺寸	允许的直线度误差
		给定值+被测要素补偿值
ϕ20	ϕ20.1	ϕ0.1(ϕ0.1+0)
ϕ19.9		ϕ0.2(ϕ0.1+0.1)
ϕ19.8		ϕ0.3(ϕ0.1+0.2)
ϕ19.7		ϕ0.4(ϕ0.1+0.3)

（2）最大实体要求的应用 最大实体要求与包容要求相比，可得到较大的尺寸制造公差和几何制造公差，具有良好的工艺性和经济性。因此，最大实体要求，一方面可用于零件尺寸精度和几何精度较低、配合性质要求不严的情况，另一方面可用于要求保证自由装配的情况。例如，盖板、箱体及法兰盘上孔系的位置度等。

应注意的是，最大实体要求只有零件的中心要素才具备应用条件。对于平面、直线等轮廓要素，不存在尺寸公差对几何公差的补偿问题，不具备应用条件。有关最大实体要求也可用于基准要素，对应的还有最小实体要求，在此不做赘述。

3. 可逆要求

最大实体要求允许尺寸公差可以补偿给几何公差，反过来，几何公差也可以补偿给尺寸公差，允许相应的尺寸公差增大，后者的补偿关系即遵循可逆要求（RR）。

被测要素的实际轮廓仍遵守其最大实体实效边界，当其实际尺寸偏离最大实体尺寸时，允许其几何误差值超出在最大实体状态下给出的几何公差值；当其几何误差值小于给出的几何公差值时，也允许其实际尺寸超出最大实体尺寸，这种要求称为可逆要求用于最大实体要求。

可逆要求用于最大实体要求的标注方法是在图样上的几何公差框格中，将表示可逆要求的符号Ⓡ标注在被测要素的几何公差值后面的符号Ⓜ之后。

下面就可逆要求用于最大实体要求加以举例说明。

例如，图 3-36a 所示的轴是可逆要求用于最大实体要求的实例。

按照这一要求，分析如下：

1）当轴的实际尺寸偏离最大实体状态 ϕ20mm 时，允许其轴线的直线度误差增大（遵守最大实体要求）。

2）当轴的直线度误差小于 $\phi0.1$mm 时，也允许轴的直径增大。例如，当轴的直线度误差为零时，轴的实际尺寸可增至 $\phi20.1$mm，如图 3-36b 所示。

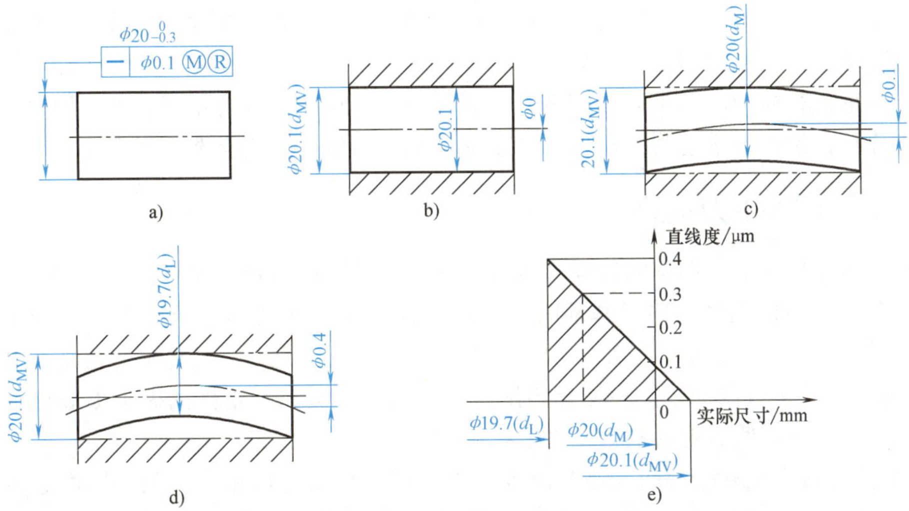

图 3-36　可逆要求用于最大实体要求

3）轴的实际尺寸在 $\phi19.7 \sim \phi20.1$mm 之间变动。

图 3-36e 所示为其动态公差图。相应的数据见表 3-9。

表 3-9　可逆要求用于最大实体要求的实际尺寸及允许的几何误差　（单位：mm）

被测要素实际尺寸	被测要素边界尺寸	允许的直线度误差 给定值+被测要素补偿值
$\phi19.7$	$\phi20.1$	$\phi0.4(\phi0.1+0.3)$
$\phi19.8$		$\phi0.3(\phi0.1+0.2)$
$\phi20$		$\phi0.1(\phi0.1+0)$
$\phi20.1$		$\phi0(\phi0+0)$

3.4　几何公差的选择

几何公差的选择包括公差项目、基准、公差等级（几何公差值）和公差原则的选择。

3.4.1　公差项目的选择

公差项目的选择，取决于零件的几何特征与使用要求，同时还要考虑检测的方便性。

（1）考虑零件的几何特征　要素的几何形状特征是选择被测要素公差项目的基本依据。例如，圆柱形零件可选择圆柱度误差，平面零件可选择平面度误差，槽类零件可选择对称度误差，阶梯孔、轴可选择同轴度误差，凸轮类零件可选择轮廓度误差等。

（2）考虑零件的功能要求　根据零件不同的功能要求，选择不同的公差项目。例如，齿轮箱两孔轴线的不平行，将影响正常啮合，降低承载能力，故应选择平行度公差项目。为了保证机床工作台或刀架运动轨迹的精度，需要对导轨提出直线度公差要求等。

（3）考虑检测的方便性　当同样满足零件的使用要求时，应选用检测简便的项目。例如，同轴度公差常常被径向圆跳动公差或径向全跳动公差代替，端面对轴线的垂直度公差可以用轴向圆跳动公差或轴向全跳动公差代替。因为跳动公差检测方便，且与工作状态比较吻合。但应注意，径向全跳动是同轴度误差与圆柱面形状误差的综合结果，故当同轴度由径向全跳动代替时，给出的跳动公差值应略大于同轴度公差值，否则会要求过严。

3.4.2　基准的选择

基准的选择包括基准部位的选择、数量的确定以及顺序的合理安排。

（1）基准部位的选择　选择基准时，主要应根据设计和使用要求，考虑基准统一原则和结构特征，树立大局意识、质量意识，做到准确的分析和判断。具体应考虑如下几点。

1）选用零件在机器中定位的结合面作为基准部位。例如，箱体的底平面和侧面、盘类零件的轴线、回转零件的支承轴颈或支承孔等。

2）基准要素应具有足够的大小和刚度，以保证定位稳定可靠。例如，用两条或两条以上相距较远的轴线组合成公共基准轴线比一条基准轴线要稳定。

3）选用加工比较精确的表面作为基准部位。

4）尽量使装配、加工和检测基准统一，这样既可以消除因基准不统一而产生的误差，也可以简化夹具、量具的设计与制造，测量方便。

（2）基准数量的确定　一般来说，应根据公差项目的定向、定位几何功能要求来确定基准的数量。定向公差大多只要一个基准，而定位公差则需要一个或多个基准。例如，对于平行度、垂直度和同轴度公差项目，一般只用一个平面或一条轴线作为基准要素；对于位置度公差项目，需要确定孔系的位置精度，就可能要用到两个或三个基准要素。

（3）基准顺序的安排　当选用两个以上基准要素时，就要明确基准要素的次序，并按第一、二、三的顺序写在公差框格中，第一基准要素是主要的，第二基准要素次之。

3.4.3　公差等级的选择

公差等级的选择实质上就是对几何公差值的选择。国家标准规定，对14个几何公差项目，除线轮廓度、面轮廓度和位置度外，其余11项均规定了公差等级。圆度和圆柱度划分为13级，从0~12级。其余公差项目划分为12级，从1~12级。精度等级依次降低，12级精度等级最低。

公差等级的选择原则与尺寸公差选择原则一样，在满足零件功能要求的前提下，尽量选用低的公差等级。

按类比法确定几何公差值时，应考虑以下几个问题。

（1）几何公差和尺寸公差的关系　通常，同一要素的形状公差、位置公差和尺寸公差应满足关系式：$T_{形状}<T_{位置}<T_{尺寸}$。

（2）有配合要求时形状公差与尺寸公差的关系　有配合要求并要严格保证其配合性质的要素，应采用包容要求。在工艺上，其形状公差大多数按分割尺寸公差的百分比来确定，即 $T_{形状}=kT_{尺寸}$。

在常用尺寸公差IT5~IT8的范围内，k 通常可取25%~65%。

（3）形状公差与表面粗糙度的关系　一般情况下，表面粗糙度值 Ra 占形状公差值的 20%～25%。

（4）考虑零件的结构特点　对于结构复杂、刚性较差或不易加工和测量的零件，如细长轴、薄壁件等，在满足零件功能要求的前提下，可适当选用低 1～2 级的公差值。

几何公差值和几何公差等级的应用见表 3-10～表 3-13。

表 3-10　圆度和圆柱度公差（摘自 GB/T 1184—1996）　（单位：μm）

主参数 $d(D)$ 图例

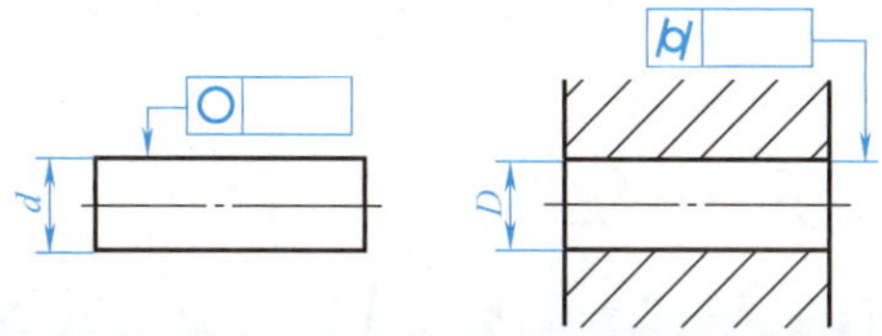

公差等级	主参数 $d(D)$/mm											应用举例
	>6～10	>10～18	>18～30	>30～50	>50～80	>80～120	>120～180	>180～250	>250～315	>315～400	>400～500	
5	1.5	2	2.5	2.5	3	4	5	7	8	9	10	安装 6 级和 4 级滚动轴承的配合面，通用减速器的轴颈，一般机床的主轴
6	2.5	3	4	4	5	6	8	10	12	13	15	
7	4	5	6	7	8	10	12	14	16	18	20	千斤顶或液压缸的活塞，水泵及减速器的轴颈，液压传动系统的分配机构
8	6	8	9	11	13	15	18	20	23	25	27	
9	9	11	13	16	19	22	25	29	32	36	40	起重机、卷扬机用滑动轴承等
10	15	18	21	25	30	35	40	46	52	57	63	

表 3-11　直线度和平面度公差（摘自 GB/T 1184—1996）　（单位：μm）

主参数 L 图例

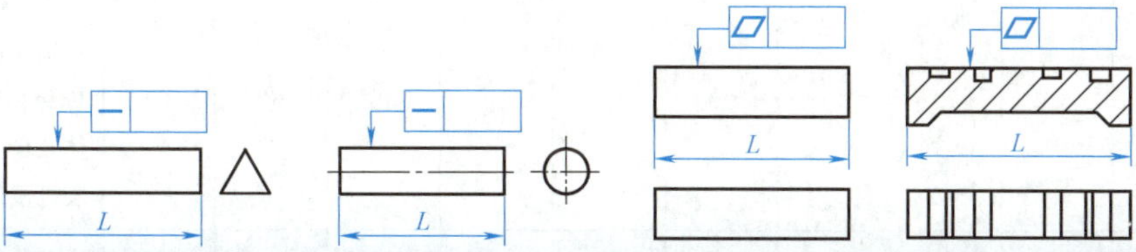

公差等级	主参数 L/mm										应用举例
	≤10	>10～16	>16～25	>25～40	>40～63	>63～100	>100～160	>160～250	>250～400	>400～630	
5	2	2.5	3	4	5	6	8	10	12	15	普通精度的机床导轨
6	3	4	5	6	8	10	12	15	20	25	
7	5	6	8	10	12	15	20	25	30	40	轴承体的支承面，减速器的壳体，轴系支承轴承的接合面
8	8	10	12	15	20	25	30	40	50	60	
9	12	15	20	25	30	40	50	60	80	100	辅助机构及手动机械的支承面，液压管件和法兰的连接面
10	20	25	30	40	50	60	80	100	120	150	

表 3-12 平行度、垂直度和倾斜度公差（摘自 GB/T 1184—1996） （单位：μm）

主参数 L、$d(D)$图例

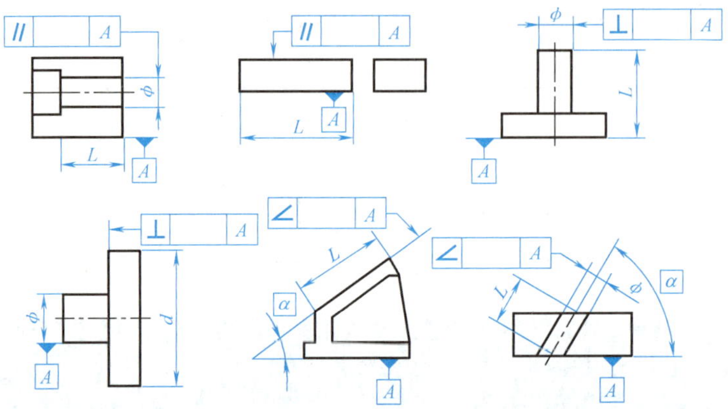

公差等级	主参数 L、$d(D)$/mm										应用举例
	≤10	>10~16	>16~25	>25~40	>40~63	>63~100	>100~160	>160~250	>250~400	>400~630	
5	5	6	8	10	12	15	20	25	30	40	垂直度用于发动机的轴和离合器的凸缘，装5级、6级轴承和装4级、5级轴承之箱体的凸肩
6	8	10	12	15	20	25	30	40	50	60	平行度用于中等精度钻模的工作面，7~10级精度齿轮传动壳体孔的中心线，如包装机械传动齿轮
7	12	15	20	25	30	40	50	60	80	100	垂直度用于装0级轴承之壳体孔的轴线，按h6与g6连接的锥形轴减速机的机体孔中心线
8	20	25	30	40	50	60	80	100	120	150	平行度用于重型机械、一般轻工机械轴承盖的端面、手动传动装置中的传动轴

表 3-13 同轴度、对称度、圆跳动和全跳动公差（摘自 GB/T 1184—1996）

（单位：μm）

主参数 $d(D)$、B、L 图例

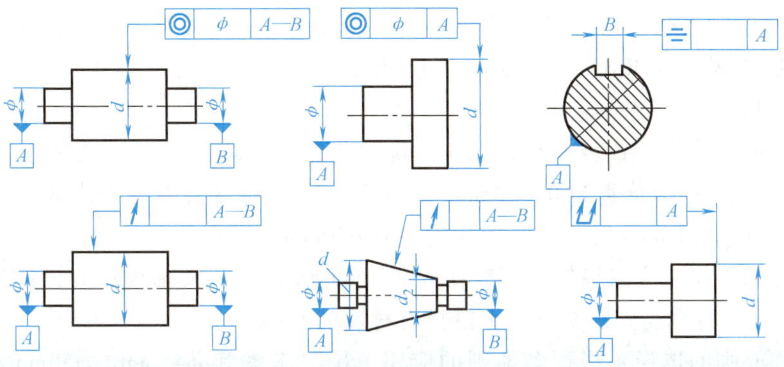

公差等级	主参数 $d(D)$、B、L/mm								应用举例
	>3~6	>6~10	>10~18	>18~30	>30~50	>50~120	>120~250	>250~500	
5	3	4	5	6	8	10	12	15	6 和 7 级精度齿轮轴的配合面，较高精度的快速轴，较高精度机床的轴套
6	5	6	8	10	12	15	20	25	
7	8	10	12	15	20	25	30	40	8 和 9 级精度齿轮轴的配合面，普通精度高速轴（100r/min 以下），长度在 1m 以下的主传动轴，起重运输机的鼓轮配合孔和导轮的滚动面
8	12	15	20	25	30	40	50	60	

3.4.4 公差原则的选择

独立原则主要用于尺寸精度与几何精度要求相差较大，需分别满足要求，或两者无联系，保证运动精度、密封性，未注公差等场合。包容要求要用于需要严格保证配合性质的场合。最大实体要求用于中心要素，一般用于相配件要求为可装配性（无配合性质要求）的场合。最小实体要求主要用于需要保证零件强度和最小壁厚等场合。可逆要求与最大（最小）实体要求联合使用，可扩大被测要素实际尺寸的范围，提高经济效益，在不影响使用性能的前提下可以选用。

例 3-4 图 3-37 所示为功率为 5kW 的一级圆柱齿轮减速器的输出轴，该轴转速为 83r/min，其结构特征、使用要求及各轴颈的尺寸精度都已确定。要求对其几何公差做出选择。

解 几何公差的选用可分为下列步骤进行。

（1）公差项目的选择　从结构特征上分析，该轴存在有同轴度、圆跳动、全跳动、直线度、对称度、圆度、圆柱度和垂直度 8 个项目。从使用要求分析，轴颈 ϕ45mm 和 ϕ56mm 处分别与齿轮和联轴器的内孔配合，以传递动力，因此，需要控制轴颈的同轴度、跳动和轴线的直线度误差；轴上两键槽处均需控制其对称度误差；ϕ55mm 轴颈与易于变形的滚动轴承内圈配合，需要控制圆度和圆柱度的误差；ϕ62mm 两端轴肩处分别是齿轮和滚动轴承的止推面，需要控制端面对轴线的垂直度误差。从检测的可能性和经济性来分析，对于轴类零件，可用径向圆跳动公差代替同轴度公差和轴线的直线度公差；用圆度公差代替圆柱度公差；用轴向圆跳动公差代替垂直度公差。因此，该轴最后确定的几何公差项目有径向和轴向

圆跳动、对称度和圆柱度。

（2）公差等级的确定 按类比法查表 3-13，参考公差等级应用举例来确定：齿轮传动轴的径向圆跳动公差为 7 级；对称度公差单键标准规定一般选择 8 级；轴肩的轴向圆跳动公差和轴颈的圆柱度公差，可根据滚动轴承的公差等级（表 7-4）查得（与标准件配合处的尺寸、几何公差和表粗糙度值由标准件精度确定），对于普通级轴承，其公差值分别为 0.015mm 和 0.005mm。

（3）公差值的确定 查表 3-13，径向圆跳动公差等级均为 7 级，主参数为轴颈 ϕ45mm 和 ϕ56mm 时，其公差值分别为 0.020mm、0.025mm；对称度公差等级为 8 级，主参数为被测要素键宽 14mm 和 16mm 时，其公差值均为 0.020mm。

（4）基准的选择 应以该轴安装时两处 ϕ55mm 轴颈的公共轴线作为设计基准；而轴颈 ϕ45mm 和 ϕ56mm 的轴线分别是其轴上键槽对称度的基准。

（5）公差原则的选择 根据各原则的应用范围，考虑到 ϕ45mm、ϕ55mm 和 ϕ56mm 各轴颈处应保证配合性质要求，故均采用包容要求，即在其尺寸公差带代号后标注Ⓔ。

将以上精度设计的全部内容，按照框格标注法合理地标注在工程图样上，如图 3-37 所示。

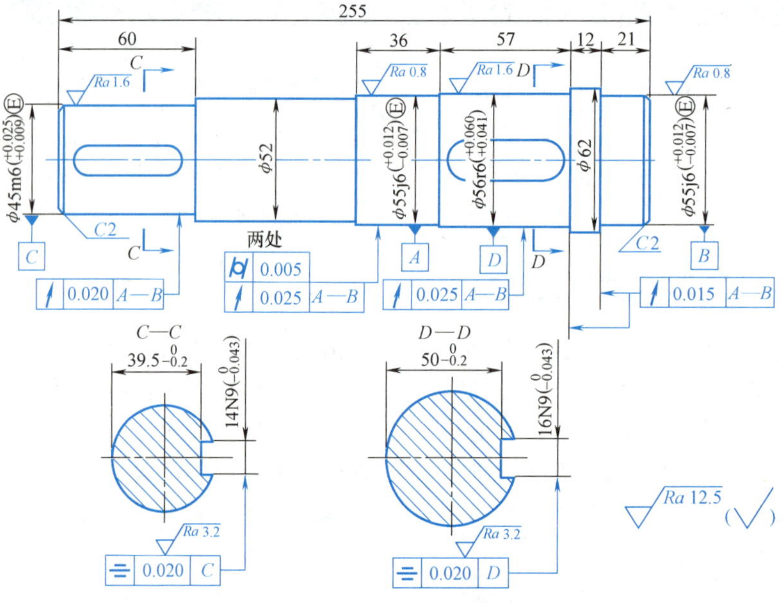

图 3-37 减速器输出轴几何公差的选择实例

3.5 几何误差的检测实训

3.5.1 直线度误差的检测

1. 目的和要求

1）理解直线度误差及其含义。

2）掌握水平仪、专用垫块等检验工具与仪器的使用方法。

3）掌握按最小条件和两端点连线作图以及求解直线度误差值的方法。

2. 仪器和器材

直线度误差检测要使用的仪器和器材有水平仪、专用垫块。

3. 仪器说明和测量原理

普通水平仪有条式和框式两种，如图 3-38 和图 3-39 所示，主要由框架和水准器组成，在测量面上制有 V 形槽，以便放在圆柱形的被测表面上测量。

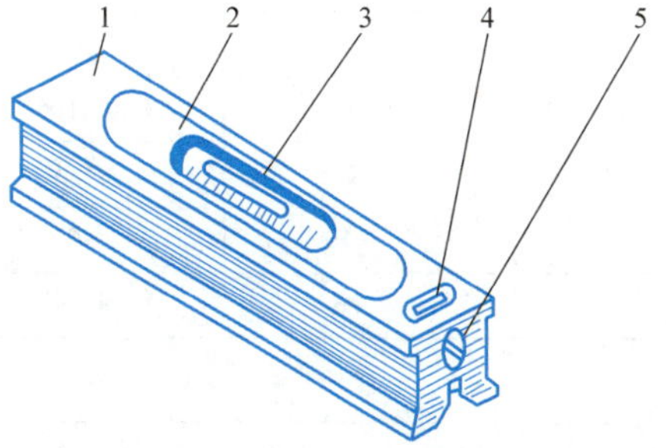

图 3-38　条式水平仪

1—主体　2—盖板　3—主水准器　4—横水准器　5—调零装置

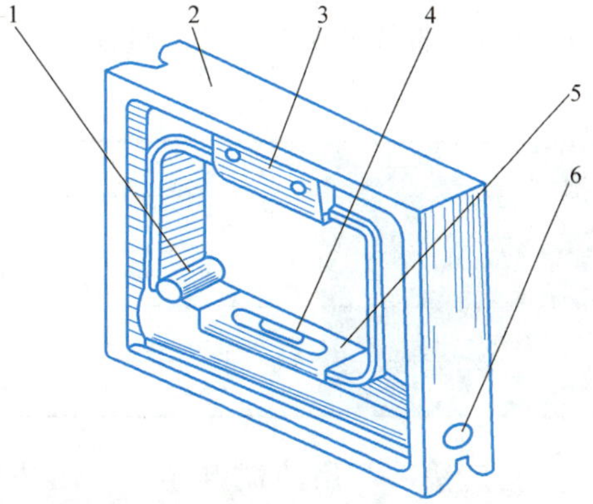

图 3-39　框式水平仪

1—横水准器　2—主体　3—手把　4—主水准器　5—盖板　6—调零装置

水准器是一个密封的玻璃管，内装有精馏乙醚，并留有一定量的空气，以形成气泡，称为水准气泡。因密度关系，气泡始终停在玻璃管的最高点。如果水平仪处于水平位置，气泡就处于玻璃管的中间，如果水平仪倾斜一个角度，气泡就偏离中间一定位置。根据移动距离，就可测得平面的水平度。

常用的 4″水平仪的刻线原理即在 1m 长度上对边高 0.02mm，此时，在水准器的刻线上以气泡偏移 1 格来表达，又称为 0.02mm/1000mm 或 0.02mm/m 的水平仪。说明当气泡移动 1 格，1m 内的高度差为 0.02mm。

若水平仪的测量面的两端在 200mm，其高度差为 $(0.02/1000)\times 200\text{mm}=0.004\text{mm}$。

4. 测量方法与步骤

对于较长的被测表面，一般多用水平仪以节距法测量其直线度误差。测量前，首先将被测表面调到水平位置，按被测表面长度，选择尺寸合适的专用垫块。对于长度小于 4m 的被测表面，选用长度 L 等于 200～250mm 的专用垫块；对于长度大于 4m 的被测表面，选用长度等于 500mm 的专用垫块。

图 3-40 所示为直线度误差检测示意图。

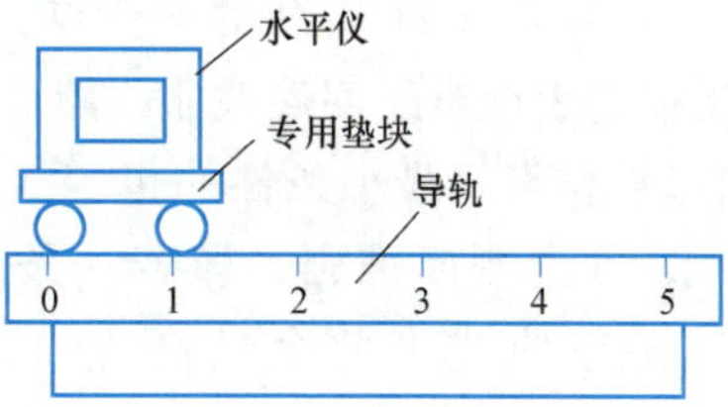

图 3-40　直线度误差检测示意图

1）将水平仪放在专用垫块上。测量时，从被测表面的一端开始，至另一端终止。再按原测点返回测量，取各测点两次读数的平均值，作为该点的测量结果。

2）测量时，每次移动垫块均需将后支点准确地放在原前支点处，新的前支点升高或降低都将引起气泡相应移动。

3）根据气泡移动的方向和水平仪移动的方向，确定被测表面的倾斜方向。若气泡移动方向和水平仪移动方向一致，说明被测表面向上倾斜，一般读为正值，用“+”号表示；若气泡移动方向和水平仪移动方向相反，说明被测表面向下倾斜，一般读为负值，用“-”号表示。

4）边测量边将气泡移动的格数和正负记录在有关表格中。

5）将测得的读数值，用公式换算成线值。按作图法和计算法即可求出直线度误差。

例如，使用分度值为 0.02mm/m 水平仪，选用两支点间距 $L=200$mm 的专用垫块，测量长 1m 导轨的直线度误差，其测量和计算结果见表 3-14。

表 3-14 直线度测值表

测点序号	1	2	3	4	5
测量位置/mm	0~200	200~400	400~600	600~800	800~1000
读数值/格	+2	-1.5	+3.5	-2.5	+1.5
线值/μm	+8	-6	+14	-10	+6
累积值/μm	+8	+2	+16	+6	+12

（1）解法一 用两端点连线作图法求直线度误差（图 3-41）。

1）用表 3-11 的测量结果作图。以 x 轴代表被测表面长度，y 轴代表直线度误差，并确定绘图比例。

2）把测得的各点读数值或线值按顺序标注在坐标纸上。因为水平仪在新的测量位置上的读数是对前一测量位置而言的，因此，标注时应以前一次测量位置为基准，标出新的测量位置对前一测量位置升高或降低的误差数值。

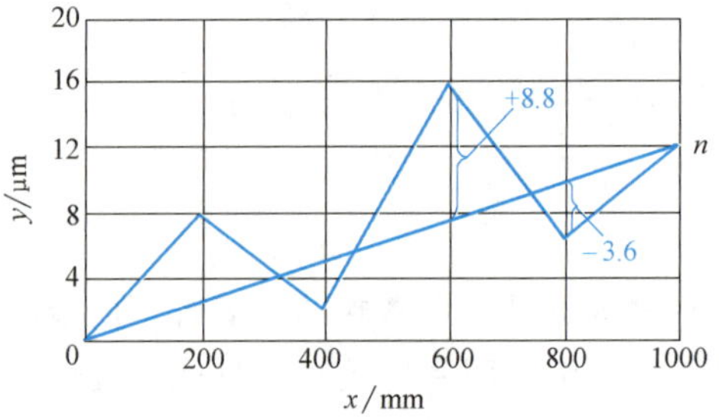

图 3-41 直线度误差曲线图（一）

3）把标出的各点，按照测量顺序连接起来，就构成了被测表面直线度误差值。

4）连接曲线两个端点 0、n，以 $0n$ 作为评定直线度误差的理论直线，从曲线上找出到 $0n$ 连线的最大正、负坐标值，取其绝对值之和，即为所求的直线度误差。

5）直线度误差 f 为：$f=|+8.8|\mu m+|-3.6|\mu m=12.4\mu m$。

（2）解法二 用包容线作图法求直线度误差（图 3-42）

1）按表 3-11 所列的测量结果作图，画出被测表面直线度误差曲线图。

2）作符合最小条件的包容线。按照最小条件的判断准则，即若一条包容线通过误差曲线上两个最高点（或最低点），而另一条包容线通过误差曲线上的一个最低点（或最高点），且该点位于第

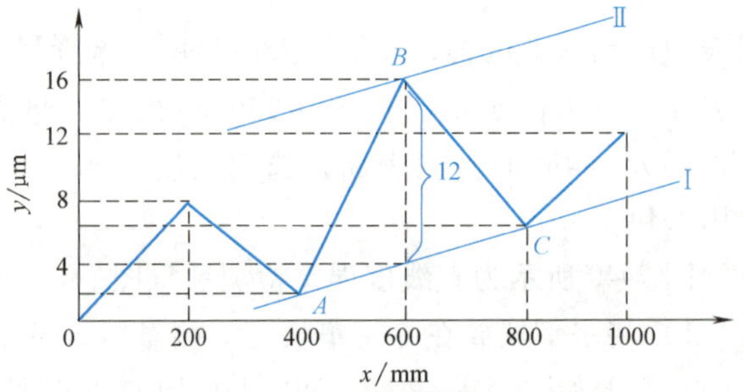

图 3-42 直线度误差曲线图（二）

一条包容线上两最高点（或最低点）之间，则这种包容线符合最小条件。即两高夹一低或两低夹一高，为符合最小条件包容线的判断准则。

3）包容线Ⅰ通过曲线上两个最低点 A、C；包容线Ⅱ通过曲线上一个最高点 B，且 B 点位于的 A、C 两点之间，符合两低夹一高的判断准则。所以，直线Ⅰ、Ⅱ是符合最小条件的包容线。

4）直线度误差 $f=12\mu m$。

视频 3-2 为直线度误差的检测，仅供参考。

3-2 直线度误差的检测

3.5.2 平面度和平行度误差的检测

1. 目的和要求

1）理解形状误差与位置误差的区别。

2）掌握平面度、平行度误差的检测设备及仪表的使用方法。

3）掌握平面度、平行度误差检测的基本方法。

2. 仪器和器材

平面度和平行度误差的检测要使用的仪器和器材有检验平台、测微表、表架、固定和可调支承。

3. 检测步骤

（1）平面度误差的检测步骤（图 3-43）

1）将被测工件支承在检验平台上，以检验平台作为测量基准。

2）当采用三点法测量时，通过调整固定和可调支承，使被测表面最远三点等高。然后，用测微表沿被测表面各点或按一定的布点测量被测表面，将测微表最大与最小读数的差值近似地作为平面度误差值。

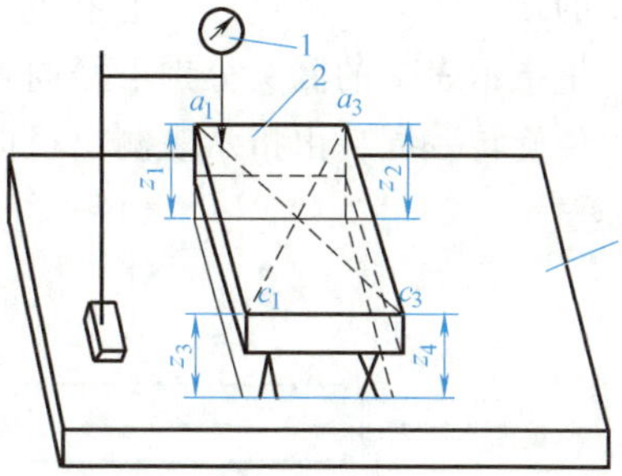

图 3-43　平面度误差检测示意图

1—测微表　2—被测表面　3—检验平台

3）当采用对角线法测量时，通过调整固定和可调支承调整被测表面上对角线对应点 a_1 和 c_3 与检验平台等高，即 $z_1=z_4$。然后，再调整另一条对角线对应点 c_1 和 a_3 与检验平台等高，即 $z_3=z_2$。

4）用测微表沿被测表面上各点或按一定的布点测量被测表面。

5）测微表在整个实际表面上测得的最大读数和最小读数之差即被测表面的平面度误差。

6）当要求较高时，可根据记录的各点读数用基面法按最小条件求得平面度误差。

7）平面度误差可用下式计算：

$$f=M_{max}-M_{min}$$

式中　f——平面度误差；

M_{max}——最大读数；

M_{min}——最小读数。

（2）平行度误差的检测步骤（图 3-44）

1）将被测工件支承在检验平台上，以

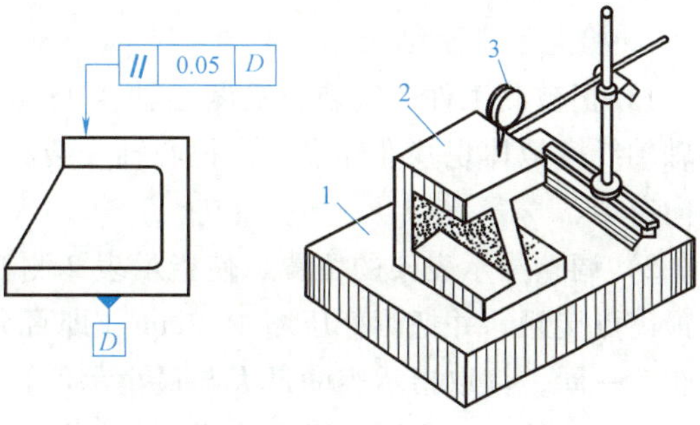

图 3-44　平行度误差检测示意图

1—检验平台　2—被测零件　3—指示表

检验平台作为测量基准。

2）当采用三点法测量时，通过调整固定和可调支承，使基准表面最远三点等高，以使基准表面与检验平台平行。

3）用测微表沿被测表面各点或按一定的布点测量被测表面，将测微表最大与最小读数的差值近似地作为平行度误差值。

3.5.3　径向和轴向圆跳动误差的检测

1. 目的和要求

1）理解产品合格性检验的条件和准则。

2）掌握圆跳动误差的检测设备及其使用方法。

3）掌握径向圆跳动和轴向圆跳动误差检测的基本方法。

2. 仪器和器材

径向和轴向圆跳动误差的检测要使用的仪器和器材有齿圈径向跳动测量仪、待测工件。

3. 仪器说明和测量原理

采用齿圈径向跳动测量仪进行测量，如图3-45所示。测量仪主要由底座和两个顶尖座组成。测量盘类零件时，将被测工件3安装在锥度心轴4上，把心轴支承在测量仪的两顶尖座1的顶尖之间。测量以中心孔为基准的轴类零件时，可直接将被测工件支承在两顶尖之间。把指示表2的测头分别沿径向置于被测外圆柱面上，或沿轴向置于端面上，表架不动，使工件旋转一周，由指示表测出径向和轴向圆跳动。

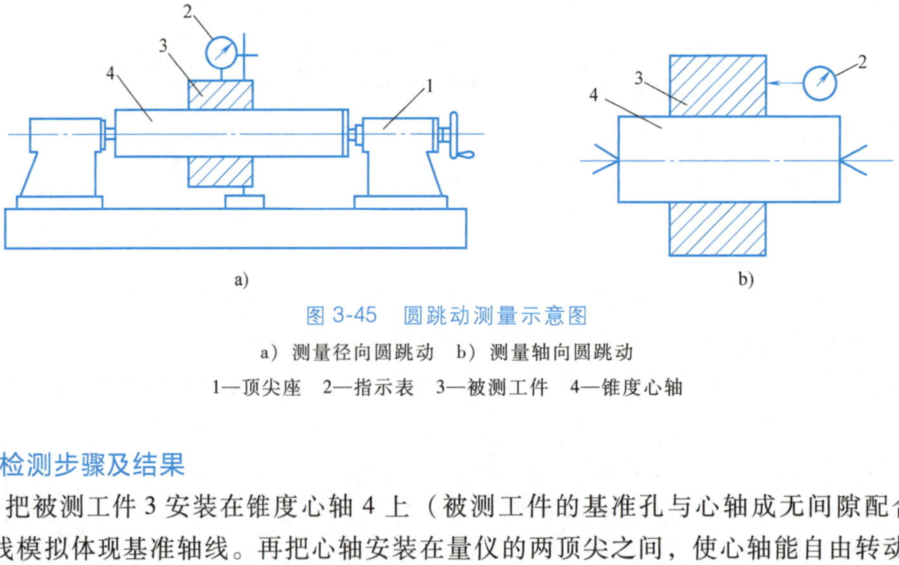

图3-45　圆跳动测量示意图

a）测量径向圆跳动　b）测量轴向圆跳动

1—顶尖座　2—指示表　3—被测工件　4—锥度心轴

4. 检测步骤及结果

1）把被测工件3安装在锥度心轴4上（被测工件的基准孔与心轴成无间隙配合），以心轴轴线模拟体现基准轴线。再把心轴安装在量仪的两顶尖之间，使心轴能自由转动且没有轴向窜动。

2）调整指示表架的位置，使指示表2测杆的轴线垂直于心轴轴线，且测头与被测外圆的最高点接触，并把测杆压缩1~2mm（即百分表长指针压缩1~2圈）。然后把被测工件缓慢转动一周，读取指示表的最大与最小示值，它们之差即为径向圆跳动值。

对于较长的被测圆柱面，应根据具体情况，测量几个横截面的径向圆跳动值，取其中的最大值作为测量结果。

3）调整指示表 2 在表架上的位置，使指示表测杆的轴线平行于心轴轴线，测头与被测端面接触，并把测杆压缩 1～2mm。然后把被测工件缓慢转动一周，读取指示表的最大与最小示值，它们之差即为轴向圆跳动值。

3-3 平面度误差和平行度误差的检测

3-4 径向圆跳动和全跳动误差的检测

3-5 轴向圆跳动误差检测

若被测端面直径较大，可根据具体情况，在不同直径的几个轴向位置上测量值，取其中的最大值作为测量结果。

视频 3-3 为平面度误差和平行度误差的检测，视频 3-4 为径向圆跳动和全跳动误差的检测，视频 3-5 为轴向圆跳动误差检测，可扫码观看。

思考题与习题

3.1 填空题

（1）圆度的公差带形状是__________，圆柱度的公差带形状是__________。

（2）作用尺寸是__________与__________综合而成。对一批零件来说，它是一个变量，即每个零件的作用尺寸不尽相同。

（3）最大实体实效尺寸是__________与__________综合而成。对一批零件来说它是一个变量。

（4）某轴尺寸为 $\phi40^{+0.041}_{+0.030}$mm，轴线直线度公差为 ϕ0.005mm，实测得其局部尺寸为 ϕ40.031mm，轴线直线度误差为 ϕ0.003mm，则轴的最大实体尺寸是__________ mm，最大实体实效尺寸是__________ mm，体外作用尺寸是__________ mm。

（5）确定和处理__________公差和__________公差之间关系的原则称为公差原则。

（6）某轴尺寸为 $\phi40^{+0.041}_{+0.030}$mmⒺ，实测得其尺寸为 ϕ40.03mm，则允许的几何误差数值是________ mm，该轴允许的几何误差最大值为__________ mm。

3.2 判断题

（1）被测要素为中心要素时，框格箭头应与要素的尺寸线对齐。（　　）

（2）最小条件是指被测要素对基准要素的最大变动量为最小。（　　）

（3）某平面对基准平面的平行度误差为 0.05mm，那么该平面的平面度误差一定不大于 0.05mm。（　　）

（4）对称度的被测要素和基准要素都应为中心要素。（　　）

（5）圆柱度可以控制圆锥面积。（　　）

（6）轴的最大极限尺寸即为其最小实体尺寸。（　　）

（7）尺寸公差与几何公差采用独立原则时，零件加工的实际尺寸和几何误差中有一项超差，则该零件不合格。（　　）

（8）被测要素遵守独立原则时，需加注符号Ⓔ。（　　）

（9）当包容要求用于单一要素时，被测要素必须遵守最大实体实效边界。（　　）

（10）当最大实体要求应用于被测要素时，则被测要素的尺寸公差可补偿给形状误差，几何误差的最大允许值应小于给定的公差值。（　　）

3.3 选择题

（1）构成零件几何特征的点、线、面统称为________。

A. 要素　　B. 要素值　　C. 图形

（2）属于形状公差的有________。

A. 圆柱度　　B. 平面度　　C. 同轴度　　D. 圆跳动　　E. 平行度

（3）属于位置公差的有________。

A. 平行度　　B. 平面度　　C. 对称度　　D. 倾斜度　　E. 圆度

(4) 圆柱体轴线的直线度公差带形状为________。

A. 两平行直线　　B. 一个圆柱　　C. 两平行平面

(5) 对称度公差带形状为________。

A. 两平行平面　　B. 两同心圆　　C. 两同轴圆柱体

(6) 球心的位置度公差带的形状为________。

A. 两个同心球　　B. 一个球　　C. 圆柱

(7) 在图样上几何公差框格应该________放置。

A. 垂直　　B. 水平　　C. 倾斜

(8) 单一要素采用包容原则时，用最大实体尺寸控制________。

A. 实际尺寸　　B. 作用尺寸　　C. 形状误差　　D. 位置误差

(9) 某孔 $\phi10^{+0.015}_{0}$mmⒺ则________。

A. 被测要素遵守最大实体边界（MMB）

B. 被测要素遵守最大实体实效边界（MMVB）

C. 当被测要素尺寸为 ϕ10mm 时，允许形状误差最大可达 0.015mm

D. 当被测要素尺寸为 ϕ10.01mm 时，允许形状误差可达 0.01mm

E. 局部实际尺寸应大于或等于最小实体尺寸

(10) 某轴 $\phi10^{0}_{-0.015}$mmⒺ则________。

A. 被测要素遵守最大实体边界（MMB）

B. 被测要素遵守最大实体实效边界（MMVB）

C. 当被测要素尺寸为 ϕ10mm 时，允许形状误差最大可达 0.015mm

D. 当被测要素尺寸为 ϕ9.985mm 时，允许形状误差最大可达 0.015mm

E. 局部实际尺寸应大于等于最小实体尺寸。

3.4 什么是最小条件？什么是最小区域法？说明如何应用最小条件或最小区域法来评定形状和位置误差。

3.5 几何公差带由哪四个要素构成？分析比较各项形状公差带和位置公差带的特点。

3.6 端面对轴线的垂直度和轴向圆跳动、同轴度和径向圆跳动、圆柱度和径向全跳动各有何区别？如何选用？

3.7 什么是基准？什么是三基面体系？根据什么原则由基准实际要素建立基准？

3.8 什么是局部实际尺寸与最大（最小）实体尺寸？什么是作用尺寸与实效尺寸？它们之间有何联系与区别？

3.9 将下列几何公差要求以框格符号的形式标注在图 3-46 所示的零件图中。

(1) ϕ30K7 和 ϕ50M7 采用包容要求。

(2) 底面 F 的平面度公差为 0.02mm；ϕ30K7 孔和 ϕ50M7 孔的内端面对它们的公共轴线的圆跳动公差为 0.04mm。

(3) ϕ30K7 孔和 ϕ50M7 孔对它们的公共轴线的同轴度公差为 0.03mm。

3.10 将下列几何公差要求以框格符号的形式标注在图 3-47 所示的零件图中。

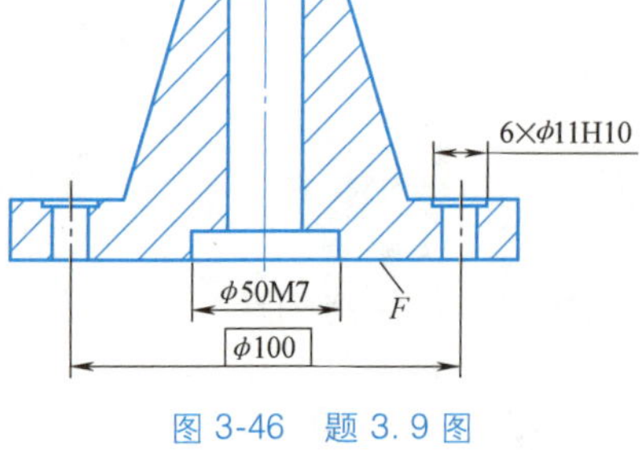

图 3-46　题 3.9 图

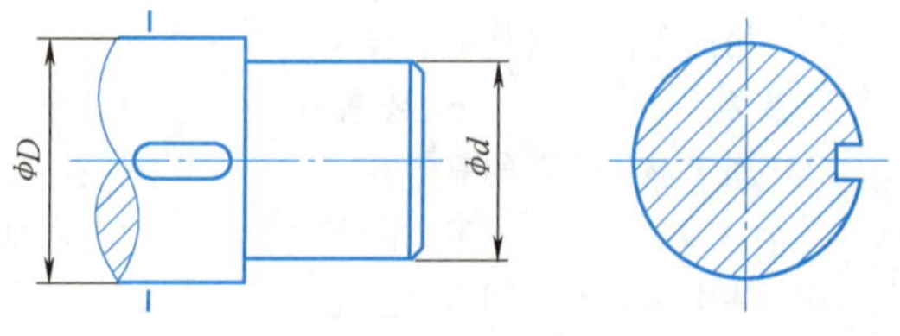

图 3-47　题 3.10 图

（1）ϕd 圆柱面的尺寸为 $\phi 30_{-0.025}^{\ 0}$ mm，采用包容要求，ϕD 圆柱面的尺寸为 $\phi 50_{-0.039}^{\ 0}$ mm，采用独立原则。

（2）ϕd 表面粗糙度最大允许值为 $Ra=1.6\mu m$，ϕD 表面粗糙度最大允许值为 $Ra=3.2\mu m$。

（3）键槽侧面对 ϕD 轴线的对称度公差为 0.02mm。

（4）ϕD 圆柱面对 ϕd 轴线的径向圆跳动量不超过 0.03mm，轴肩端平面对 ϕd 轴线的轴向圆跳动不超过 0.05mm。

3.11 改正图 3-48a、b 中各项几何公差标注上的错误（不得改变几何公差项目）。

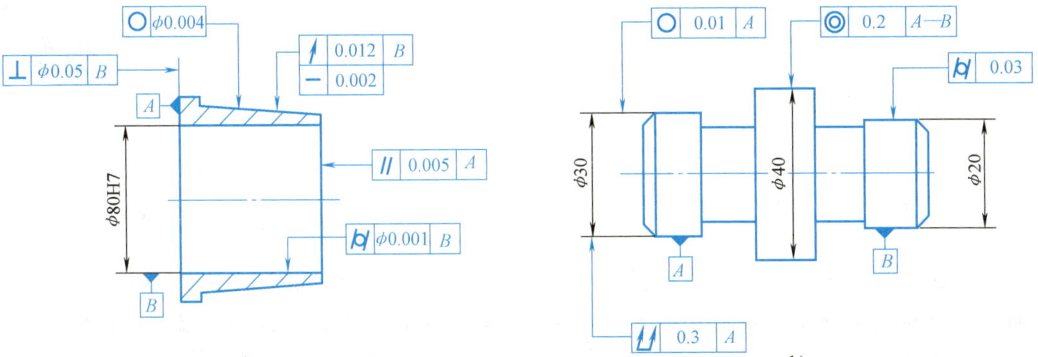

a) b)

图 3-48 题 3.11 图

3.12 如图 3-49 所示，被测要素采用的公差原则是________，最大实体尺寸是________ mm，最小实体尺寸是________ mm，最大实体实效尺寸是________ mm。垂直度公差给定值是________ mm，垂直度公差最大补偿值是________ mm。设孔的横截面形状正确，当孔实际尺寸处处都为 $\phi 60$mm 时，垂直度公差允许值是________ mm，当孔实际尺寸处处都为 $\phi 60.10$mm 时，垂直度公差允许值是________ mm。

3.13 如图 3-50 所示，要求：

（1）指出被测要素遵守的公差原则。

（2）求出单一要素的最大实体实效尺寸、关联要素的最大实体实效尺寸。

（3）求出被测要素的形状、位置公差的给定值，最大允许值的大小。

（4）若被测要素实际尺寸处处为 $\phi 19.97$mm，轴线对基准 A 的垂直度误差为 $\phi 0.09$mm，判断其垂直度的合格性，并说明理由。

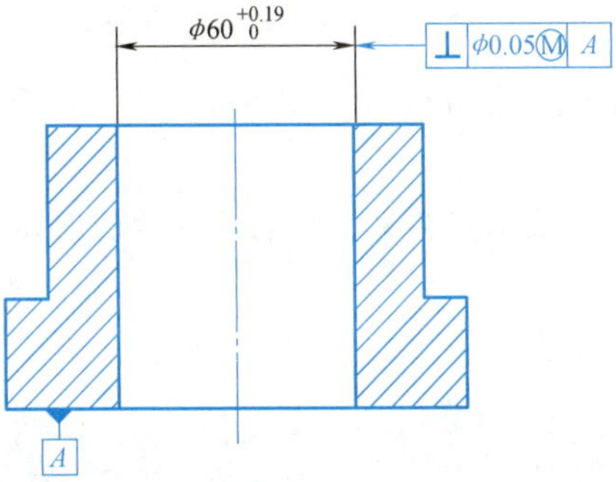

图 3-49 题 3.12 图

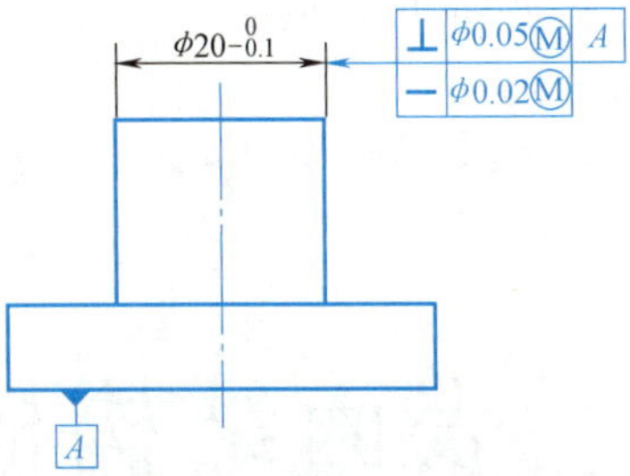

图 3-50 题 3.13 图

第4章 表面结构及其检测

【章节提示】

本章主要学习表面结构的含义、评定参数及其应用、参数的标注方法及检测等。重点是表面结构的评定参数及其选用。难点是对评定参数等术语的理解、表面粗糙度的检测。

通过学习和相应的实训，树立对装备制造技术精益求精的思想意识和质量意识，培养对待工作和学习不骄不躁、耐心细致的良好品质。

【编写依据】

本章内容主要依据下列现行国家标准编写，但不限于以下标准。

① GB/T 33523.1—2020《产品几何技术规范（GPS） 表面结构 区域法 第1部分：表面结构的表示法》。

② GB/T 3505—2009《产品几何技术规范（GPS） 表面结构 轮廓法 术语、定义及表面结构参数》。

③ GB/T 1031—2009《产品几何技术规范（GPS） 表面结构 轮廓法 表面粗糙度参数及其数值》。

④ GB/T 6062—2009《产品几何技术规范（GPS） 表面结构 轮廓法 接触（触针）式仪器的标称特性》。

⑤ GB/T 10610—2009《产品几何技术规范（GPS） 表面结构 轮廓法 评定表面结构的规则和方法》。

⑥ GB/T 131—2006《产品几何技术规范（GPS） 技术产品文件中表面结构的表示法》。

4.1 表面结构概述

在机械制造业中，无论采取何种去除材料的加工方法，所获得的机械零部件表面都会呈现各种类型的不规则状态，叠加在一起便形成了一个实际存在的复杂的表面轮廓。它主要由尺寸的偏离、实际形状相对于理想（几何）形状的偏离以及表面的微观值、中间值的几何形状误差综合形成。实际的表面轮廓具有其特定的表面特征，称为零件的表面结构。对于零件的实际表面轮廓，除了要控制其尺寸、形状、方向和位置误差外，还应控制由于表面的微观值和中间值的几何形状误差所引起的表面粗糙度、表面波纹度等。

4.1.1 表面结构的含义

机械加工零件的表面结构大致呈现三种几何形状特征：形状误差、表面粗糙度及表面波纹度。区分这三者的常见方法有在表面轮廓截面上采用不同的频率范围的定义来划分，也有用波形的峰与峰之间的间距来划分。

图 4-1 所示为一加工平面的实际轮廓放大波形图，λ 表示波距，h 表示波高。当波距 $\lambda<1$mm，大致呈现周期性变化的属于表面粗糙度；波距 λ 在 1～10mm，波形呈现周期性变化的属于表面波纹度；波距 $\lambda>10$mm 的属于形状误差范围。

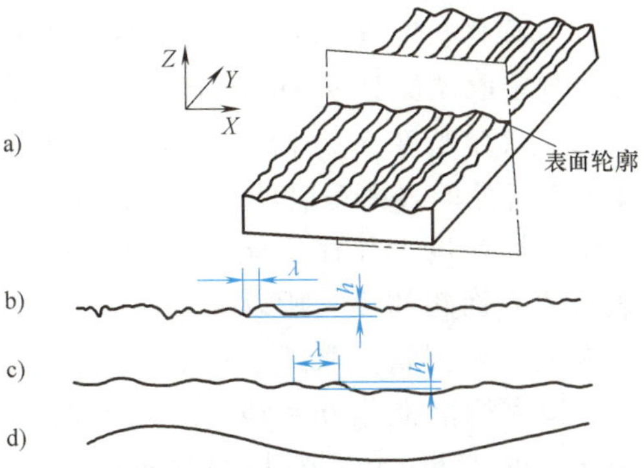

图 4-1 加工表面几何形状误差

a）表面实际轮廓放大 b）表面粗糙度 c）表示波纹度 d）形状误差

可见，表面粗糙度是指加工表面上具有较小间距和峰谷所组成的微观几何形状特性。表面粗糙度主要是由于在加工过程中，刀具和零件表面的摩擦、切削分离时的塑性变形以及工艺系统中存在的高频振动等原因所形成。而表面波纹度主要是由于在加工过程中，机床—刀具—工件这一加工系统的振动、发热以及在回转过程中系统的质量不均衡等原因所形成，它具有较强的周期性。改善和提高机床的安装、调整精度及其工艺性，可以降低表面波纹度的参数值。

4.1.2 表面结构对机械产品性能的影响

表面结构是衡量机械零件加工质量的一项重要指标。当零件的加工面不能达到表面结构等级要求时，对机械产品的性能主要会产生下列影响。

（1）摩擦表面容易产生磨损　当零件的接触面有相对运动时，零件表面的波峰与波谷之间因接触作用会产生摩擦力，若零件的表面越粗糙，摩擦阻力就越大，零件磨损程度加大。但是，并不是说零件表面越光滑越好，过于光滑的表面，不利于表面储存润滑油，这样容易使相互运动的表面间形成干摩擦或半干摩擦，也会使零件磨损加剧，因此，表面结构等级选择要适当。

（2）影响零件的配合性质　若零件配合表面的表面结构等级低，对于间隙配合，因零件表面很快磨损致使间隙迅速增大；对过盈配合，因峰谷磨损压平致使有效过盈减小，这些都会破坏原有的配合性质，影响零件运动的可靠性。

（3）影响零件的疲劳强度和接触刚度　对于承受反复载荷作用的零部件，若表面结构等级低，峰谷处易产生应力集中，使得零件局部塑性变形加剧，这就会降低零件的疲劳强度和接触刚度，使零件易被损坏，影响设备的工作精度、抗振性和使用寿命。

（4）影响零件的耐蚀性、密封性及外观　若零件的表面结构等级比较低，会影响其密封性。峰谷间容易储存腐蚀性气体和液体，使零件表面很快腐蚀。而对于有些表面结构等级要求比较低的表面，若加工的表面结构等级太高，会影响其散热性等。

4.2 表面结构的评定

4.2.1 评定用术语

GB/T 3505—2009 对评定表面结构的有关术语及定义做出了详细规定。

(1) 取样长度 lr 取样长度是指在 X 轴方向上（图 4-1）判别被评定轮廓不规则特征的长度。规定取样长度的目的在于限制或减弱表面波纹度对测量结果的影响。

(2) 评定长度 ln 评定长度是指用于评定被评定轮廓的 X 轴方向上的长度。由于被评定表面上各处的表面粗糙度不一定很均匀，在一个取样长度上往往不能合理地反映被测表面的表面粗糙度，所以需要在几个取样长度上分别测量，取其平均值作为测量结果，国家标准推荐 $ln=5lr$。对均匀性好的表面，可选 $ln<5lr$；对均匀性较差的表面，可选 $ln>5lr$，如图 4-2 所示。

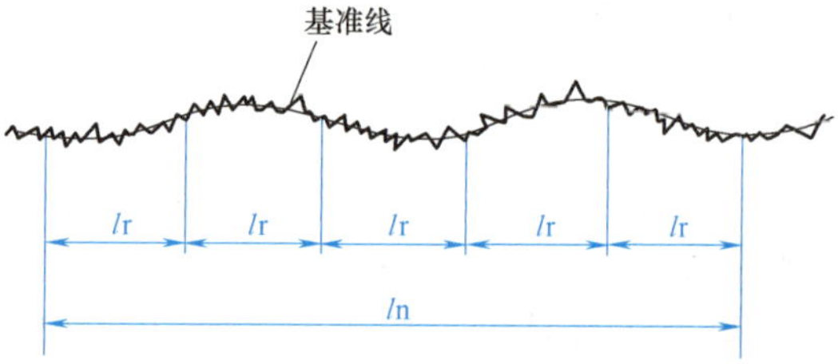

图 4-2 取样长度和评定长度

一般情况下，在测量 Ra 和 Rz 时，推荐按表 4-1 选用对应的取样长度，此时取样长度的标注在图样上或技术文件中可省略。当有特殊要求时，应给出相应的取样长度值，并在图样或技术文件中标出。

表 4-1 Ra、Rz 参数值与取样长度 lr 的对应关系（GB/T 1031—2009）

Ra/μm	Rz/μm	lr/mm	$ln(ln=5lr)$/mm
≥0.008~0.02	≥0.025~0.10	0.08	0.4
>0.02~0.1	>0.10~0.50	0.25	1.25
>0.1~2.0	>0.50~10.0	0.80	4.0
>2.0~10.0	>10.0~50.0	2.50	12.5
>10.0~80.0	>50.0~320	8	40.0

(3) 表面粗糙度轮廓中线 为了定量的评定表面粗糙度轮廓而确定的一条基准线。指在取样长度内，使轮廓线上各点到该线的距离即纵坐标 $Z(x)$ 平方和为最小的线，即 $\sum_{i=1}^{n} Z_i^2$ 为最小，如图 4-3 所示的 O_1O_1、O_2O_2 线。

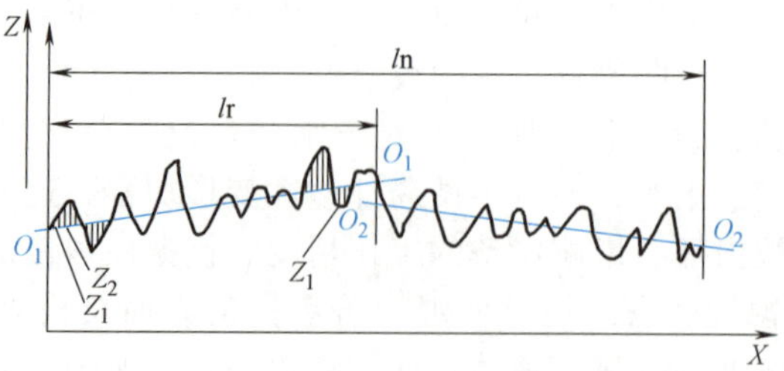

图 4-3 表面粗糙度轮廓中线

4.2.2 评定参数

GB/T 3505—2009 中规定的评定表面结构的参数有幅度参数、间距参数及其他相关参数。

1. 幅度参数

（1）轮廓算术平均偏差 *Ra* 在一个取样长度内，纵坐标 $Z(x)$ 绝对值的算术平均值称为轮廓算术平均偏差。如图 4-4 所示，用公式表示为

$$Ra = \frac{1}{l_r}\int_0^{l_r} |Z(x)| \, dx \tag{4-1}$$

或近似地

$$Ra = \frac{1}{n}\sum_{i=1}^{n} |Z_i| \tag{4-2}$$

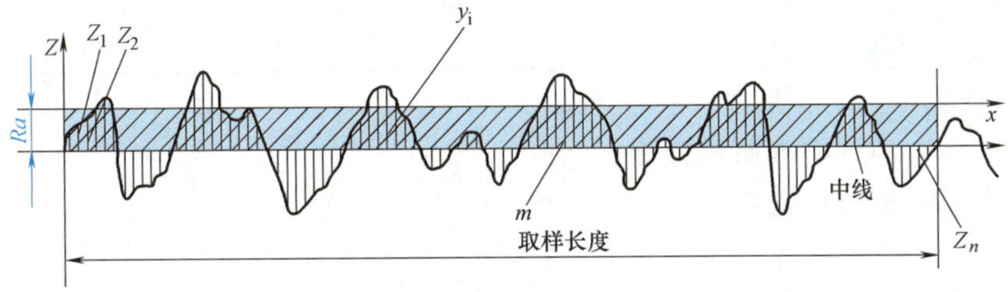

图 4-4 轮廓的算术平均偏差

测得的 *Ra* 值越大，则被测表面越粗糙。*Ra* 能客观地反映被测表面微观几何形状误差，但因受到计量器具的限制，不宜用作过于粗糙或要求太高的表面评定参数。

（2）轮廓最大高度 *Rz* 在一个取样长度内，轮廓最大峰高线 Z_{pmax} 和最大谷深线 Z_{vmax} 之和称为轮廓最大高度，如图 4-5 所示。用公式表示，即

$$Rz = Z_{pmax} + Z_{vmax} \tag{4-3}$$

式中，Z_{pmax} 和 Z_{vmax} 都取正值。

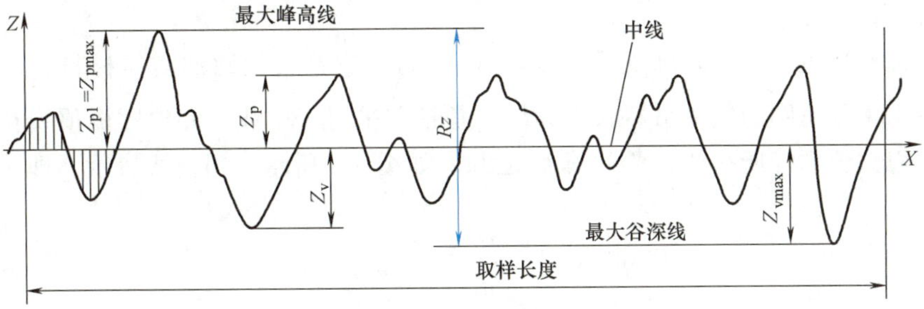

图 4-5 轮廓的最大高度

注意，在 GB/T 3505 以前的版本中，*Rz* 曾用于表示“微观不平度十点高度”。实际使用中，一些表面结构测量仪器大多测量的是旧版本规定的 *Rz* 参数。因此，当使用现行的技术文件和图样时必须注意这一点，因为使用不同类型的仪器、按照不同的定义计算所得到的结

果也可能存在着不可忽略的差别。

幅度参数 *Ra* 和 *Rz* 是评定表面结构的基本参数，大多数零件的表面结构要求用幅度参数就可以控制其加工质量。但是对于少数有特殊使用要求的零件表面，可增加选用间距参数和其他相关参数。

国家标准 GB/T 1031—2009 规定了评定表面结构的表面粗糙度参数值，*Ra* 和 *Rz* 的数值见表 4-2。

表 4-2　*Ra* 和 *Rz* 的数值（摘自 GB/T 1031—2009）　　（单位：μm）

Ra 的数值	基本系列	0.012,0.025,0.05,0.1,0.2,0.4,0.8,1.6,3.2,6.3,12.5,25,50,100
	补充系列	0.008,0.010,0.016,0.020,0.032,0.040,0.063,0.080,0.125,0.160,0.25,0.32,0.50,0.63,1.00,1.25,2.0,2.5,4.0,5.0,8.0,10,16,20,32,40,63,80
Rz 的数值	基本系列	0.025,0.05,0.1,0.2,0.4,0.8,1.6,3.2,6.3,12.5,25,50,100,200,400,800,1600
	补充系列	0.032,0.040,0.063,0.080,0.125,0.160,0.25,0.32,0.50,0.63,1.00,1.25,2.0,2.5,4.0,5.0,8.0,10,16,20,32,40,63,80,125,160,250,320,500,630,1000,1250

2. 间距参数

国家标准规定的评定表面粗糙度的间距参数主要是轮廓单元平均宽度 *Rsm*。轮廓单元是指轮廓峰和相邻轮廓谷的组合。轮廓单元平均宽度 *Rsm* 指在一个取样长度内，轮廓单元宽度 *Xs* 的平均值。如图 4-6 所示。用公式表示，即

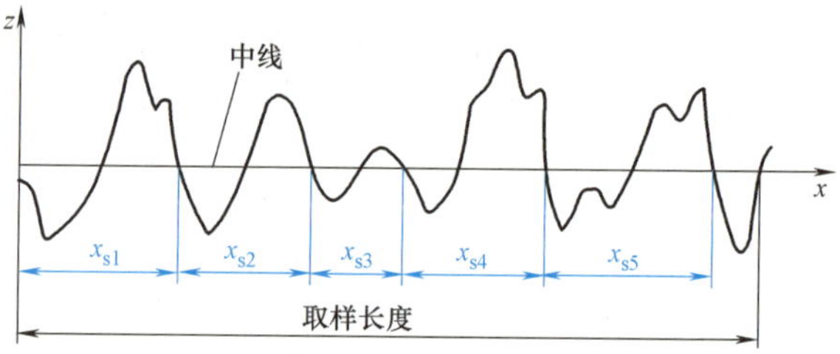

图 4-6　间距参数

$$Rsm = \frac{1}{m}\sum_{i=1}^{m} Xs_i \tag{4-4}$$

式中　m——在取样长度内间距 Xs_i 的个数。

Rsm 反映了表面加工痕迹的细密程度。其数值越小，说明在取样长度内轮廓峰数量越多，即加工痕迹细密。

3. 其他相关参数

其他相关参数主要介绍轮廓支承长度率 $Rmr(c)$。它是指轮廓的实体材料长度 $Ml_{(c)}$ 与评定长度的比率。轮廓的实体材料长度 $Ml_{(c)}$ 是指用平行于中线且和轮廓峰顶线相距为 c 的一条直线，相截轮廓峰所得的各段截线 b_i 之和，如图 4-7 所示。用公式表示，即

$$Rmr(c) = \frac{Ml_{(c)}}{ln} = \frac{1}{ln}\sum_{i=1}^{n} b_i \tag{4-5}$$

注意，$Rmr(c)$ 值与截距 c 有关，c 值可用 μm 或它占轮廓最大高度 *Rz* 的百分数表示，如 $Rmr(c)$ 为 70μm，c 为 50μm，则表示在轮廓的最大高度 50%的截面位置上，其轮廓的支承长度率的最小允许值为 70%。当 c 值一定时，$Rmr(c)$ 数值越大，表示在某一截距下轮廓的凸起实体部分多，即支承载荷的长度长、接触刚度高、耐磨性好。

国家标准 GB/T 1031—2009 规定的轮廓单元平均宽度 *Rsm* 的数值见表 4-3，轮廓支承长度率 $Rmr(c)$ 的数值见表 4-4。

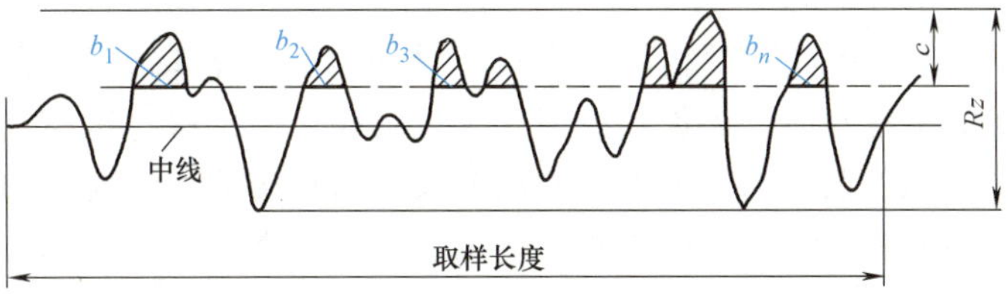

图 4-7 轮廓支承长度率

表 4-3 轮廓单元平均宽度 *Rsm* 的数值（摘自 GB/T 1031—2009） （单位：mm）

基本系列	0.006,0.0125,0.025,0.05,0.1,0.2,0.4,0.8,1.6,3.2,6.3,12.5
补充系列	0.002,0.003,0.004,0.005,0.008,0.010,0.016,0.020,0.023,0.040,0.063,0.080,0.125,0.160,0.25,0.32,0.50,0.63,1.00,1.25,2.0,2.5,4.0,5.0,8.0,10.0

表 4-4 轮廓支承长度率 *Rmr*(*c*) 的数值（摘自 GB/T 1031—2009）

90	80	70	60	50	40	30	25	20	15	10

注：选用轮廓支承长度率参数时，必须同时给出轮廓截面高度 *c* 的值，*c* 值可用微米（μm）或 *Rz* 的百分数表示。*Rz* 的百分数系列为 5%，10%，15%，20%，25%，30%，40%，50%，60%，70%，80%，90%。

4.3 评定参数的选用及标注

4.3.1 评定参数的选用

1. 选用原则

GB/T 1031—2009 中规定了表面粗糙度的参数首先从幅度参数 *Ra*、*Rz* 两项中选取。根据产品表面功能的要求，在幅度参数不能满足要求的情况下，可选用附加参数 *Rsm*、*Rmr*（*c*）。对于有表面粗糙度要求的表面，应同时给出参数值和取样长度。附加参数一般不单独使用，常作为补充参数与幅度参数一起共同控制零件表面的微观不平程度。

选择零件的表面粗糙度要求时，应优先选择基本系列。在幅度参数常用的参数值范围内（*Ra* 为 0.025~6.3μm、*Rz* 为 0.1~25μm），推荐优先选择 *Ra*。选择时，既要满足零件的功能要求，又要考虑零件加工的工艺性。在满足功能要求的前提下，尽可能地选择较大的参数值，以减少加工困难，降低生产成本。选择时需注意以下几点。

1）根据零件的使用要求，同一零件上工作表面的表面粗糙度等级比非工作表面的表面粗糙度等级要求高。

2）摩擦表面比非摩擦表面的表面粗糙度等级要求高。滚动摩擦表面比滑动摩擦表面的表面粗糙度等级要求高。

3）承受交变负荷的表面，易引起应力集中的部位，如零件圆角、沟槽处，表面粗糙度等级要求高。

4）配合质量要求高的表面、小间隙的配合表面以及承受重载荷作用的过盈配合表面，其表面粗糙度等级要求高。

5）配合性质相同、公差等级相同，小尺寸比大尺寸、轴比孔的表面粗糙度等级要求高。通常，公差等级精度高时，表面粗糙度要求也较高。但某些特殊要求的零件例外，例如像散热片、需要粘合的表面，为了增加散热面积和提高粘接的可靠性，选用表面粗糙度数值要大。手轮的尺寸公差要求低，但表面粗糙度等级要求却高。

设表面形状公差值为 t，尺寸公差值为 IT，它们与表面粗糙度值 Ra 之间存在如下对应关系：若 $t \approx 0.60\text{IT}$，则 $Ra \leqslant 0.05\text{IT}$；若 $t \approx 0.40\text{IT}$，则 $Ra \leqslant 0.025\text{IT}$；若 $t \approx 0.25\text{IT}$，则 $Ra \leqslant 0.012\text{IT}$；若 $t < 0.25\text{IT}$，则 $Ra \leqslant 0.15\text{IT}$。

6）食品和卫生设备的零件的工作面，要求密封性、耐蚀性能好的表面，零件的外观面，其表面粗糙度等级一般要求较高。

2. 选用实例

在工程实际中，表面粗糙度的选用常采用类比法，参考经过实践检验的实例来选择。表 4-5 列出了典型零件的表面粗糙度参数 Ra 的数值。表 4-6 列出了表面粗糙度的轮廓特征及应用情况，供选用参考。视频 4-1 提供一选择实例，仅供参考。

4-1 表面粗糙度选用实例

表 4-5　典型零件的表面粗糙度参数 Ra 的数值

表面特性	部位	表面粗糙度 Ra 不大于/μm			
滑动轴承的配合表面	表面	公差等级		液体摩擦	
		IT7~IT9	IT11~IT12		
	轴	0.2~3.2	1.6~3.2	0.1~0.4	
	孔	0.4~1.6	1.6~3.2	0.2~0.8	
带密封的轴颈表面	密封方式	轴颈表面速度/(m/s)			
		≤3	≤5	>5	≤4
	橡胶	0.4~0.8	0.2~0.4	0.1~0.2	
	迷宫/油槽	1.6~3.2			
圆锥结合	表面	密封结合	定心结合	其他	
	外圆锥表面	0.1	0.4	1.6~3.2	
	内圆锥表面	0.2	0.8	1.6~3.2	
螺纹	螺纹类别	螺纹精度等级			
		4	5	6	
	粗牙普通	0.4~0.8	0.8	1.6~3.2	
	细牙普通	0.2~0.4	0.8	1.6~3.2	
普通键结合	结合形式	键	轴槽	毂槽	
	工作表面　沿毂槽移动	0.2~0.4	1.6	0.4~0.8	
	工作表面　沿轴槽移动	0.2~0.4	0.4~0.8	1.6	
	工作表面　不移动	1.6	1.6	1.6~3.2	
	非工作表面	6.3	6.3	6.3	

（续）

<table>
<tr><th>表面特性</th><th colspan="2">部位</th><th colspan="6">表面粗糙度 Ra 不大于/μm</th></tr>
<tr><td rowspan="3">齿轮</td><td colspan="2" rowspan="3">部位</td><td colspan="6">齿轮精度等级</td></tr>
<tr><td>5</td><td>6</td><td>7</td><td>8</td><td>9</td><td>10</td></tr>
<tr><td colspan="6">表面粗糙度 Ra 不大于/μm</td></tr>
<tr><td></td><td colspan="2">齿面
外圆
端面</td><td>0.2~0.4
0.8~1.6
0.4~0.8</td><td>0.4
1.6~3.2
0.4~0.8</td><td>0.4~0.8
1.6~3.2
0.8~3.2</td><td>1.6
1.6~3.2
0.8~3.2</td><td>3.2
3.2~6.3
3.2~6.3</td><td>6.3
3.2~6.3
3.2~6.3</td></tr>
<tr><td rowspan="7">蜗杆、蜗轮</td><td colspan="2" rowspan="2">部位</td><td colspan="6">蜗杆蜗轮精度等级</td></tr>
<tr><td>5</td><td>6</td><td>7</td><td colspan="2">8</td><td>9</td></tr>
<tr><td rowspan="3">蜗杆</td><td>齿面</td><td rowspan="2">0.2</td><td colspan="2" rowspan="2">0.4</td><td colspan="2" rowspan="2">0.8</td><td rowspan="2">1.6</td></tr>
<tr><td>齿顶</td></tr>
<tr><td>齿根</td><td colspan="6">3.2</td></tr>
<tr><td rowspan="2">蜗轮</td><td>齿面</td><td colspan="2">0.4</td><td>0.8</td><td colspan="2">1.6</td><td>3.2</td></tr>
<tr><td>齿根</td><td colspan="6">3.2</td></tr>
</table>

表 4-6　表面粗糙度的轮廓特征及应用举例

<table>
<tr><th>表面粗糙度 Ra/μm</th><th colspan="2">表面形状特征</th><th>应用举例</th></tr>
<tr><td>>40~80</td><td rowspan="3">粗糙表面</td><td>明显可见刀痕</td><td rowspan="2">要求表面粗糙度精度最低的加工面，一般很少采用</td></tr>
<tr><td>>20~40</td><td>可见刀痕</td></tr>
<tr><td>>10~20</td><td>微见刀痕</td><td>粗加工表面，应用范围较广。如轴端、倒角、螺钉孔和铆钉孔的表面、垫圈的接触面、下料切割面</td></tr>
<tr><td>>5~10</td><td rowspan="3">半光表面</td><td>微见加工痕迹</td><td>半精加工面，支架、箱体、离合器、带轮侧面、凸轮侧面等非接触的自由表面，与螺栓头和铆钉头接触的表面，轴和孔的退刀槽，一般遮板的结合面等</td></tr>
<tr><td>>2.5~5</td><td>微辨加工痕迹</td><td>半精加工面，支架、箱体、盖面、套筒等和其他零件连接而没有配合要求的表面，需要发蓝处理的表面，需要滚花的预先加工面，主轴非接触的全部外表面</td></tr>
<tr><td>>1.25~2.5</td><td>看不清加工痕迹</td><td>基面及表面质量要求较高的表面，中型机床普通精度的工作台面，组合机床主轴箱和盖面的结合面，中等尺寸平带轮和 V 带轮的工作表面，衬套、滚动轴承的压入孔、一般低速转动的轴颈</td></tr>
<tr><td>>0.63~1.25</td><td rowspan="3">光表面</td><td>可辨加工痕迹的方向</td><td>中型机床普通精度的滑动导轨面，导轨压板、圆柱销和圆锥销的表面，一般精度的刻度盘，需要镀铬抛光的外表面，低速转动的轴颈，定位销压入孔</td></tr>
<tr><td>>0.32~0.63</td><td>微辨加工痕迹的方向</td><td>中型机床高精度的滑动导轨面，滑动轴承轴瓦的工作表面，夹具定位元件和钻套的主要表面，曲轴和凸轮轴的工作轴颈，分度盘表面，高速工作下的轴颈和衬套的工作面</td></tr>
<tr><td>>0.16~0.32</td><td>不可辨加工痕迹的方向</td><td>精密机床主轴锥孔，顶尖圆锥面，电子机械中直径小的精密心轴和转轴的结合面，活塞销孔，要求气密的表面和支承面</td></tr>
</table>

（续）

表面粗糙度 $Ra/\mu m$	表面形状特征		应用举例
>0.08~0.16	极光表面	暗光泽面	精密机床主轴箱与套筒配合的孔，仪器在使用中要承受摩擦的表面，如导轨、槽面等液压传动用的孔的表面，阀的工作面，气缸内表面，活塞销的表面
>0.04~0.08		亮光泽面	特别精密的滚动轴承套圈滚道、滚珠及滚柱表面，中等精度的量仪要求间隙配合的零件工作面，量规的测量表面
>0.01~0.04		镜状光泽面	高压液压泵柱塞和柱塞套的配合表面，保证高度气密性的结合表面。仪器的工作表面，高精度量仪要求间隙配合零件的工作面，尺寸超过100mm的量块工作表面
不大于0.01		镜面	量块工作表面，高精度测量仪器工作面，光学测量仪器的金属镜面

4.3.2 评定参数的标注

GB/T 131—2006规定了技术产品文件中表面结构的表示法，包括有关符号、代号及标注要求。

1. 有关图形符号

技术图样上所标注的表面结构要求的图形符号指该表面完成加工后的表面要求。若取样长度为标准长度，在图样上则省略标注取样长度，对其他附加要求如加工方法、加工纹理方向、加工余量以及附加参数等，可以根据需要标注。

标注表面结构的图形符号及含义见表4-7。常见的加工纹理方向及符号见表4-8。

表4-7 标注表面结构图形符号及含义

图形符号		所指含义说明
基本图形符号		表示指定表面用任何方法获得。一般没有补充说明时不能单独使用，可用于简化代号标注
扩展图形符号	a)  b) 	对表面粗糙度轮廓有指定要求（去除材料或不去除材料）的图形符号 图a表示指定表面用去除材料的加工方法获得，如车、铣、刨、钻、磨、剪切、腐蚀、电火花加工、气割等 图b表示指定表面用不去除材料的加工方法获得，如锻、铸、冲压、粉末冶金等；或表示使用原供应状态的表面，如型材的槽钢、工字钢、角钢等
完整图形符号	a)  b)  c) 	对基本图形符号和扩展图形符号扩充后的符号，用于对表面粗糙度轮廓有补充要求的标注 在报告和合同的文本中用文字表达图示符号时，要求如下： 1. 用APA表示图a，指定表面用任何加工工艺 2. 用MRR表示图b，指定表面用去除材料的加工方法获得 3. 用NMR表示图c，指定表面用不去除材料的加工方法获得

表 4-8 常见加工纹理方向及符号

符号	说明	示意图
=	纹理平行于标注代号的视图的投影面	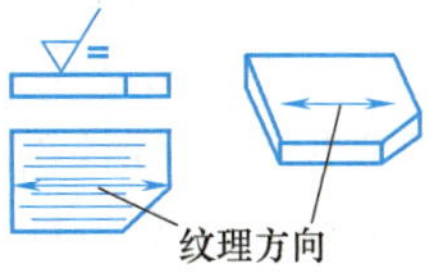
⊥	纹理垂直于标注代号的视图的投影面	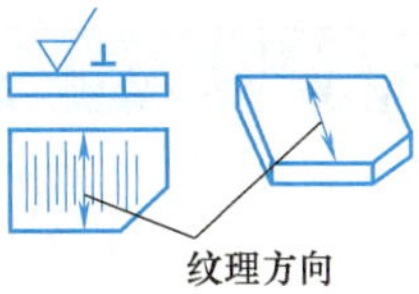
×	纹理呈两相交的方向	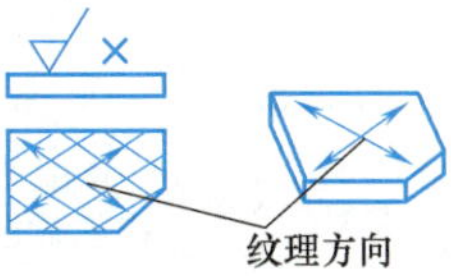
M	纹理呈多方向	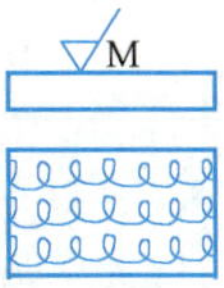

符号	说明	示意图
C	纹理呈近似同心圆	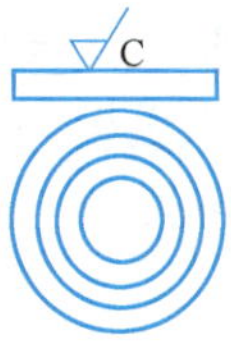
R	纹理呈近似放射形	
P	纹理无方向或呈凸起的细粒状	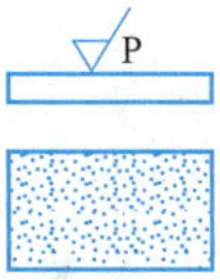

注：若表中所列符号不能清楚地表明所要求的纹理方向，应在图样上用文字说明。

要求标注的参数及附加要求的标注位置如图 4-8 所示。

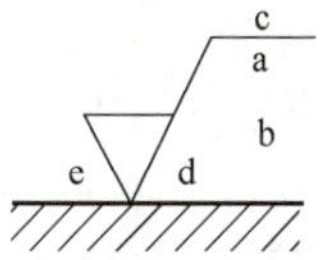

图 4-8 参数及附加要求的标注位置

对图中位置 a~e 的标注说明如下：

（1）位置 a　注写表面结构单一要求。

标注参数代号、极限值和传输带或取样长度。为了避免误解，在参数代号和极限值间应插入空格，取样长度后应有一斜线“/”，之后是参数代号，最后是数值。

示例 1：0.0025-0.8/*Rz*6.3（传输带标注）

示例 2：-0.8/*Rz*6.3（取样长度标注）

注：传输带是两个定义的滤波器之间的波长范围，见 GB/T 6062—2009 和 GB/T 18777—2009。

如果取评定长度不等于 5 个取样长度，应在相应参数代号后标注其个数，如 *Rz*3 说明要求评定长度为 3 个取样长度。

（2）位置 a 和 b　注写两个或多个表面结构要求。

在位置 a 注写第一个表面结构要求，方法同上。在位置 b 注写第二个表面结构要求。如果要注写第三个或更多个表面结构要求，图形符号应在垂直方向上扩大，以留出足够的空间，扩大图形符号时，a 和 b 的位置随之上移。

（3）位置 c　注写表面加工方法、表面处理、涂层或其他加工工艺要求，如车、磨、镀等。

（4）位置 d　注写所要求的表面纹理和纹理的方向，如“=”“×”“M”等。

（5）位置 e　注写所要求的加工余量，以 mm 为单位给出数值。

2. 表面结构要求在图样上的标注

GB/T 131—2006 规定，表面结构要求对每一表面只标注一次，并尽可能标注在相应的尺寸及其公差的同一视图上。除非另有说明，一般情况下所标注的表面结构要求是对完工零件表面的要求。表 4-9 给出了表面粗糙度幅度参数的标注示例。具体标注方法如下。

表 4-9　表面粗糙度幅度参数的标注示例

符号	所指含义	符号	所指含义
√Ra 6.3	表示用任何方法获得加工表面，*Ra* 的上限值是 6.3μm	√Ramax 6.3	表示用任何方法获得加工表面，*Ra* 的最大值是 6.3μm
▽Ra 6.3	表示用去除材料的方法获得加工表面，*Ra* 的上限值是 6.3μm	▽Ramax 6.3	表示用去除材料的方法获得加工表面，*Ra* 的最大值是 6.3μm
铣 Rz3 6.3 2	铣削加工；*Rz* 的上限值是 6.3μm；规定取样长度的 3 倍作为评定长度；加工余量为 2mm	磨 Ramax 1.6 ⊥	磨削加工，*Ra* 的最大极限值是 1.6μm，规定加工纹理垂直
U Rz 6.3 L Ra 3.2	表示用任何方法获得加工表面，*Rz* 的上限值是 6.3μm，*Ra* 的下限值是 3.2μm	√Rzmax 6.3	表示用任何方法获得加工表面，*Rz* 的最大值是 6.3μm
Rz 6.3 Rz 3.2	表示用去除材料的方法获得加工表面，*Rz* 的上限值是 6.3μm，下限值是 3.2μm	Rzmax 6.3 Ra 3.2	表示用去除材料的方法获得加工表面，*Rz* 的最大值是 6.3μm，*Ra* 的上限值是 3.2μm
Ra 3.2 Rz 6.3	表示用去除材料的方法获得加工表面，*Ra* 的上限值是 3.2μm，*Rz* 上限值是 6.3μm	Ramax 3.2 Rzmax 6.3	表示用去除材料的方法获得加工表面，*Ra* 的最大值是 3.2μm，*Rz* 最大值是 6.3μm

1）表面结构要求注写和读取方向应与尺寸的注写和读取方向一致，如图 4-9 所示。

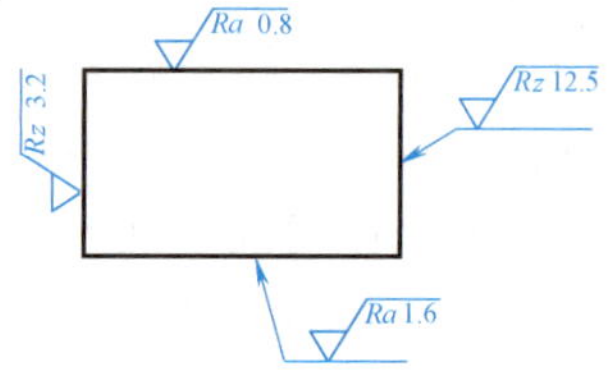

图 4-9　表面结构要求的注写方向

2）表面结构要求可以标注在轮廓线上，或标注在轮廓线的延长线上，其符号的尖端应从材料外指向零件的表面，并与表面接触。必要时，也可以用带箭头或黑点的指引线引出标注，如图 4-10 和图 4-11 所示。

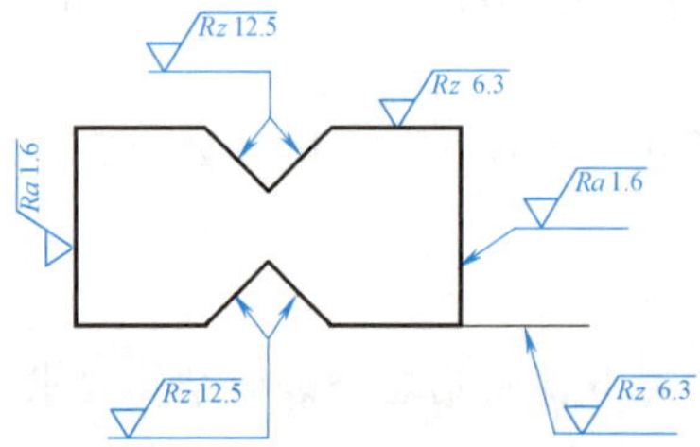

图 4-10　表面结构要求在轮廓线上的标注

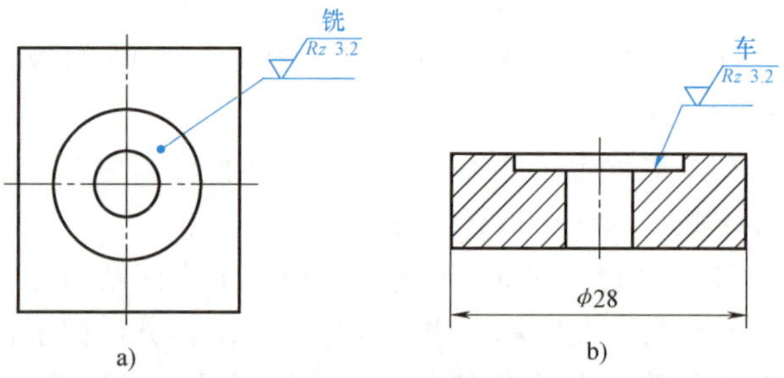

图 4-11　表面结构要求用指引线引出的标注

3）在不引起误解的情况下，表面结构要求可以标注在给定的尺寸线上，如图 4-12 所示；也可以标注在几何公差框格的上方，如图 4-13 所示。

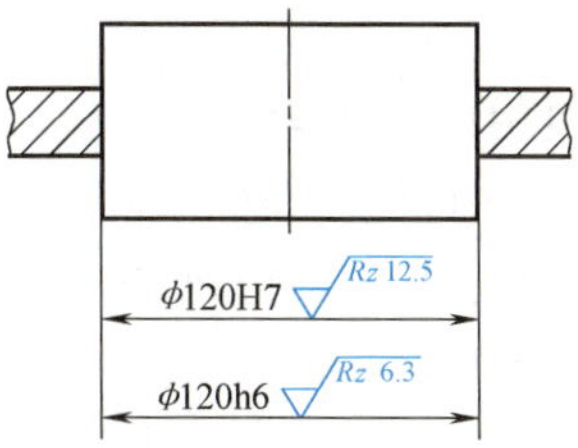

图 4-12 表面结构要求标注在尺寸线上

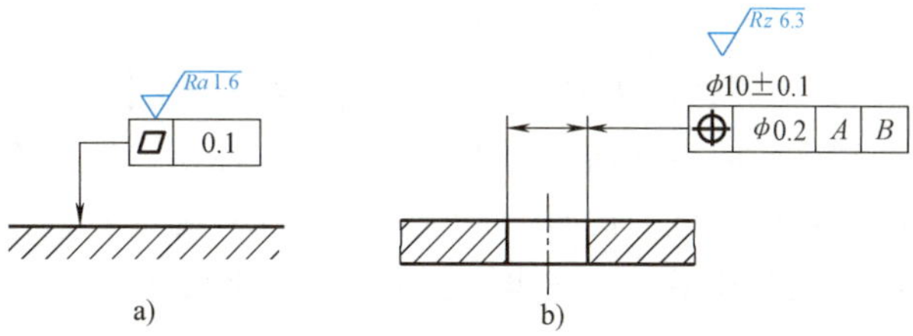

图 4-13 表面结构要求标注在几何公差框格的上方

4）表面结构要求可以标注在零件几何特征的延长线或尺寸界线上，或用带箭头的指引线引出标注，如图 4-14 所示。

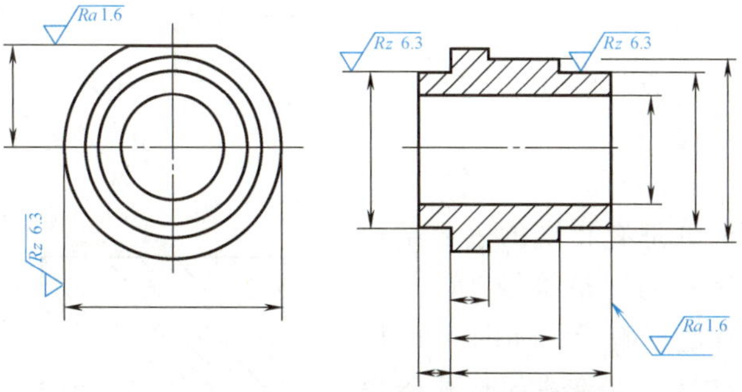

图 4-14 表面结构要求标注在圆柱特征的延长线上

5）圆柱面的表面结构要求只标注一次。棱柱面的表面结构要求相同时只标注一次，如果每个棱柱面有不同的表面结构要求，应分别标注，如图 4-15 所示。

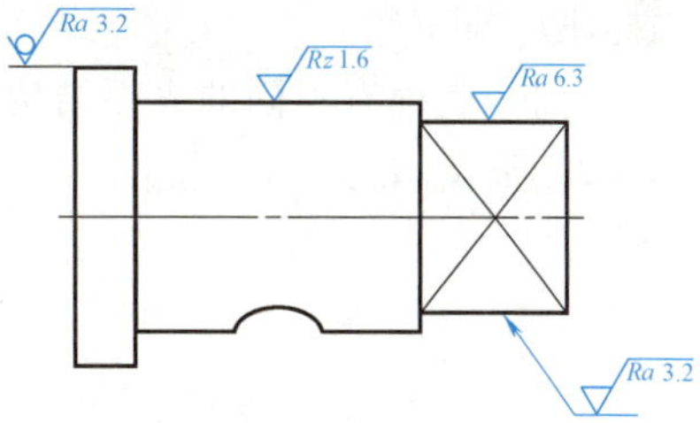

图 4-15 圆柱和棱柱面的表面结构要求标注

注意，当棱柱的各个棱面具有相同的表面要求时，应在图样封闭的轮廓线上以完整图形符号加一小圆圈标注，如图 4-16 所示。若标注会引起歧义，则各表面应分别标注。

6）当零件的所有表面有相同的表面结构要求时，采用简化标注，将表面结构要求符号统一标注在图样标题栏附近，如图 4-17 所示。

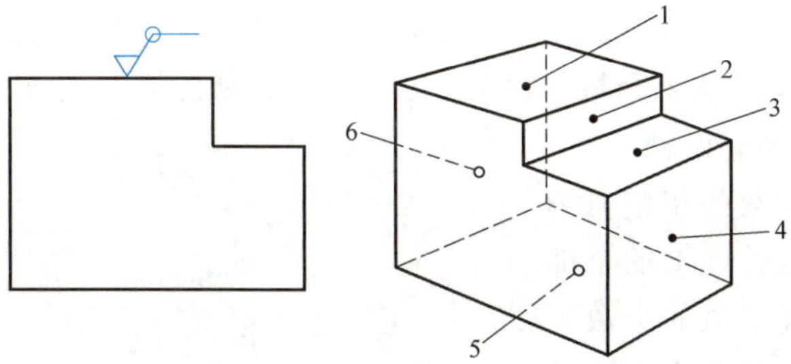

图 4-16 棱面有相同的表面结构要求时的标注

注：图中的轮廓要求是指所引出的 1~6 面的表面质量要求，不包括前后面

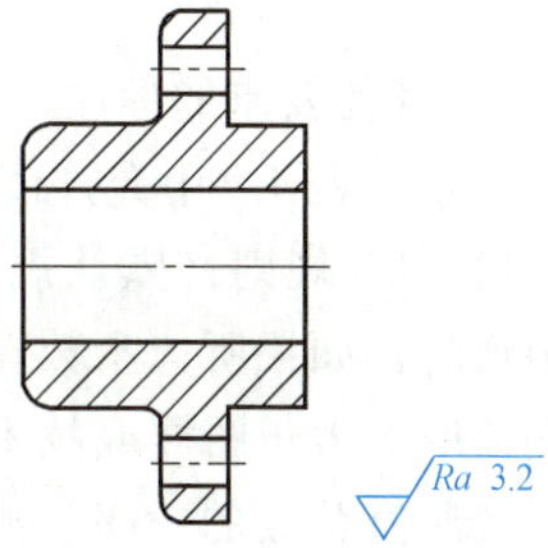

图 4-17 所有面有相同的表面结构要求时的简化标注

7）当零件的大多数表面有相同的表面结构要求时，可以采用简化标注。

把不同的表面结构要求直接在图中标出，把有相同的表面结构要求的符号统一标注在图样的标题栏附近，同时，符号后面应注有圆括号，在圆括号内注出基本图形符号，如图 4-18 所示。或在圆括号内注出不同的表面结构要求符号，如图 4-19 所示。

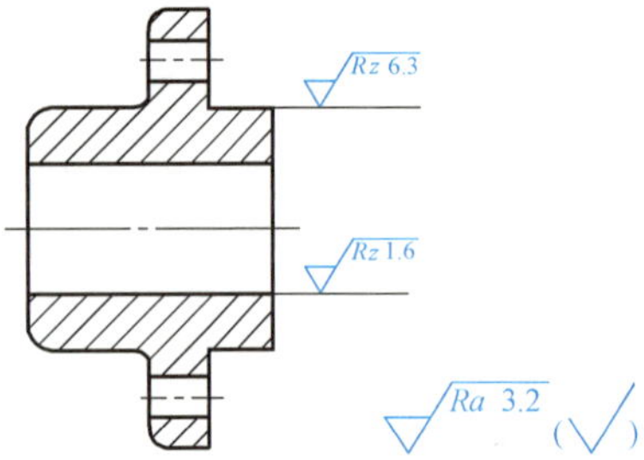

图 4-18 简化标注（一）

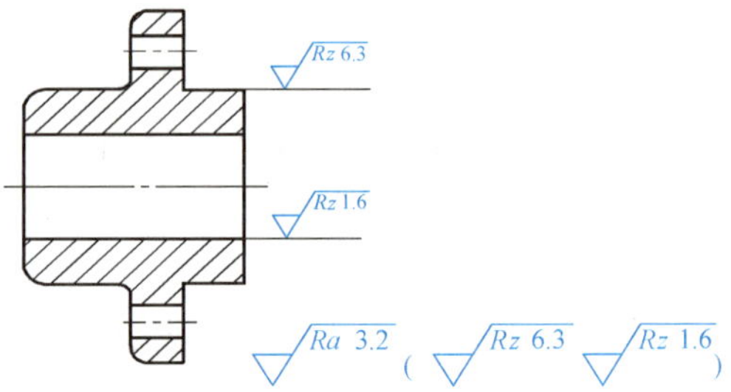

图 4-19 简化标注（二）

当图纸空间有限时，把有相同的表面结构要求的表面，用带有字母的完整符号，以等式的形式注写在图形或标题栏附近，如图 4-20 所示。或用表 4-7 中的符号，以等式的形式给出多数有相同的表面结构要求的表面，图 4-21 所示为多数要求用去除材料方法获得表面要求的简化标注。

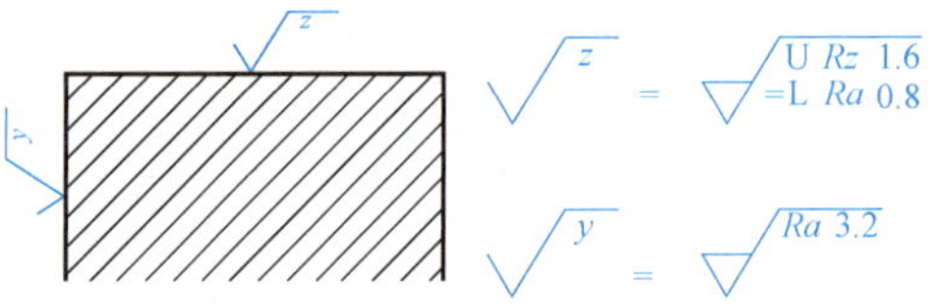

图 4-20 简化标注（三）

8）同一表面有不同的表面结构要求，或同一表面由几种不同的工艺方法获得时，标注如图 4-22 所示。

图 4-21 多数要求用去除材料方法获得表面结构要求的简化标注

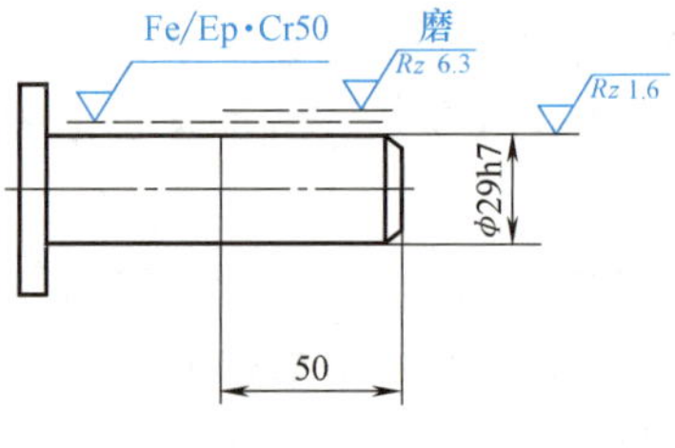

图 4-22 同一表面由多道工艺获得时的标注（图中由三道加工工艺获得）

9）其他要求的标注，如表面纹理、加工余量、加工方法的标注，如图 4-23 所示。

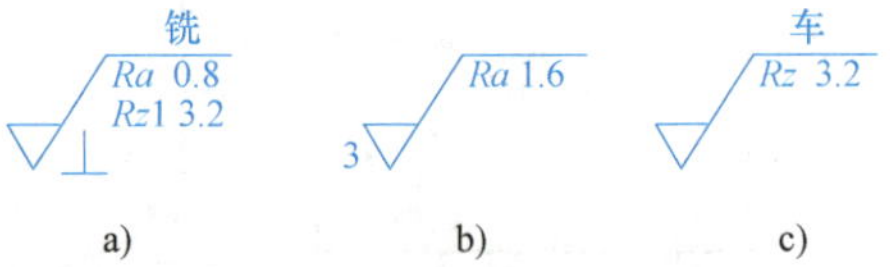

图 4-23 其他要求的标注

a）表面纹理的标注（表示纹理垂直）

b）加工余量的标注（表示余量为 3mm）

c）加工方法的标注（表示车削加工）

注意：表 4-9 中允许值的给定规则有两种：

1）16%规则（默认规则）。当参数的规定值为上限值时，如果所选参数在同一评定长度上的全部实测值中，大于图样或技术文件中规定值的个数不超过实测值总数的 16%，则该表面合格。当参数的规定值为下限值时，如果所选参数在同一评定长度上的全部实测值中，小于图样或技术文件中规定值的个数不超过实测值总数的 16%，则该表面合格。

指明参数的上、下限时，所用参数符号没有“max”标记。当只标注参数代号和参数值时，默认为参数的上限值。

在完整符号中表示双向极限时，应标注极限代号，上限值用 U 表示，下限值用 L 表示。同一参数具有双向极限要求时，在不引起歧义情况下，可以不加 U、L。

2）最大规则。检验时，若参数的规定值为最大值，则在被检表面的全部区域内测得的参数值一个也不应超过图样或技术文件中的规定值。若规定参数的最大值，应在参数符号后面加注“max”标记，例如 *Ra*max3.2。

4.4 表面结构的检测

4.4.1 检测原则

国家标准 GB/T 10610—2009 对表面结构检测程序做了详细的规定，常用的检测方法有比较法、针描法、光切法及干涉法等几种。为了方便起见，标准同时又做出了目视检查、比较检查及测量等简化程序说明。

（1）目视检查　对于表面粗糙度值与规定值相比明显地好或明显地不好，或者因为存在明显影响表面功能的缺陷，没有必要用更精确的方法来检验的工件表面，采用目视法检查。

（2）比较检查　如果目视检查不能做出判定，可采用与表面粗糙度样板（图 4-24，实物图见本书配套资源）进行比较的方法。即将零件的加工表面与表面粗糙度样板进行比较，来评定零件的表面粗糙度，但不确定表面粗糙度参数值大小的一种方法。样板上标有一定的表面粗糙度评定参数值，通常是通过视角或触摸来判断。例如，触摸时粗糙和光滑表面的感觉不同；观察时光滑的表面像镜子一样反光，而粗糙表面则反光不明显；光滑表面能很容易在相似的表面上滑动，而粗糙的表面则呈现很大的摩擦力。为使判断比较准确，选取样板的材料、表面形状和加工方法应尽可能与被测零件表面相同。

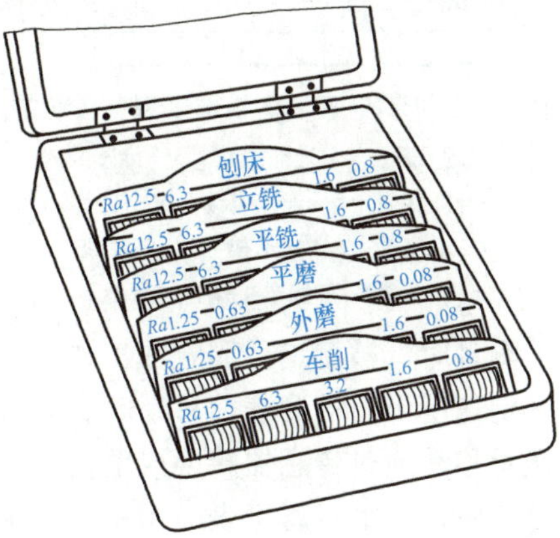

图 4-24　表面粗糙度样板

当零件批量较大时，可以从加工零件中选出样品，经过检定后作为表面粗糙度样板使用。

比较法测量简便，易操作，适用于车间现场使用，常用于评定中等或较粗糙的表面。该方法的评定不是定量的，评定结果也会因人而异。

（3）测量　如果用比较检查不能做出判定，应根据目视检查结果，在被测表面上最有可能出现极值的部位进行测量。

采用测量法进行表面粗糙度检测时，在没有指定测量方向时，工件的安放应使其测量截面方向与得到结构幅度参数（Ra、Rz）最大值的测量方向一致，该方向垂直于被测表面的加工纹理；对于无方向性的表面，如电火花加工表面，测量截面的方向可以是任意的。应在测量表面可能产生极值的部位进行测量，这可以通过目测估计。在测量表面上可能产生极值的部位分别进行多次对称测量，以获得测量结果。

为了确定表面粗糙度轮廓参数的测得值，应首先观察表面并判断表面粗糙度轮廓是周期性的还是非周期性的。若没有其他规定，应以这一判断为基础，按照国家标准 GB/T 10610 中规定的程序执行。如果采用特殊的测量程序，必须在技术文件和测量记录中加以说明。

另外，测量时注意不要把表面缺陷，如锈蚀、气孔、划痕等也测量进去。

4.4.2 常用的测量方法

（1）针描法　针描法是一种接触式测量表面粗糙度轮廓的方法，常用的仪器是电动轮廓仪，可直接测量出 Ra 值，适合测量 Ra 范围为 0.025~5μm。

图 4-25 所示为 JB-1C 型表面粗糙度测量仪结构示意图，属于接触式传感测量仪，图 4-26 所示为其测量原理框图，测量仪实物图见本书配套资源。

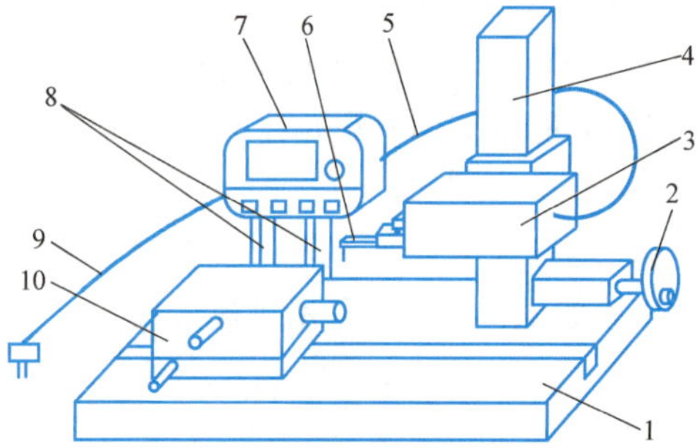

图 4-25　JB-1C 型表面粗糙度测量仪结构

1—大理石座　2—升降手轮　3—传感装置
4—升降装置　5—连接电缆　6—传感器
7—电气箱　8—支承架　9—电源线
10—可调节工作台

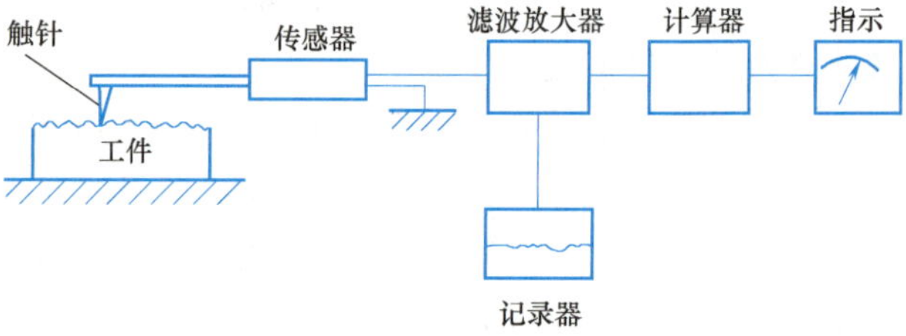

图 4-26　测量仪原理框图

测量时，被测工件固定在工作台上，仪器的金刚石触针针尖与被测表面相接触，当触针以一定速度沿着被测表面移动时，微观不平的痕迹使触针做垂直于轮廓方向的上、下运动，该微量移动通过传感器转换成电信号，再经过滤波器，将表面轮廓上属于形状误差和波度的成分滤去，留下只属于表面粗糙度的轮廓曲线信号，经放大器、计算器直接指示出 Ra 值，也可经放大器驱动记录装置，画出被测的轮廓图形。

该方法使用简单、方便、迅速，能直接读出参数值，能在车间现场使用，因此，在生产中得到较为广泛的应用。

测量时，如果电气箱工作不正常或者测量过程中因外界的干扰因素，引起仪器工作不正常，可以按复位键，使仪器复位到初始状态。在测量过程中，若取样长度选择不当，Ra 值超差，测量仪自动复位，取消此次测量，回复到测量仪的初始状态，重新测量。

（2）光切法　光切法是利用光切原理测量零件表面粗糙度轮廓的方法。采用光切原理制成的仪器称为光切显微镜，也称为双管显微镜。光切法为非接触式测量法，通常用于测量表面粗糙度轮廓幅度参数 Rz 值，测量范围一般为 2.0~63μm。

图 4-27 所示为光切显微镜的外形结构图。底座 1 上装有立柱 3，显微镜的主体通过横臂 5 和立柱 3 连接，转动升降螺母 4 将横臂 5 沿立柱上下移动，此时，显微镜进行粗调焦，并用锁紧螺钉 7 将横臂紧固在立柱上。显微镜的光学系统压在镜头架 11 内。松开工作台紧固螺钉 13，仪器的坐标工作台 12 可以做两周的转动。对于方形的工件，直接放在工作台上测量，对于圆柱形的工件，需放在工作台的 V 形架上进行测量。具体的测量步骤需按此类仪器的操作说明书进行。

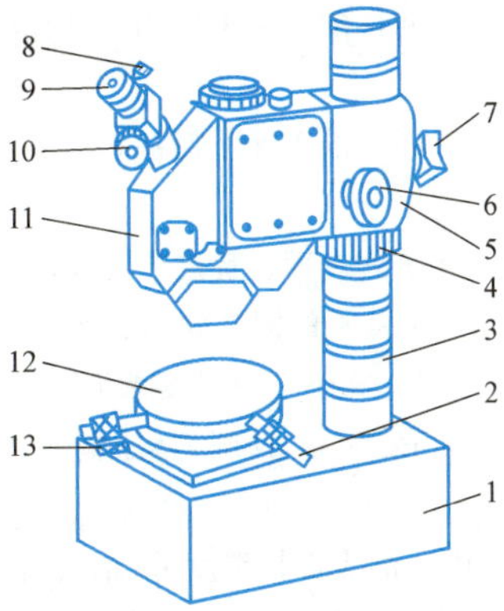

图 4-27 光切显微镜的外形结构图

1—底座 2—纵向百分尺 3—立柱 4—升降螺母 5—横臂 6—微调手轮 7—锁紧螺钉 8—紧固螺钉 9—测微目镜头 10—测微鼓轮 11—镜头架 12—坐标工作台 13—工作台紧固螺钉

（3）干涉法 干涉法是利用光波干涉原理测量表面粗糙度的方法，根据光波干涉原理制成的光学测量仪，称为干涉显微镜。干涉法属于非接触式测量法，主要用于测量表面粗糙度幅度参数 *Rz* 值，测量范围一般为 0.063~1.0μm。

常用的干涉显微镜如图 4-28 所示。测量小工件时，将工件被测表面向下放在工作台上；测量大工件时，可将仪器倒立放在工件的被测量面上进行测量。仪器备有反射率为 0.6 和 0.04 的两个参考平镜，不仅适用于测量反射率高的金属，也适用于测量反射率低的工件（如玻璃）表面等。

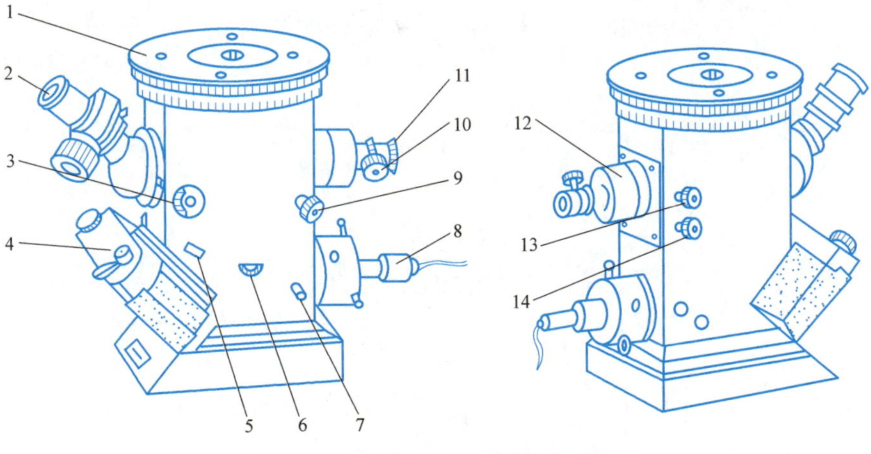

图 4-28 6JA 型干涉显微镜外形结构图

1—工作台 2—目镜 3—照相与测量选择手轮 4—照相机 5—照相机锁紧螺钉 6—孔径光阑手轮 7—光源选择手轮 8—光源 9—宽度调节手轮 10—调焦手轮 11—光程调节手轮 12—物镜套筒 13—遮光板调节手轮 14—方向调节手轮

思考题与习题

4.1 表面结构的含义是什么？对零件的使用性能有哪些影响？

4.2 试分别论述评定表面粗糙度的幅度特征参数的含义。

4.3 简述选择表面粗糙度的原则和应注意的问题。

4.4 在同样的工况下使用，试比较尺寸 ϕ60H7 和 ϕ15H7 哪个表面应选用较高的表面粗糙度参数，为什么？

4.5 在同样的工况下使用，试比较 ϕ60H6/f5 和 ϕ15H6/s5 哪个表面应选用较高的表面粗糙度参数，为什么？

4.6 将下列表面粗糙度轮廓要求标注在图 4-29 上。

(1) 直径为 ϕ 的圆柱面的表面粗糙度 Ra 的允许值为 0.8μm。

(2) 工件左端面的表面粗糙度 Ra 的允许值为 3.2μm。

(3) 直径为 ϕ 的圆柱右端面的表面粗糙度 Ra 的允许值为 6.3μm。

(4) 内孔的表面粗糙度 Ra 的允许值为 1.6μm。

(5) 螺纹工作面的表面粗糙度 Rz 的最大值为 3.2μm，最小值为 1.6μm。

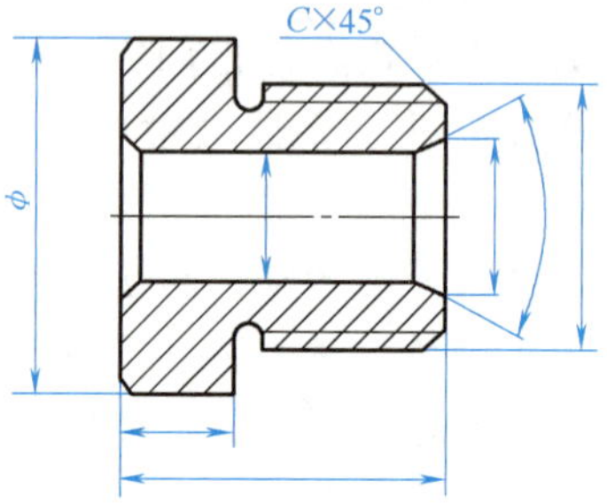

图 4-29 题 4.6 图

(6) 其余各面均采用去除材料的方法加工获得，其表面粗糙度 Ra 的允许值为 12.5μm。

4.7 图 4-30 所示为某齿轮减速器的输出轴零件图（未标注长度方向尺寸），试选择其表面粗糙度参数值，并按表面粗糙度技术标准要求标注出来。

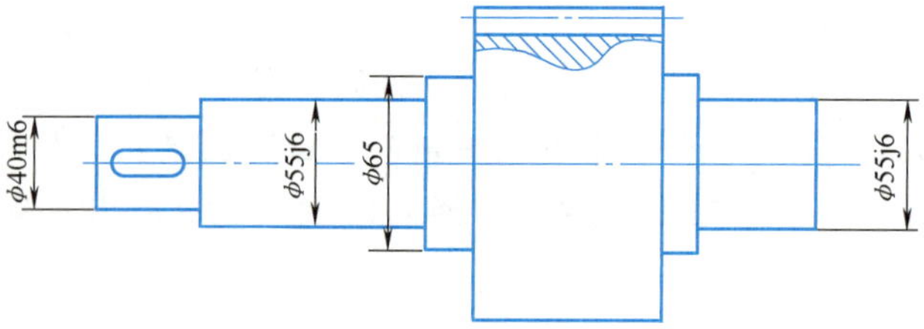

图 4-30 某齿轮减速器输出轴零件图

第5章 测量技术基础

【章节提示】

本章主要学习测量基础知识、计量器具和验收极限、测量误差及数据处理等。重点是验收极限、计量器具的选择和应用，难点是对测量误差的数据处理。

通过学习，理解正确度、精密度、精确度的含义，树立精准意识和质量意识，在学习和工作中要严谨、细心、耐心，防止因粗心大意而产生误差，造成损失和浪费。

【编写依据】

本章内容主要依据下列现行国家标准编写，但不限于以下标准。

① GB/T 3177—2009《产品几何技术规范（GPS） 光滑工件尺寸的检验》。

② GB/T 1216—2018《外径千分尺》。

③ GB/T 22093—2018《电子数显内径千分尺》。

④ GB/T 21388—2008《游标、带表和数显深度卡尺》。

5.1 测量基础

5.1.1 测量基础知识

测量就是将被测几何量 x 与作为计量单位的标准量 E 进行比较，从而获得两者比值 q 的过程。此过程可用公式表示为

$$x/E=q\text{，或 }x=Eq \tag{5-1}$$

式中 x——被测几何量；

q——比值；

E——计量单位。

机械制造业中所说的技术测量主要是指几何参数的测量，包括长度、角度、表面粗糙度和几何误差等的测量。通过测量，可判断机械零件是否符合设计和加工要求。

1. 测量过程四要素

由测量的定义可知，任何一个测量过程都必须有明确的被测对象和确定的计量单位，此外还要有与被测对象相适应的测量方法，而且测量结果还要达到所要求的测量精度。因此，一个完整的测量过程包括被测对象、计量单位、测量方法及测量精度四个要素。

（1）被测对象　技术测量中的几何量称为被测对象，包括长度、角度、几何误差、表面粗糙度、螺纹及齿轮等零件的几何参数等。

（2）计量单位　用于度量同类量值的标准量称为计量单位。我国采用的法定计量单位是：长度的单位为米（m）；角度单位为弧度（rad）。

机械制造中，常用的长度单位是毫米（mm）。在精密测量中，常用的长度单位是微米（μm），在超精密测量中，常用的长度单位是纳米（nm）。常用的角度计量单位是弧度、微弧度（μrad）和度、分、秒。常用的长度计量单位、符号及其与基本单位的关系见表 5-1。

（3）测量方法　测量方法是指测量时所采用的测量原理、计量器具和测量条件的综合，即获得测量结果的方式。实际测量中，对于同一被测量可以采用多种测量方法。

表 5-1　常用的长度计量单位、符号及其与基本单位的关系

单位名称	符号	与基本单位的关系
米	m	基本单位
毫米	mm	1mm = 0.001m
微米	μm	1μm = 0.000001m
纳米	nm	1nm = 0.000000001m
度	°	基本单位，$1° = (\pi/180)$ rad
分	′	$1' = (1/60)°$
秒	″	$1'' = (1/60)'$
弧度	rad	基本单位，$1\text{rad} = (180/\pi)°$

（4）测量精度　测量结果与被测量真值的一致程度称为测量精度。测量结果越接近真值，测量精度越高；反之，测量精度越低。

2. 基本测量原则

（1）阿贝原则　要求在测量过程中被测长度与基准长度应安置在同一直线上的原则。若被测长度与基准长度并排放置，在测量比较过程中由于制造误差的存在、移动方向的偏移，两长度之间会出现夹角而产生较大的误差。误差的大小除与两长度之间夹角大小有关外，还与两者之间的距离有关，距离越大，误差也越大。

（2）基准统一原则　即测量基准与加工基准和使用基准统一。工序测量应以工艺基准作为测量基准，终检测量应以设计基准作为测量基准。

（3）最短链原则　在间接测量中，与被测量具有函数关系的其他量与被测量形成测量链。尽可能减少测量链的数量，以保证测量精度，称为最短链原则。

以最少数目的量块组成所需尺寸的量块组，就是最短链原则的一种实际应用。

(4) 最小变形原则　测量器具与被测零件会因实际温度偏离标准温度和受力（重力和测量力）而产生变形，形成测量误差。为此，在测量过程中，应尽量做到使各种原因引起的变形为最小，这就是测量的最小变形原则。

3. 测量方法分类

广义的测量方法是指测量时所采用的测量原理、计量器具及测量条件的总和。在工程实际中，为了便于根据被测件的特点和要求选择合适的测量方法，按照获得测量结果的方式可将测量方法分为以下几种类型。

(1) 直接测量和间接测量

1) 直接测量：直接从计量器具的读数装置上得到被测量的数值。例如，用游标卡尺测量直径。

2) 间接测量：测得与被测量有函数关系的其他量，再通过函数关系式求出被测量。例如，采用弓高弦长法间接测量圆弧样板的半径 R，只要测得弓高 h 和弦长 L 的量值，然后按照有关公式进行计算，就可获得样板的半径 R 的量值。

(2) 绝对测量和相对测量

1) 绝对测量：从计量器具读数装置上直接得到被测参数的整个量值的测量方法。例如，用游标卡尺、千分尺测量轴径。

2) 相对测量：指在计量器具的读数装置上读得的是被测量相对已知标准量的偏差值。图 5-1 所示为用机械比较仪测量轴径，先用与轴径公称尺寸相等的量块（或标准件）调整比较仪的零位，然后再换上被测件，比较仪指针所指示的是被测件相对于标准件的偏差，轴径的尺寸就等于标准件的尺寸与比较仪示值的代数和。

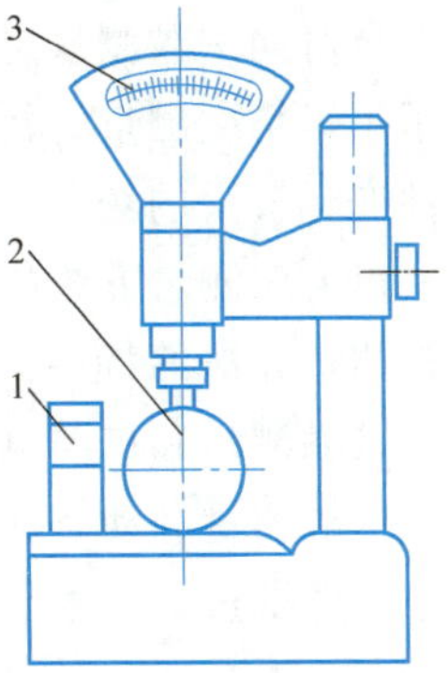

图 5-1　用机械比较仪测量轴径

1—标准件　2—被测件　3—指示表

一般来说，相对测量的测量精度比绝对测量的测量精度高。

(3) 接触测量和非接触测量

1) 接触测量：测量时，计量器具的测头与零件被测表面直接接触，并存在机械作用的测量力的测量方法。例如，用游标卡尺、千分尺测量工件。

2) 非接触测量：测量时，计量器具的测头与被测表面不直接接触、没有机械作用的测量力的测量方法。例如，用光切显微镜测量表面粗糙度。

(4) 单项测量和综合测量

1) 单项测量：指对被测件的各个被测几何量分别进行测量的测量方法。例如，用公法线千分尺测量齿轮的公法线长度偏差，用跳动检查仪测量齿轮径向跳动等。

2) 综合测量：指同时测量被测件上几个相关参数，综合地判断被测件是否合格的测量方法。例如，用齿距仪测量齿轮的齿距累积总偏差，实际上反映的是齿轮的公法线长度偏差和齿轮径向跳动两种误差的综合结果。

单项测量结果便于工艺分析，但综合测量的效率比单项测量高，综合测量适用于只要求判断合格与否而不需要得到具体测量值的场合，它反映的结果比较符合工件的实际工作情况。

（5）在线测量和离线测量

1）在线测量：在加工过程中对仍装夹在加工设备上的工件进行测量的测量方法。根据测量结果可决定是否需要继续进行加工或调整机床。

2）离线测量：在加工后对工件进行测量的测量方法。测量结果仅限于发现并剔除废品。

（6）静态测量和动态测量

1）静态测量：在测量时，被测工件表面与计量器具的测头处于相对静止状态的测量方法。例如，用千分尺测量直径。

2）动态测量：测量时，被测工件表面与计量器具的测头之间处于相对运动状态的测量方法。例如，用电动轮廓仪测量表面粗糙度。

（7）等精度测量和不等精度测量

1）等精度测量：在多次重复测量过程中，决定测量结果的各因素不改变的情况下所进行的一系列测量方法。例如，由同一个人，在计量器具、测量环境和测量方法都相同的情况下，对同一个量仔细地进行测量，可以认为每一个测量结果的可靠性和精确度都是相等的。为了简化对测量结果的处理，一般情况下采用等精度测量。

2）不等精度测量：在多次重复测量过程中，决定测量结果的各因素完全改变或部分改变情况下进行的测量。例如，用不同的测量方法，不同的计量器具，在不同的条件下，由不同人员对同一被测量进行不同次数的测量。显然，其测量结果的可靠性和精确度各不相等。由于不等精度测量的数据处理比较麻烦，因此该测量方法只用于测量过程和时间很长、测量条件变化较大的场合。

以上对测量方法的分类是从不同角度考虑的，但对一个具体的测量过程，可能同时兼有几种测量方法的特性。例如，用游标卡尺和千分尺测量轴径，同时属于直接测量、绝对测量、接触测量和单项测量等；用三坐标测量机对工件的轮廓进行测量，则同时属于直接测量、接触测量和动态测量等。因此，测量方法的选择应考虑被测对象的结构特点、精度要求、生产批量、技术条件和经济效益等。

5.1.2　长度基准及其量值传递

目前，世界各国所使用的长度单位有米制和英制两种。我国采用米制，长度基本计量单位是米。按 1983 年第 17 届国际计量大会的决议，规定米的定义为：光在真空中（1/299792458）s 时间间隔内所行进的距离。为了保证长度测量的精度，需要建立准确的量值传递系统。长度的量值传递是指“将国家计量基准所复现的计量值，通过检定（或其他方法）传递给下一等级的计量标准（器），并依次逐级传递到工作计量器具上，以保证被测量对象量值准确一致的方式”。国际计量大会推荐用激光辐射来复现它，其不确定度可达 1×10^{-9}。我国用碘吸收稳定的 0.633μm 氦氖激光辐射作为波长标准来复现“米”。

在实际应用中，不能直接使用光波作为长度基准进行测量，而是用各种计量器具进行测量。为了保证零件具有互换性，必须保证量值的统一，因而必须建立一套严密的从长度的最高基准到被测零件尺寸的传递系统，如图 5-2 所示。

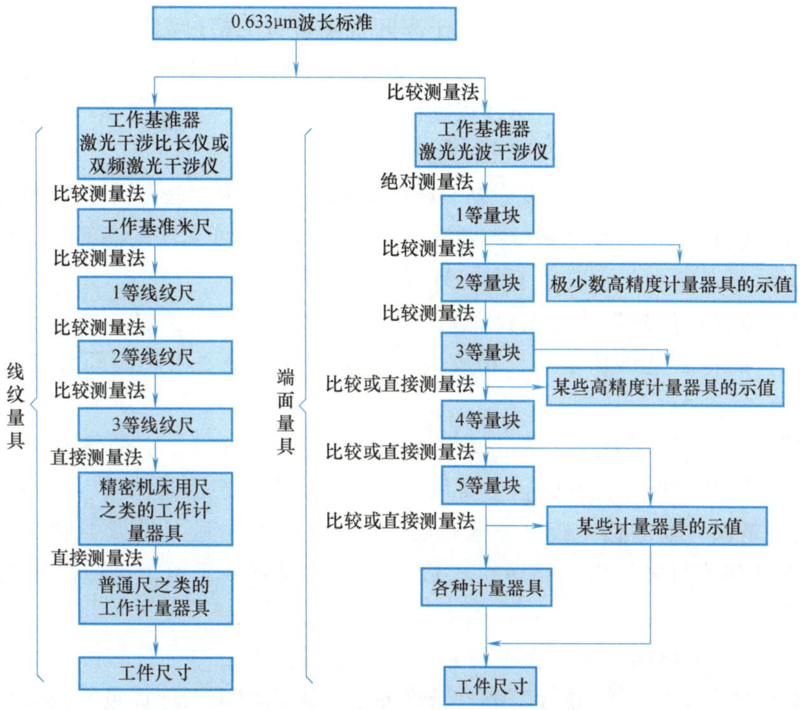

图 5-2 长度量值传递系统

5.2 计量器具与验收极限

5.2.1 计量器具的分类

测量仪器和测量工具统称为计量器具。按计量器具的原理、结构特点及用途可分为标准量具、极限量规、量仪和检验夹具。

（1）标准量具 用来校对或调整计量器具，或作为标准尺寸进行相对测量的量具称为标准量具。它可分为以下两类。

1）定值标准量具，如量块、角度块等。

2）变值标准量具，如线纹尺等。

（2）极限量规 量规是没有刻度的一种专用计量器具，用来检验工件实际尺寸和几何误差的综合结果。量规只能判断工件是否合格，不能获得被测几何量的具体数值，如光滑极限量规、螺纹量规和位置量规等。

（3）量仪 量仪是指能将被测量转换成可直接观测的示值或等效信息的计量器具。一般具有指示装置、传感元件和放大系统。新型量仪配带有计算机进行测量和数据处理。

根据所测信号的转换原理和量仪本身的结构特点，量仪可分为以下几种。

1）卡尺类量仪，如数显卡尺、数显高度尺、数显量角器和普通游标卡尺等。它的特点是结构简单，使用方便，精度低，主要用于车间现场进行低精度测量。

2）微动螺旋副类量仪，如数显千分尺、数显内径千分尺和千分尺等。以精密螺纹作为标准量，结构比较简单，原理误差小，精度比卡尺类量仪高，主要用于车间现场做一般精度测量。

3）机械类量仪，如百分表、千分表、杠杆比较仪和扭簧比较仪等。它的特点是，利用机械装置将微小位移放大，通过测量力弹簧与被测件接触，可实现动态测量，精度比螺旋副类量仪高，但示值范围小，主要用于车间现场做比较测量。

4）光学类量仪，如光学计、工具显微镜、光学分度头、测长仪、投影仪、干涉仪和激光干涉仪等。它的特点是结构复杂、精度高、技术成熟，主要用于车间计量室做较高精度测量。

5）气动类量仪，如压力式气动量仪、流量计式气动量仪等。它的特点是精度与灵敏度比较高、线性范围小、抗干扰性强，主要用于生产线上做动态测量。

6）电学类量仪，如电感比较仪、电动轮廓仪等。它的用途与机械类量仪相似，灵敏度更高，通过 A-D 转换可将被测位移转换成数字量，实现数字显示，也可以输入计算机进行复杂的数据处理。

7）机电光综合类量仪，如三坐标测量仪、齿轮测量中心等。它的特点是结构复杂，精度高，能够对形状复杂的工件进行二维、三维测量，可以用于工厂计量室做高精度测量。

（4）检验夹具　检验夹具是一种专用的检验工具，它和相应的计量器具配套使用，可以方便地检验出被测件的各项参数，如检验滚动轴承用的各种检验夹具，可同时测出轴承套圈的尺寸、径向或轴向圆跳动等。

5.2.2 计量器具的度量指标

度量指标是选择、使用和研究计量器具的依据。计量器具的基本度量指标如下。

（1）刻线间距 c　刻线间距 c 指计量器具的刻度标尺或分度盘上两相邻刻线中心之间的距离，为了便于读数，刻线间距不宜太小，一般为 1~2.5mm。

（2）分度值 i　分度值 i 指计量器具的刻度尺或分度盘上每一刻线间距所代表的量值。例如，千分尺的微分套筒上相邻两刻线所代表的量值为 0.01mm，即分度值为 0.01mm。分度值通常取 1、2、5 的倍数，如 0.01mm、0.001mm、0.002mm 和 0.005mm 等。计量器具的最小分度值均以不同形式标明在刻度尺或分度盘上，表示计量器具所能读出的被测尺寸的最小单位。如图 5-3 所示，表盘上的分度值为 1μm。对于数显式量仪，其分度值称为分辨率。一般来说，分度值越小，计量器具的精度越高。

（3）示值范围　示值范围指计量器具所显示或指示的最小值到最大值的范围。图 5-3 所示的计量器具的示值范围为±100μm。

（4）测量范围　测量范围指在允许的误差范围内，计量器具所能测出的被测量的范围。某些计量器具的测量范围和示值范围是相同的，如游标卡尺和千分尺。图 5-3 所示的计量器具的测量范围为 0~180mm。

（5）示值误差　示值误差指计量器具上的示值与被测量真值的代数差。示值误差可从说明书或检定规程中查得，也可通过实验统计确定。一般来说，示值误差越小，精度越高。

(6) 示值变动性 示值变动性指在测量条件不变的情况下，对同一被测量进行多次（一般 5~10 次）重复观察读数，其示值变化的最大差值。

(7) 灵敏度 灵敏度指计量器具对被测量变化的反应能力。若被测量变化为 ΔX，所引起的计量器具的相应变化为 ΔL，则灵敏度 S 为

$$S=\frac{\Delta L}{\Delta X} \tag{5-2}$$

当分子和分母为同一类量时，灵敏度又称放大比或放大倍数，其值为常数。放大倍数 K 可表示为

$$K=\frac{c}{i} \tag{5-3}$$

式中 c——计量器具的刻度间距；

i——计量器具的分度值。

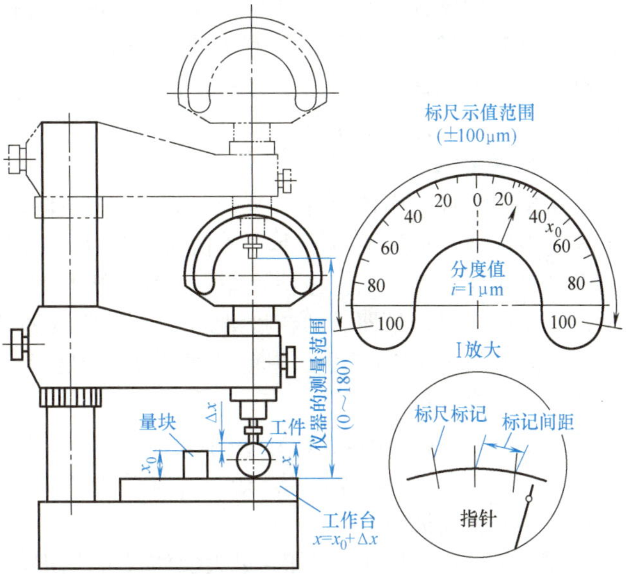

图 5-3 计量器具的示值范围与测量范围

(8) 灵敏阈（灵敏限） 灵敏阈指引起计量器具示值可察觉变化的被测量的最小变化值，它表示计量器具对被测量微小变化的敏感能力。例如，1 级百分表灵敏阈为 3μm，表明被测量只要有 3μm 的变化，百分表的示值就会有能用肉眼观察到的变化。

(9) 回程误差（滞后误差） 回程误差指在相同的测量条件下，当被测量不变时，计量器具沿正、反行程在同一点上测量结果之差的绝对值。回程误差是由计量器具中测量系统的间隙、变形和摩擦等原因引起的。

(10) 测量力 在接触测量过程中，计量器具与被测表面之间的接触力称为测量力。在接触测量中，应有一恒定的测量力，测量力不恒定会使示值不稳定。

(11) 修正值（校正值） 修正值指为了消除系统误差，用代数法加到未修正的测量结果上的值。修正值与示值误差绝对值相等而符号相反。例如，示值误差为-0.004mm，则修正值为+0.004mm。

(12) 计量器具的不确定度 计量器具的不确定度是指由于计量器具存在误差从而对被测量的真值不能肯定的程度。它是一个综合指标，包括示值误差、回程误差等，反映了计量器具精度的高低。例如，分度值为 0.01mm 的外径千分尺，在车间条件下测量一个尺寸小于 50mm 的零件时，其不确定度为±0.004mm。

5.2.3 验收极限

验收极限是判断所检验工件尺寸合格与否的尺寸界限。传统的检测方法是把图样上对尺寸所规定的上、下极限偏差（或极限尺寸），作为判断尺寸是否合格的验收极限。由于任何测量都有误差存在，因此这种方法，一方面可能将超出公差界限的废品误判为合格品予以接收，造成误收；另一方面可能将接近公差界限的合格品误判为废品而予以报废，称为误废。

因此，在国家标准 GB/T 3177—2009《产品几何技术规范（GPS） 光滑工件尺寸的检验》中，规定的验收原则是：所有验收方法应只接收位于规定的尺寸极限之内的工件，即允许有误废而不允许误收。为了这一验收原则的实现，保证零件既满足互换性要求，又将误废降到最低，国家标准规定可以按照下列两种方式之一确定验收极限。

1. 内缩式验收极限

指从规定的最大实体尺寸（MMS）和最小实体尺寸（LMS）分别向工件公差带内移动一个安全裕度 A，如图 5-4a 所示。A 值选择得大，容易保证零件质量，但生产公差减少过多，误废率相应增大，加工经济性差；A 值选择得小，加工经济性好，但为了保证较小的误收率，就要提高对计量器具的精度要求，带来器具的选择困难。因此，国家标准规定 A 值按照工件公差值的 1/10 确定，其数值见表 5-2，最后计算验收极限。

孔尺寸的验收极限：

上验收极限=最小实体尺寸（LMS）-安全裕度（A） (5-4)

下验收极限=最大实体尺寸（MMS）+安全裕度（A） (5-5)

轴尺寸的验收极限：

上验收极限=最大实体尺寸（MMS）-安全裕度（A） (5-6)

下验收极限=最小实体尺寸（LMS）+安全裕度（A） (5-7)

由于验收极限向工件的公差带内移，为了保证验收合格，在生产时不能按原来的尺寸极限加工，应由验收极限所确定的范围生产，这个范围称为生产公差。

生产公差=上验收极限-下验收极限

2. 不内缩式验收极限

采用不内缩的验收极限方式生产，验收极限等于规定的最大实体尺寸（MMS）和最小实体尺寸（LMS），即安全裕度 A 值等于零。不内缩的验收极限如图 5-4b 所示。

验收极限方式的选择要结合尺寸功能要求及其重要程度、尺寸公差等级、测量不确定度和工艺能力等因素综合考虑。具体考虑的因素如下。

1）对遵守包容要求（见第 3 章）的尺寸、公差等级高的尺寸，其验收极限按内缩式确定。

2）当工艺能力指数 $C_P \geqslant 1$ 时，其验收极限按不内缩式确定。但对遵循包容要求的尺寸，其最大实体极限一边的验收极限仍按内缩式确定。

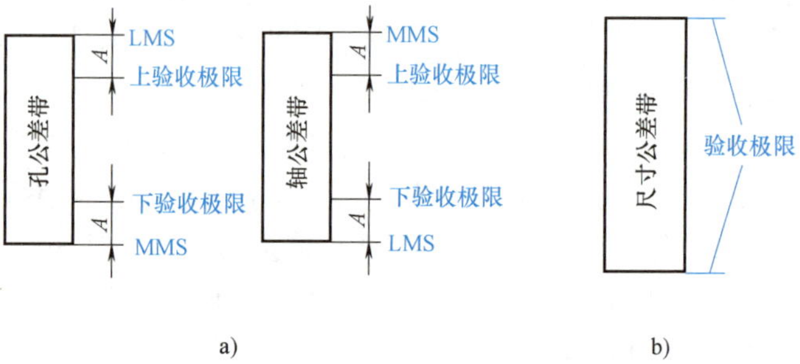

图 5-4 验收极限

a）内缩的验收极限 b）不内缩的验收极限

工艺能力指数 C_P 是工件公差值 T 与加工设备工艺能力 $c\sigma$ 之比。c 是常数，工件尺寸遵循正态分布时，$c=6$；σ 是加工设备的标准偏差，$C_P=T/6\sigma$。

3）对偏态分布的尺寸，其验收极限可以仅对尺寸偏向的一边按内缩式确定。

4）对非配合和一般公差的尺寸，其验收极限按不内缩式确定。

5.2.4 计量器具的选择原则

计量器具的选择主要取决于计量器具的技术指标和经济指标，具体要求如下。

1）选择计量器具应与被测工件的外形、位置、尺寸的大小及被测参数特性相适应，使所选计量器具的测量范围能满足工件的要求。

2）选择计量器具应考虑工件的尺寸公差，使所选计量器具的不确定度既能保证测量精度要求，又符合经济性要求。

国家标准规定：按照计量器具的测量不确定度的允许值 u_1 来选择计量器具。u_1 值见表5-2，u_1 值分为Ⅰ、Ⅱ、Ⅲ档，分别约为工件公差的1/10、1/6和1/4。对于IT6～IT11，u_1 值分为Ⅰ、Ⅱ、Ⅲ档；对于IT12～IT18，u_1 值分为Ⅰ、Ⅱ档。一般情况下，优先选用Ⅰ档，其次为Ⅱ、Ⅲ档。

表5-2 安全裕度 A 与计量器具的测量不确定度允许值 u_1（摘自GB/T 3177—2009）

（单位：μm）

公差等级		IT6					IT7					IT8					IT9				
公称尺寸/mm		T	A	u_1			T	A	u_1			T	A	u_1			T	A	u_1		
大于	至			Ⅰ	Ⅱ	Ⅲ			Ⅰ	Ⅱ	Ⅲ			Ⅰ	Ⅱ	Ⅲ			Ⅰ	Ⅱ	Ⅲ
—	3	6	0.6	0.54	0.9	1.4	10	1.0	0.9	1.5	2.3	14	1.4	1.3	2.1	3.2	25	2.5	2.3	3.8	5.6
3	6	8	0.8	0.72	1.2	1.8	12	1.2	1.1	1.8	2.7	18	1.8	1.6	2.7	4.1	30	3.0	2.7	4.5	6.8
6	10	9	0.9	0.81	1.4	2.0	15	1.5	1.4	2.3	3.4	22	2.2	2.0	3.3	5.0	36	3.6	3.3	5.4	8.1
10	18	11	1.1	1.0	1.7	2.5	18	1.8	1.7	2.7	4.1	27	2.7	2.4	4.1	6.1	43	4.3	3.9	6.5	9.7
18	30	13	1.3	1.2	2.0	2.9	21	2.1	1.9	3.2	4.7	33	3.3	3.0	5.0	7.4	52	5.2	4.7	7.8	12
30	50	16	1.6	1.4	2.4	3.6	25	2.5	2.3	3.8	5.6	39	3.9	3.5	5.9	8.8	62	6.2	5.6	9.3	14
50	80	19	1.9	1.7	2.9	4.3	30	3.0	2.7	4.5	6.8	46	4.6	4.1	6.9	10	74	7.4	6.7	11	17
80	120	22	2.2	2.0	3.3	5.0	35	3.5	3.2	5.3	7.9	54	5.4	4.9	8.1	12	87	8.7	7.8	13	20
120	180	25	2.5	2.3	3.8	5.6	40	4.0	3.6	6.0	9.0	63	6.3	5.7	9.5	14	100	10	9.0	15	23

公差等级		IT10					IT11					IT12				IT13			
公称尺寸/mm		T	A	u_1			T	A	u_1			T	A	u_1		T	A	u_1	
大于	至			Ⅰ	Ⅱ	Ⅲ			Ⅰ	Ⅱ	Ⅲ			Ⅰ	Ⅱ			Ⅰ	Ⅱ
—	3	40	4.0	3.6	6.0	9.0	60	6.0	5.4	9.0	14	100	10	9.0	15	140	14	13	21
3	6	48	4.8	4.3	7.2	11	75	7.5	6.8	11	17	120	12	11	18	180	18	16	27
6	10	58	5.8	5.2	8.7	13	90	9.0	8.1	14	20	150	15	14	23	220	22	20	33
10	18	70	7.0	6.3	11	16	110	11	10	17	25	180	18	16	27	270	27	24	41
18	30	84	8.4	7.6	13	19	130	13	12	20	29	210	21	19	32	330	33	30	50
30	50	100	10	9.0	15	23	160	16	14	24	36	250	25	23	38	390	39	35	59
50	80	120	12	11	18	27	190	19	17	29	43	300	30	27	45	460	46	41	69
80	120	140	14	13	21	32	220	22	20	33	50	350	35	32	53	540	54	49	81
120	180	160	16	15	24	36	250	25	23	38	56	400	40	36	60	630	63	57	95

在选择计量器具时，所选择的计量器具不确定度应小于或等于计量器具不确定度的允许值 u_1。表5-3为千分尺和游标卡尺的测量不确定度，表5-4为比较仪的测量不确定度。

表5-3 千分尺和游标卡尺的测量不确定度

<table>
<tr><th rowspan="2">尺寸范围/mm</th><th>分度值 0.01mm
外径千分尺</th><th>分度值 0.01mm
内径千分尺</th><th>分度值 0.02mm
游标卡尺</th><th>分度值 0.05mm
游标卡尺</th></tr>
<tr><th colspan="4">测量不确定度 u_1/mm</th></tr>
<tr><td>≤50</td><td>0.004</td><td rowspan="3">0.008</td><td rowspan="6">0.020</td><td rowspan="4">0.050</td></tr>
<tr><td>>50～100</td><td>0.005</td></tr>
<tr><td>>100～150</td><td>0.006</td></tr>
<tr><td>>150～200</td><td>0.007</td><td rowspan="3">0.013</td></tr>
<tr><td>>200～250</td><td>0.008</td><td rowspan="2">0.100</td></tr>
<tr><td>>250～300</td><td>0.009</td></tr>
</table>

注：当采用比较测量时，千分尺的测量不确定度可小于本表规定的数值。

表 5-4 比较仪的测量不确定度

<table>
<tr><th rowspan="2">尺寸范围/mm</th><th>分度值为 0.0005mm</th><th>分度值为 0.001mm</th><th>分度值为 0.002mm</th><th>分度值为 0.005mm</th></tr>
<tr><th colspan="4">测量不确定度 u_1/mm</th></tr>
<tr><td>≤25</td><td>0.0006</td><td rowspan="2">0.0010</td><td>0.0017</td><td rowspan="6">0.0030</td></tr>
<tr><td>>25~40</td><td>0.0007</td><td rowspan="3">0.0018</td></tr>
<tr><td>>40~65</td><td>0.0008</td><td rowspan="2">0.0011</td></tr>
<tr><td>>65~90</td><td>0.0008</td></tr>
<tr><td>>90~115</td><td>0.0009</td><td>0.0012</td><td rowspan="2">0.0019</td></tr>
<tr><td>>115~165</td><td>0.0010</td><td>0.0013</td></tr>
<tr><td>>165~215</td><td>0.0012</td><td>0.0014</td><td>0.0020</td><td rowspan="3">0.0035</td></tr>
<tr><td>>215~265</td><td>0.0014</td><td>0.0016</td><td>0.0021</td></tr>
<tr><td>>265~315</td><td>0.0016</td><td>0.0017</td><td>0.0022</td></tr>
</table>

注：本表规定的数值是指测量时，使用的标准器由四块 1 级（或 4 等）量块组成。

例 5-1 被测工件的尺寸为 $\phi50\text{f8}\left(^{-0.025}_{-0.064}\right)$ Ⓔ，试确定其验收极限并选择适当的计量器具。

解 （1）确定安全裕度和计量器具不确定度 根据所给工件尺寸，其尺寸公差 $T=0.039\text{mm}$，公差等级为 IT8，查表 5-2，确定安全裕度 $A=3.9\mu\text{m}$，优先选择 I 档，查表得出计量器具不确定度允许值 I 档 $u_1=3.5\mu\text{m}$。

（2）选择计量器具 按照被测工件的公称尺寸为 $\phi50\text{mm}$，从表 5-4 中选取分度值为 0.005mm 的比较仪，其不确定度 $U_1=0.0030\text{mm}=3.0\mu\text{m}$，小于 u_1，故所选的计量器具满足使用要求。

（3）确定验收极限 该工件遵循包容要求，故验收极限应按内缩式验收方式来确定。

$$上验收极限=(50-0.025-0.0039)\text{mm}=49.972\text{mm}$$

$$下验收极限=(50-0.064+0.0039)\text{mm}=49.939\text{mm}$$

5.3 测量误差及数据处理

5.3.1 测量误差及其表示方法

测量误差是指测得值与被测量真值之差。一般来说，被测量的真值是不知道的，在实际测量时，常用相对真值或在不存在系统误差情况下的多次测量的算术平均值来代表真值。测量误差可采用绝对误差和相对误差两种基本方式来表达。

（1）绝对误差 Δ 绝对误差是测量结果与被测量真值之差。若以 x 表示测量结果，x_0 表示真值，则 $\Delta=x-x_0$

由于测得值 x 可能大于或小于真值 x_0，所以测量误差 Δ 可能是正值也可能是负值。测量误差的绝对值越小，说明测得值越接近真值，测量精度越高。反之，测量精度越低。但这一结论只适用于被测量值相同的情况，而不能说明不同被测量值的测量精度。例如，用某测量长度的量仪测量 20mm 的长度，绝对误差为 0.002mm。用另一台量仪测量 250mm 的长度，绝对误差为 0.02mm。这时，很难按绝对误差的大小来判断测量精度的高低。因为后者的绝对误差虽然比前者大，但它相对于被测量的值却很小。为此，需用相对误差来评定。

（2）相对误差 ε　相对误差是绝对误差 Δ 的绝对值与被测量真值 x_0 之比，即

$$\varepsilon=\frac{|x-x_0|}{x_0}\times100\%=\frac{|\Delta|}{x_0}\times100\%\approx\frac{|\Delta|}{x}\times100\% \tag{5-8}$$

被测量的公称值相同时，可用绝对误差比较测量精度的高低；被测量公称值不同时，则用相对误差比较测量精度的高低。在测量工作中，主要用绝对误差来表示测量误差。相对误差常用来表示具有多档示值范围的仪表的测量准确度。

5.3.2　测量误差的来源

测量误差产生的原因主要有以下几个方面。

（1）计量器具误差　计量器具误差是指计量器具本身在设计、制造和使用过程中造成的各项误差。这些误差的综合反映可用计量器具的示值精度或不确定度来表示。计量器具的测量原理、结构设计和计算不严格等因素带来的误差一般都属于系统误差。

（2）测量方法误差　测量方法误差是指测量方法不完善所引起的误差。一般所说的测量方法误差多指间接测量而言。例如，接触测量中测量力引起的计量器具和零件表面变形误差，间接测量中计算公式的不精确，测量过程中工件安装定位不合理等。

（3）测量环境误差　测量环境误差是指测量时的环境条件不符合标准条件所引起的误差。测量的环境条件包括温度、湿度、气压、振动及灰尘等。其中温度对测量结果的影响最大。图样上标注的各种尺寸、公差和极限偏差都是以标准温度 20°C 为依据的。在测量时，当实际温度偏离标准温度 20°C 时，温度变化引起的测量误差为

$$\Delta L=L[\alpha_2(t_2-20)-\alpha_1(t_1-20)] \tag{5-9}$$

式中　ΔL——测量误差；

L——被测尺寸；

t_1、t_2——计量器具和被测工件的温度（℃）；

α_1、α_2——计量器具和被测工件的线膨胀系数。

（4）被测件的安装定位误差　被测件的安装定位误差是指测量时因被测件安装定位基准选择不当所造成的测量误差。为了减少安装定位误差，尽可能遵循基准统一原则，即工序检测应以工艺基准作为测量基准，终检时应以设计基准作为测量基准。

（5）人员误差　人员误差是指测量人员的主观因素所引起的误差。例如，测量人员技术不熟练、视觉偏差、估读判断错误等引起的误差。

总之，产生误差的因素很多，有些误差是不可避免的，但有些是可以避免的。因此，测量时应采取相应的措施，设法消除或减小误差对测量结果的影响，以保证测量精度。

5.3.3　测量误差的分类和特性

（1）系统误差　系统误差是指在相同条件下多次重复测量同一量时，误差的大小和符号保持不变或按一定规律变化的误差。前者称为定值系统误差，后者称为变值系统误差。例

如，千分尺的零位不正确而引起的测量误差是定值系统误差。

（2）随机误差 随机误差是指在相同条件下，多次测量同一量值时，其误差的大小和符号以不可预见的方式变化的误差。随机误差是测量过程中许多独立的、微小的、随机的因素引起的综合结果。例如，计量器具中机构的间隙、运动件间的摩擦力变化、测量力的不恒定和测量温度以及湿度的波动等引起的测量误差都属于随机误差。

在任何一次测量中，不可避免地均会产生随机误差。在同一测量条件下，重复进行的多次测量中，随机误差或大或小，或正或负，既不能用实验方法消除，也不能修正。就某一次具体测量而言，随机误差的大小和符号是没有规律的，但对同一被测量进行连续多次重复测量而得到一系列测得值（简称测量列）时，它们的随机误差的总体存在着一定的规律性。大量实验表明，随机误差呈正态分布规律，如图 5-5 所示，横坐标表示随机误差 δ，纵坐标表示测得值的概率密度 y。

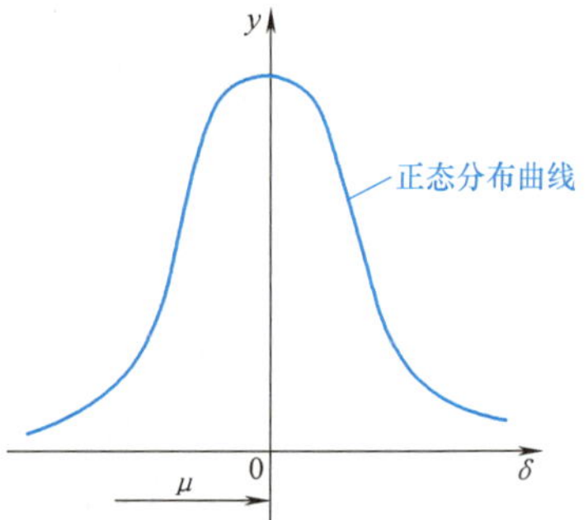

图 5-5 正态分布曲线

从图 5-5 中可以看出，随机误差具有单峰性、对称性、有界性及抵偿性 4 个分布特性。

1）单峰性，即绝对值小的随机误差比绝对值大的随机误差出现的概率大。

2）对称性，即绝对值相等的正误差与负误差出现的概率相等。

3）有界性，即在一定的测量条件下，随机误差的绝对值不会超出一定界限。

4）抵偿性，即随着测量次数的增加，随机误差的算术平均值趋于零。

（3）粗大误差 粗大误差也称过失误差，指明显超出在规定条件下预期的误差。粗大误差的产生是由于某些不正常的原因所造成的。例如，测量者的粗心大意，测量仪器和被测件的突然振动以及读数或记录错误等，由于粗大误差一般数值较大，它会显著地歪曲测量结果。

5.3.4 测量精度

测量精度是指被测量的测得值与其真值的接近程度。测量精度和测量误差从两个不同的角度说明了同一个概念。因此，可用测量误差的大小来表示精度的高低。测量精度越高，则测量误差就越小，反之，测量误差就越大。

由于在测量过程中存在系统误差和随机误差，从而引出以下的概念。

（1）正确度 正确度指在规定的条件下，被测量中所有系统误差的综合，它表示测量结果中系统误差影响的程度。系统误差小，则正确度高。

（2）精密度 精密度指在规定的测量条件下连续多次测量时，所得测量结果彼此之间符合的程度，它表示测量结果中随机误差的大小。随机误差小，则精密度高。

（3）精确度 精确度指连续多次测量所得的测得值与真值的接近程度，它表示测量结果中系统误差与随机误差综合影响的程度。系统误差和随机误差都小，则精确度高。

系统误差与随机误差的区域及其对测量结果的影响，可以打靶为例加以说明。如图 5-6 所示，圆心为靶心，图 5-6a 表现为弹着点密集但偏离靶心，说明随机误差小而系统误差大，精密度高而正确度低；图 5-6b 表示弹着点围绕靶心分布，但很分散，说明系统误差小而随机误差大，正确度高而精密度低；图 5-6c 表示弹着点既分散又偏离靶心，说明随机误差与系统误差都较大，精密度与正确度都低；图 5-6d 表示弹着点围绕靶心分布且弹着点又密集，说明系统误差与随机误差都小，精密度与正确度都高。

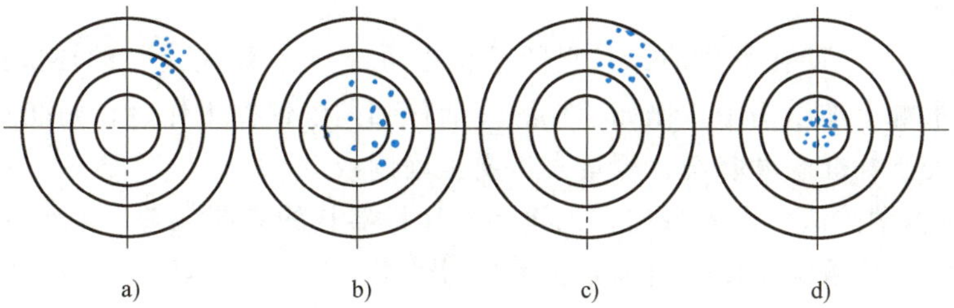

图 5-6　正确度、精密度和精确度示意图

5.3.5　测量结果的数据处理

在相同的测量条件下，对同一被测量进行多次连续测量，得到一测量列。测量列中可能同时存在随机误差、系统误差和粗大误差，因此，必须对这些误差进行处理。

1. 测量列中系统误差的发现与消除

在实际测量中，系统误差对测量结果的影响是不能忽视的。揭示系统误差出现的规律性，消除系统误差对测量结果的影响，是提高测量精度的有效措施。

（1）系统误差的发现　定值系统误差的大小和符号均不变，一般不影响测量误差的分布规律，只改变测量误差分布中心的位置。要发现某一测量条件下是否有定值系统误差存在，可用更高精度的计量器具进行检定性测量。以两者对同一量值进行测量次数相同的多次重复测量，求出其算术平均值之差，作为定值系统误差。例如，量块按标称尺寸使用时，在测量结果中就存在由于量块尺寸偏差而产生的大小和符号均不变的定值系统误差，重复测量也不能发现这一误差，只有用另一块更高等级的量块进行对比测量，才能发现它。

变值系统误差可用“残差观察法”发现，即根据系列测得值的残差（残差是各测得值与测得值的算术平均值之差），列表或作图观察其变化规律。若残差分布近似如图 5-7a 所示，可认为不存在明显的变值系统误差；若残差的数值有规律地递增或递减，如图 5-7b 所示，则存在线性系统误差；若各残差的符号有规律地周期变化，逐渐由正变负或由负变正，如图 5-7c 所示，则存在周期性系统误差；若残差按某种特定的规律变化，如图 5-7d 所示，

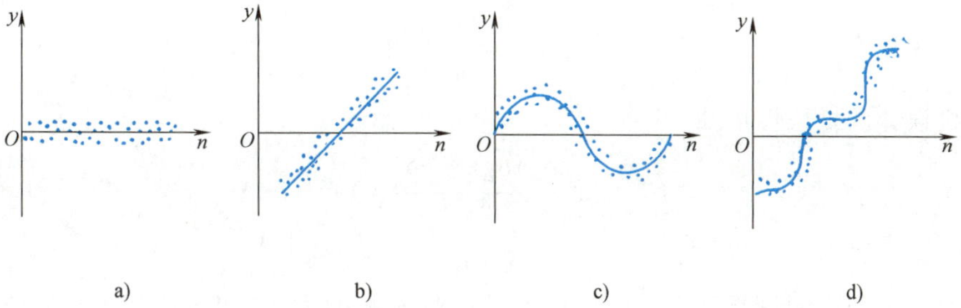

图 5-7　变值系统误差

则存在复杂变化的系统误差。

在应用残差观察法时，必须有足够多的重复测量次数，并要按各测得值的先后顺序作图，否则变化规律不明显，会影响判断的可靠性。

（2）系统误差的消除　消除系统误差的主要方法有根源消除法、加修正值消除法及两次误差抵消法等。

1）根源消除法，即在测量前，对测量过程中可能产生系统误差的环节进行仔细分析，将误差从产生根源上加以消除。例如，在测量前仔细调整仪器工作台，调准零位，测量仪器和被测工件应处于标准温度状态，测量人员要正确读数。

2）加修正值消除法，即测量前，先检定出计量器具的系统误差，取该系统误差的相反值作为修正值，用代数法将修正值加到实际测得值上，即可得到不包含该系统误差的测量结果。例如，量块的实际尺寸不等于标称尺寸，若按标称尺寸使用，就要产生系统误差，而按经过检定的量块实际尺寸使用，就可避免该系统误差的产生。

3）两次误差抵消法，即若两次测量所产生的系统误差大小相等或相近、符号相反，则取两次测量的平均值作为测量结果，即可消除系统误差。例如，在工具显微镜上测量螺纹的螺距时，对螺纹的左、右牙廓各测一次，取二者的平均值作为测得值，从而可消除螺纹零件测量时因安装不正确而引起的系统误差。

此外，消除系统误差的方法还有对称消除法、半周期消除法及反馈修正法等。

2. 测量列中随机误差的处理

为了减小随机误差对测量结果的影响，可以用概率与数理统计的方法来估算随机误差的范围和分布规律，对测量结果进行处理。数据处理的具体步骤如下。

1）计算测量列的算术平均值 $\bar{x}$。在同一条件下，对同一被测量进行多次（n 次）重复测量，得到这是一组等精度的测量数据，这些测得值的算术平均值为

$$\bar{x}=\frac{1}{n}\sum_{i=1}^{n}x_i \tag{5-10}$$

式中　n——测量次数。

测量列的误差分别为

$$\delta_1=x_1-x_0$$
$$\delta_2=x_2-x_0$$
$$\cdots$$
$$\delta_n=x_n-x_0$$

对以上各式求和，得

$$x_0=\bar{x}-\frac{1}{n}\sum_{i=1}^{n}\delta_i \tag{5-11}$$

由随机误差的抵偿性可知

$$\lim_{n\to\infty}\frac{\delta_1+\delta_2+\cdots+\delta_n}{n}=0$$

因此有
$$\bar{x}\to x_0$$

事实上，无限次测量是不可能的。在进行有限次测量时，仍可证明算术平均值最接近真值 x_0。所以，当测量列中没有系统误差和粗大误差时，一般取全部测得值的算术平均值 $\bar{x}$ 作

为测量结果。

2）计算残差 ν_i。残差 ν_i 是指各个测得值 x_i 与算术平均值 $\bar{x}$ 之差，即 $\nu_i=x_i-\bar{x}$。

在测量时，真值是未知的，因为测量次数 $n\to\infty$ 是不可能的，所以在实际应用中以算术平均值 $\bar{x}$ 代替真值 x_0，以残差 ν_i 代替 δ_i。

可以证明残差有以下两个特性。

①在一个测量列中，残差代数和恒等于零，即 $\sum_{i=1}^{n}\nu_i=0$。

②残差的平方和为最小，即 $\sum_{i=1}^{n}\nu_i^2$ 为最小。

3）计算测量列中单次测得值的标准偏差 σ。标准偏差 σ 是表示对同一被测量进行 n 次测量所得值的分散程度的参数。其计算公式为

$$\sigma=\sqrt{\frac{\sum_{i=1}^{n}(x_i-\bar{x})^2}{n-1}}=\sqrt{\frac{\sum_{i=1}^{n}\nu_i^2}{n-1}} \tag{5-12}$$

4）计算测量列算术平均值的标准偏差 $\sigma_{\bar{x}}$。根据误差理论，测量列算术平均值的标准偏差 $\sigma_{\bar{x}}$ 与测量列单次测量值的标准偏差 σ 的关系为

$$\sigma_{\bar{x}}=\frac{\sigma}{\sqrt{n}}=\sqrt{\frac{\sum_{i=1}^{n}(x_i-x)^2}{n(n-1)}} \tag{5-13}$$

式（5-13）说明，多次测量的算术平均值的标准偏差 $\sigma_{\bar{x}}$ 为单次测量值的标准偏差 σ 的 $\sqrt{n}$分之一，这说明增加测量次数 n 可以提高测量的精密度。当 σ 一定时，若 $n>10$ 后，再增加测量次数，$\sigma_{\bar{x}}$ 减少已很缓慢，对提高测量精密度效果不大，故一般取 $n=10\sim15$。

5）计算测量列算术平均值的极限误差 $\delta_{\lim(\bar{x})}$

$$\delta_{\lim(\bar{x})}=\pm3\sigma_{\bar{x}} \tag{5-14}$$

6）多次测量所得的测量结果 x_e 表达为

$$x_e=\bar{x}\pm3\sigma_{\bar{x}}=\bar{x}\pm3\frac{\sigma}{\sqrt{n}} \tag{5-15}$$

3. 测量列中粗大误差的处理

粗大误差数值较大，从而使测量结果严重失真，故应从测量数据中将其剔除。发现和剔除粗大误差的方法，通常是用重复测量或者改用另一种测量方法加以核对。对于等精度多次测量值，判断和剔除粗大误差较简便的方法是按 3σ 准则。所谓 3σ 准则是在测量列中，凡残差绝对值大于标准偏差 σ 的 3 倍，即认为该测量值具有粗大误差，应从测量列中将其剔除。

例 5-2 用立式光学计对某轴同一部位进行 12 次测量，测得的数值见表 5-5，假设已消除了定值系统误差，试求其测量结果。

解： 1）计算算术平均值

$$\bar{x}=\frac{1}{n}\sum_{i=1}^{n}x_i=\frac{1}{12}\sum_{i=1}^{12}x_i=28.787\text{mm}$$

表 5-5 测量数值计算结果

序号	测得值 x_i/mm	残差 ν_i/μm	残差的平方 ν_i^2/(μm)^2
1	28.784	−3	9
2	28.789	+2	4
3	28.789	+2	4
4	28.784	−3	9
5	28.788	+1	1
6	28.789	+2	4
7	28.786	−1	1
8	28.788	+1	1
9	28.788	+1	1
10	28.785	−2	4
11	28.788	+1	1
12	28.786	−1	1
	$\bar{x}=28.787$	$\sum_{i=1}^{12}\nu_i=0$	$\sum_{i=1}^{12}\nu_i^2=40$

2）计算残差

$$\nu_i=x_i-\bar{x}$$

同时计算出 ν_i^2 和 $\sum_{i=1}^{n}\nu_i^2$，见表 5-5。

3）判断变值系统误差。根据残差观察法判断，测量列中的残差大体上正负相当，无明显的变化规律，所以认为无变值系统误差。

4）计算标准偏差

$$\sigma\approx\sqrt{\frac{\sum_{i=1}^{12}\nu_i^2}{n-1}}=\sqrt{\frac{40}{11}}\mu\text{m}=1.9\mu\text{m}$$

5）判断粗大误差。由标准偏差求得的粗大误差的界限 $|\nu_i|>3\sigma=5.7\mu\text{m}$，故不存在粗大误差。

6）计算算术平均值的标准偏差

$$\sigma_{\bar{x}}=\frac{\sigma}{\sqrt{n}}=\frac{1.9}{\sqrt{12}}\mu\text{m}=0.55\mu\text{m}$$

算术平均值的极限偏差为

$$\delta_{\lim(\bar{x})}=\pm3\sigma_{\bar{x}}=\pm3\times0.55\mu\text{m}=\pm0.0016\text{mm}$$

7）写出测量结果

$$x_0=\bar{x}\pm\delta_{\lim(\bar{x})}=(28.787\pm0.0016)\text{mm}$$

这时的置信概率为 99.73%。

思考题与习题

5.1 何谓尺寸传递系统？建立尺寸传递系统有什么意义？

5.2 测量的实质是什么？一个完整的测量过程应包括哪些要素？

5.3 计量器具的度量指标有哪些？其含义是什么？

5.4 哪些原因会导致测量误差的产生？

5.5 试述测量误差的分类、特性及处理原则。

5.6 什么是系统误差、随机误差和粗大误差？三者有何区别？如何处理测量列中的随机误差？

5.7 用两种方法分别测量尺寸为 100mm 和 80mm 的零件，其测量绝对误差分别为 8μm 和 7μm，试问此两种测量方法哪种测量精度高？为什么？

5.8 为什么要规定验收极限？怎样确定验收极限？

5.9 检验工件尺寸为 $\phi30f8\left({}^{-0.020}_{-0.053}\right)$，选择计量器具并确定验收极限。

第6章 常用检测量具及其使用

【章节提示】

本章图片资料多，实践性强。主要学习外径千分尺、内径百分表等内外径量具及其使用，角度量具、量块、光滑极限量规及其使用，并对坐标测量机做了简单介绍。重点是检验器具的正确选择和使用，难点是对测量器具读数原理的理解。

通过学习，正确地掌握常用测量工具和检验器具的使用方法，对机械零部件的检测要有耐心，做到爱护仪器和工具，爱惜公共财产，磨炼精细化的品格，体现出良好的素养，锤炼新时代工匠精神！

【编写依据】

本章内容主要依据下列现行国家标准编写，但不限于以下标准。

① GB/T 21389—2008《游标、带表和数显卡尺》。

② GB/T 21388—2008《游标、带表和数显深度卡尺》。

③ GB/T 6093—2001《几何量技术规范（GPS） 长度标准 量块》。

④ GB/T 22521—2008《角度量块》。

⑤ GB/T 10920—2008《螺纹量规和光滑极限量规 型式与尺寸》。

⑥ GB/T 1957—2006《光滑极限量规 技术条件》。

6.1 内外径量具及其使用方法

6.1.1 游标卡尺

游标卡尺是一种应用游标原理制成的量具，可对零件的外径、内径、长度、宽度、厚度、深度和孔距等进行测量。由于其结构简单，使用方便，测量范围较大，在生产中应用较广。

1. 游标卡尺的结构

游标卡尺的种类较多，常用的有三种结构型式。

1）测量范围为0~125mm的游标卡尺，制成带有刀口形的上下量爪和带有深度尺的形式，如图6-1所示。

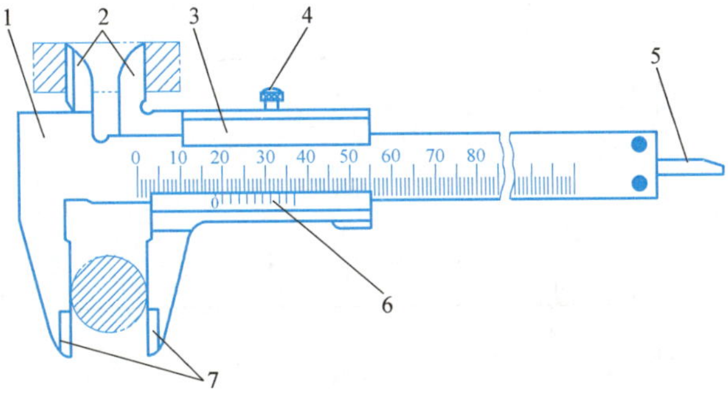

图6-1 游标卡尺的结构型式（一）

1—尺身 2—上量爪 3—尺框 4—紧固螺钉 5—深度尺 6—游标尺 7—下量爪

2）测量范围为0~200mm和0~300mm的游标卡尺，可制成带有内外测量面的下量爪和带有刀口形的上量爪的形式，如图6-2所示。

3）测量范围为0~200mm和0~300mm的游标卡尺也可制成只带有内外测量面的下量爪的形式，如图6-3所示。测量范围大于300mm的游标卡尺只制成这种仅带有下量爪的形式。

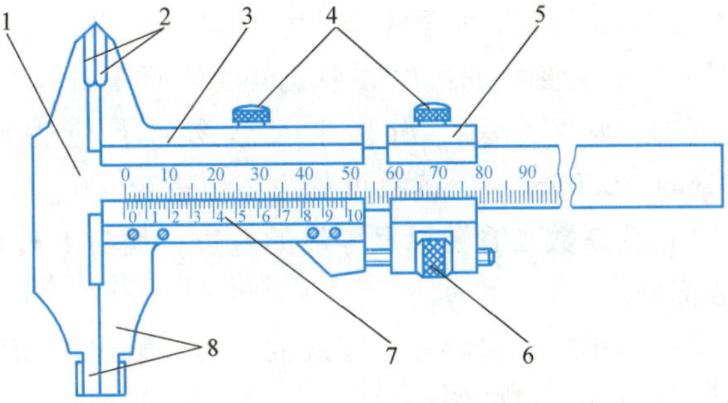

图6-2 游标卡尺的结构型式（二）

1—尺身 2—上量爪 3—尺框 4—紧固螺钉 5—微动装置
6—微动螺母 7—游标尺 8—下量爪

2. 游标卡尺的读数原理和读数方法

（1）读数原理 游标卡尺的读数机构是由尺身和游标尺（图6-2中的1和7）两部分组成的。当活动量爪与固定量爪贴合时，游标尺上的“0”刻线（游标零线）对准尺身上的“0”刻线，此时量爪间的距离为“0”，如图6-2所示。当尺框向右移动到某一位置时，固定量爪与活动量爪之间的距离就是零件的测量尺寸，如图6-1所示。此时零件尺寸的整数部分可在游标零线左边的尺身刻线上读出来，而1mm以下的小数部分可借助游标尺读数机构来读出。现以分度值为0.1mm的游标卡尺为例，介绍游标卡尺的读数方法。

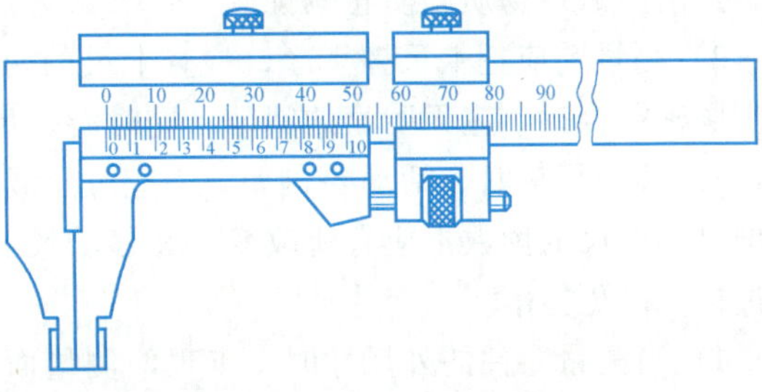

图6-3 游标卡尺的结构型式（三）

如图6-4a所示，尺身刻线间距（每格）为1mm，当游标零线与尺身零线对准（两爪合并）时，游标尺上的第10刻线正好对准尺身上的9mm刻线，而游标尺上的其他刻线都不会与尺身上任何一条刻线对准。

游标尺每格间距=9mm÷10=0.9mm。尺身每格间距与游标每格间距相差=1mm−0.9mm=

0.1mm。0.1mm 即为此游标卡尺上游标尺所读出的最小数值。

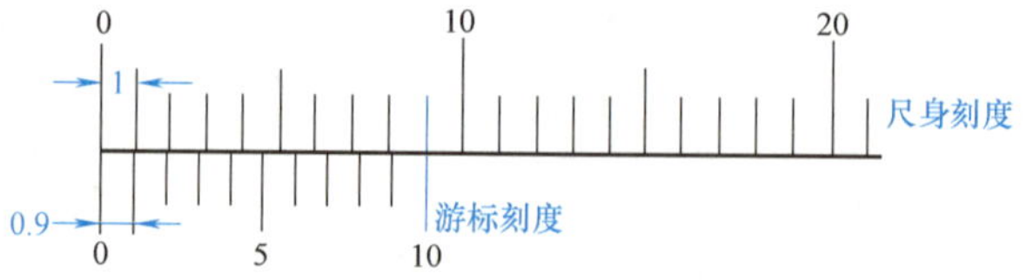

a)

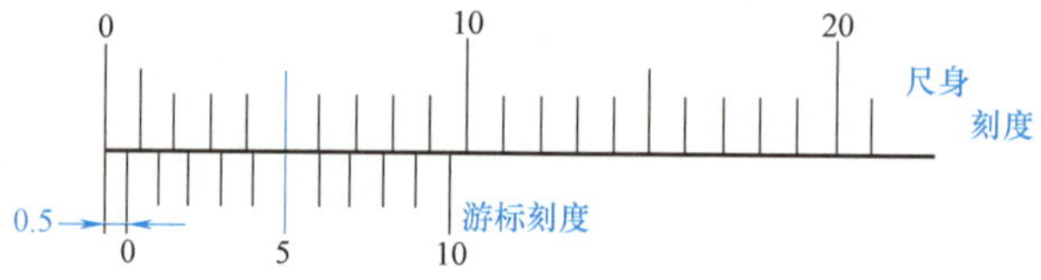

b)

图 6-4 游标卡尺读数原理

当游标尺向右移动 0.1mm 时，则游标零线后的第 1 根刻线与尺身刻线对准。当游标尺向右移动 0.2mm 时，则游标零线后的第 2 根刻线与尺身刻线对准，依次类推。若游标尺向右移动 0.5mm，如图 6-4b 所示，则游标尺上的第 5 根刻线与尺身刻线对准。游标尺向右移动不足 1mm 的距离时虽不能直接从尺身读出，但可以由游标尺的某一根刻线与尺身刻线对准时，该游标刻线的次序数乘其分度值而读出其小数值。

（2）读数方法 游标卡尺读数前，应先明确所用游标卡尺的分度值（0.1mm、0.02mm、0.05mm），读数可分为三步进行。

1）读整数。看游标尺零线的左边，尺身上最靠近的一条刻线的数值，读出被测尺寸的整数部分。

2）读小数。看游标尺零线的右边，数出游标尺第几条刻线与尺身的数值刻线对齐，读出被测尺寸的小数部分。

3）计算被测尺寸。将第一步整数部分和第二步的小数部分相加，就是所测尺寸数值。

图 6-4b 所示的尺寸为 0mm+0.1×5mm＝0.5mm。

3. 使用游标卡尺的注意事项

1）游标卡尺是比较精密的测量工具，使用时不要用来测量粗糙的物体，以免损坏量爪。避免与刃具放在一起，以免刃具划伤游标卡尺的表面。不使用时应置于干燥中性的地方，远离酸碱性物质，防止锈蚀。

2）测量前应把卡尺擦干净，检查卡尺的两个测量面和测量刃口是否平直无损，把两个量爪紧密贴合时，应无明显的间隙，同时游标尺和尺身的零位刻线要相互对准。

3）移动尺框时，活动要自如，不应过松或过紧，更不能有晃动现象。用固定螺钉固定尺框时，卡尺的读数不应有所改变。在移动尺框时，不要忘记松开固定螺钉，固定螺钉也不宜过松，以免掉落。

4）当测量零件的外尺寸时，卡尺两测量面的连线应垂直于被测量表面，不能歪斜。测量时，可以轻轻摇动卡尺，放正垂直位置。

5）用游标卡尺测量零件时，不允许过分地施加压力，所用压力应使两个量爪刚好接触零件表面。如果测量压力过大，会使量爪弯曲或磨损，并且量爪在压力作用下会产生弹性变形，使测得的尺寸不准确。

6）在游标卡尺上读数时，应握住水平卡尺，朝着亮光的方向，使人的视线尽可能和卡尺的刻线表面垂直，以免由于视线的歪斜造成读数误差。

7）为了获得正确的测量结果，可以多测量几次，即在零件的同一截面上的不同方向进行测量。对于较长零件，则应当在全长的各个部位进行测量，以获得一个比较正确的测量结果。

视频 6-1 为游标卡尺的使用，视频 6-2 为数显游标卡尺。

6-1 游标卡尺的使用

6-2 数显游标卡尺

6.1.2 外径千分尺

外径千分尺是一种应用螺旋副原理制成的量具。它是比游标卡尺更精密的长度测量仪器。

1. 外径千分尺的结构

常用的外径千分尺测量范围有 0~25mm、25~50mm 和 50~75mm 等多种规格。图 6-5 所示为量程是 0~25mm，分度值是 0.01mm 的外径千分尺。它由固定的尺架 1、测砧 2、测微螺杆 3、螺纹轴套 4、固定套筒 5、微分筒 6、测力装置 10 和锁紧装置 11 等组成。在固定套筒 5 上有一条水平线，这条线的上、下各有一列间距为 1mm 的刻度线，上面的刻度线恰好在下面两个相邻刻度线的中间。微分筒 6 上的刻度线是将圆周分为 50 等分的水平线，它可以做旋转运动。

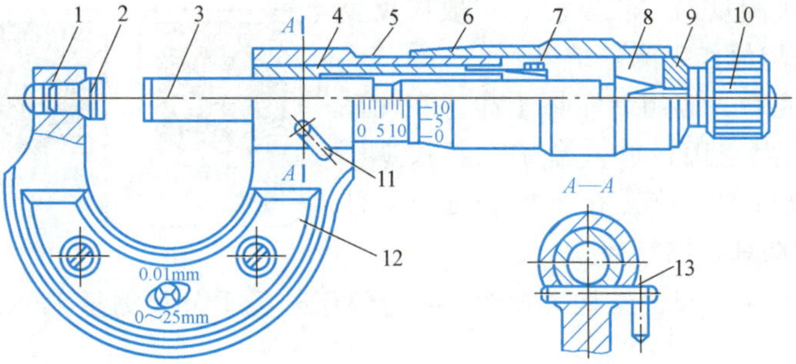

图 6-5 外径千分尺

1—尺架 2—测砧 3—测微螺杆 4—螺纹轴套 5—固定套筒 6—微分筒 7—调节螺母 8—接头 9—垫片 10—测力装置 11—锁紧装置 12—隔热装置 13—锁紧轴

2. 外径千分尺的读数原理及读数方法

（1）读数原理 根据螺旋运动原理，当微分筒 6（又称可动刻度筒）旋转一周时，测微螺杆 3 前进或后退一个螺距为 0.5mm。因此，当微分筒旋转一个分度后，它转过了 1/50 周，这时螺杆沿轴线移动了 0.5×1/50mm = 0.01mm，由此可见，使用千分尺可以准确读出 0.01mm 的数值。

（2）读数方法 外径千分尺的读数分为如下三步。

1）从固定套筒上读出整数，当微分筒边缘未盖住固定套筒上的 0.5mm 刻度时，还要读出 0.5mm。

2）从微分筒上找到与固定套筒基准线对齐的刻线，将此刻线数乘以 0.01mm 就是小于 0.5mm 的小数部分的读数。如果加上估读部分，测量值可达到千分位。

3）将第 1）步和第 2）步的读数相加，就是所测尺寸数值。

图 6-6 所示为外径千分尺的读数示例。

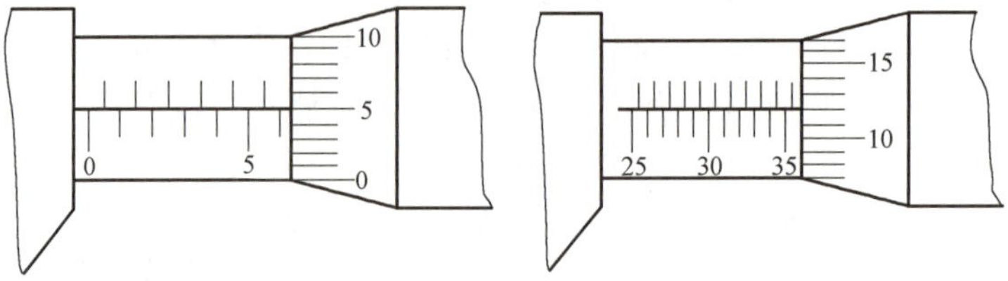

6mm+0.01mm×5=6.05mm

a)

35mm+0.5mm+0.01mm×12=35.62mm

b)

图 6-6 外径千分尺读数示例

3. 使用外径千分尺的注意事项

1）千分尺是一种精密的量具，使用时应小心谨慎，动作轻缓，不要让它受到打击和碰撞。千分尺内的螺纹非常精密，使用时要注意：①旋钮和测力装置在转动时都不能过分用力；②当转动旋钮使测微螺杆靠近待测物时，一定要改旋测力装置 10，不能转动旋钮使螺杆压在待测物上；③当测微螺杆与测砧已将待测物卡住或旋紧锁紧装置的情况下，决不能强行转动旋钮。

2）有些千分尺为了防止手温使尺架膨胀引起微小的误差，在尺架上装有隔热装置。实验时应手握隔热装置，而尽量少接触尺架的金属部分。

3）使用千分尺测量同一长度时，一般应反复测量几次，取其平均值作为测量结果。

4）千分尺用完后，应用纱布擦干净，在测砧与螺杆之间留出一点空隙，放入盒中。若长期不用可抹上润滑脂或机油，放置在干燥的地方。注意：不要让它接触腐蚀性的气体。

6-3 外径千分尺的结构

6-4 使用外径千分尺测量工件

6-5 外径千分尺的读数

视频 6-3 为外径千分尺的结构，视频 6-4 为使用外径千分尺测量工件，视频 6-5 为外径千分尺的读数。

6.1.3 内径百分表

内径百分表是将测头的直线位移变为指针的角位移的计量器具。用比较测量法完成测量，用于不同孔径的尺寸及形状误差的测量。

1. 内径百分表的结构

内径百分表由百分表和表架组成，适用于测量一般精度的深孔零件，其构造如图 6-7 所示。

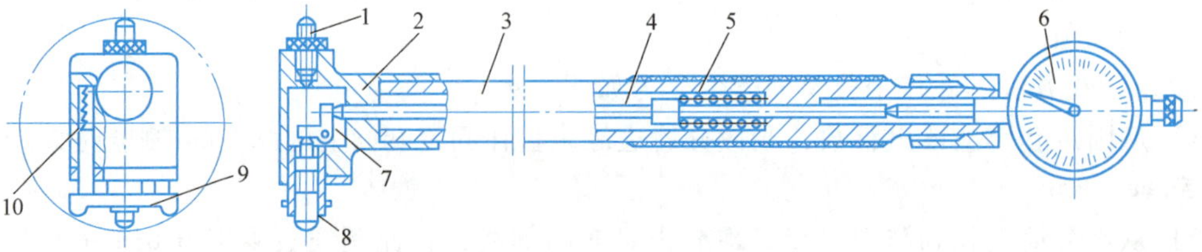

图 6-7 内径百分表

1—可换测头 2—测量套 3—测杆 4—传动杆 5，10—弹簧 6—指示表 7—等臂杠杆 8—活动测头 9—定位装置

2. 内径百分表的测量原理

工件的尺寸变化通过活动测头 8 传递给等臂杠杆 7 及传动杆 4，然后由分度值为 0.01mm 的百分表指示出来。为使内径百分表的测量轴线通过被测孔的圆心，内径百分表设有定位装置 9，以保证测量的快捷与准确。

内径百分表的活动测头移动量很小，它的测量范围是由更换或调整可换测头 1 的长度达到的。内径百分表的测量范围有以下几种：10~18mm、18~35mm、35~50mm、50~100mm、100~160mm、160~250mm、250~450mm。

用内径百分表测量孔径是一种相对测量法，测量前应根据被测孔径的大小，在千分尺或其他量具上调整好尺寸后才能使用。

3. 内径百分表的使用方法

（1）预调整

1）将百分表装入量杆内，预压缩 1mm 左右（百分表的小指针指在 1 的附近）后锁紧。

2）根据被测零件公称尺寸选择适当的可换测头装入量杆的头部，用专用扳手扳紧锁紧螺母。此时应特别注意：可换测头与活动测头之间的长度必须大于被测尺寸 0.8~1mm，以便测量时活动测头能在公称尺寸的正、负一定范围内自由运动。

（2）对零位　由于内径百分表属于相对测量法使用的器具，故在使用前必须用其他量具根据被测件的公称尺寸校对内径百分表的零位。校对零位的常用方法有以下三种。

1）用量块和量块附件校对零位。按被测零件的公称尺寸组合量块，并装夹在量块的附件中，将内径百分表的两测头放在量块附件两量脚之间，摆动量杆使百分表读数最小，此时可转动百分表的滚花环，将刻度盘的零刻线转到与百分表的长指针对齐。这种零位校对方法能保证校对零位的准确度及内径百分表的测量精度，但其操作比较麻烦，且对量块的使用环境要求较高。

2）用标准环规校对零位。按被测件的公称尺寸选择名义尺寸相同的标准环规，按标准环规的实际尺寸校对内径百分表的零位。此方法操作简便，并能保证校对零位的准确度。因校对零位需制造专用的标准环规，故此方法只适合检测生产批量较大的零件。

3）用外径千分尺校对零位。按被测零件的公称尺寸选择适当测量范围的外径千分尺，将外径千尺对在被测公称尺寸外，内径百分表的两测头放在外径千分尺两测砧之间校对零位。因受外径千分尺精度的影响，用其校对零位的准确度和稳定性均不高，从而降了内径百分表的测量精确度。但此方法易于操作和实现，在生产现场对精度要求不高的单件或小批量零件的检测，仍得到较广泛的应用。

（3）测量

1）手握内径百分表的隔热手柄，先将内径百分表的活动测头和定位装置轻轻压入被测孔径中，再将可换测头放入。当测头到达指定的测量部位时，将表轻微在轴向截面内摆动，如图 6-8 所示，读出指示表最小示值，即为该测量点孔径的实际偏差。

测量时要特别注意该实际偏差的正、负符号，即表针按顺时针方向未达到零点的示值是正值，表针按顺时针方向超过零点的示值是负值。

2）如图 6-9 所示，在孔轴向的三个截面及每个截面相互垂直的两个方向上，共测六个点，将数据记入测量报告单内，按孔的验收极限判断其合格与否。

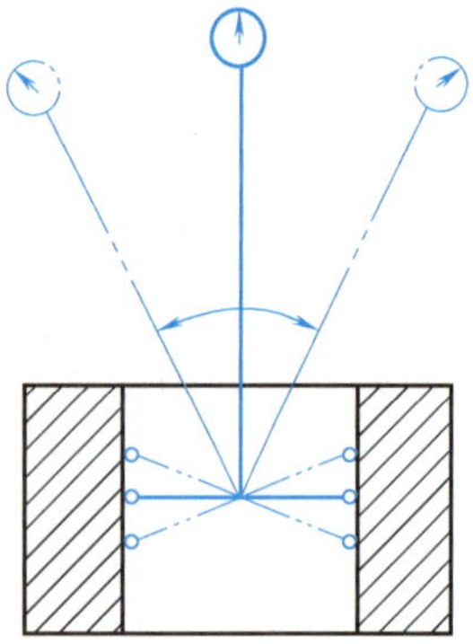

图 6-8　测量示意图

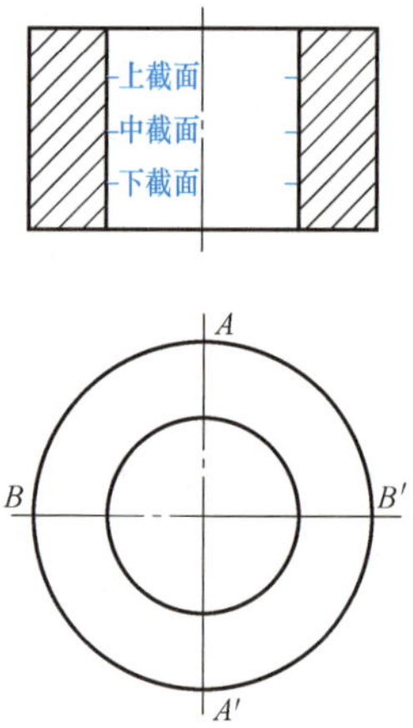

图 6-9　测量位置

6.2　角度量具及其使用方法

6.2.1　游标万能角度尺

游标万能角度尺是利用游标读数原理来直接测量精密零件内外角度或进行角度划线的一种角度量具。可扫码观看视频 6-6 的有关介绍。

6-6　游标万能角度尺的使用

1. 游标万能角度尺的结构

游标万能角度尺的结构如图 6-10 所示，由尺身 1、游标尺 2、基尺 3、压板 4、直角尺 5 和直尺 6 组成。利用基尺、直角尺和直尺的不同组合，可进行 0°～320°角度的测量。

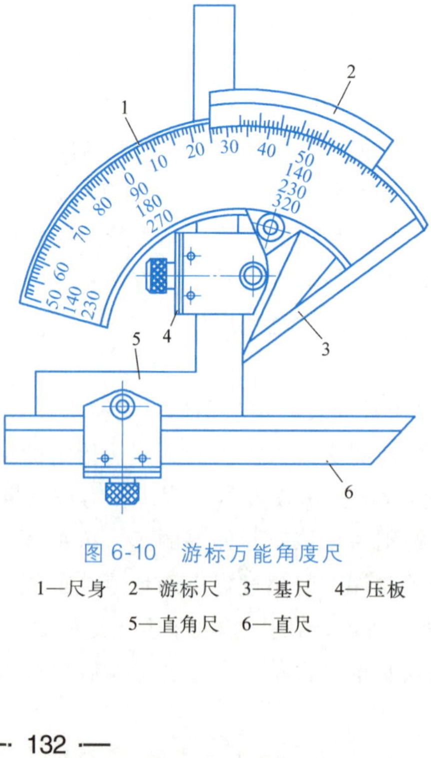

图 6-10　游标万能角度尺

1—尺身　2—游标尺　3—基尺　4—压板　5—直角尺　6—直尺

2. 游标万能角度尺的测量原理

游标万能角度尺利用活动直尺测量面相对于基尺测量面的旋转，对两测量面间分隔的角度进行测量。游标万能角度尺尺身上的刻度线每格 1°。由于游标上刻有 30 格，所占的总角度为 29°，因此，两者每格刻线的度数差是

$$1°-\frac{29°}{30}=\frac{1°}{30}=2'$$

即游标万能角度尺的分度值为 2′。

6.2.2 游标万能角度尺的使用方法

1. 读数方法

游标万能角度尺的读数方法和游标卡尺相似，即先从尺身上读出游标零刻度指示的整度数，再判断游标上的第几格的刻线与尺身上的刻线对齐，读出角度“分”的数值，然后，两者相加就是被测零件的角度数值。

2. 游标万能角度尺的测量步骤

1）根据被测角度的大小，按图 6-11 所示的四种组合方式之一选择附件后，调整好游标万能角度尺。图 6-11a 所示组合可测角度 $\alpha=0°\sim50°$，图 6-11b 所示组合可测角度 $\alpha=50°\sim140°$，图 6-11c 所示组合可测角度 $\alpha=140°\sim230°$，图 6-11d 所示组合可测角度 $\alpha=230°\sim320°$，$\beta=40°\sim130°$。

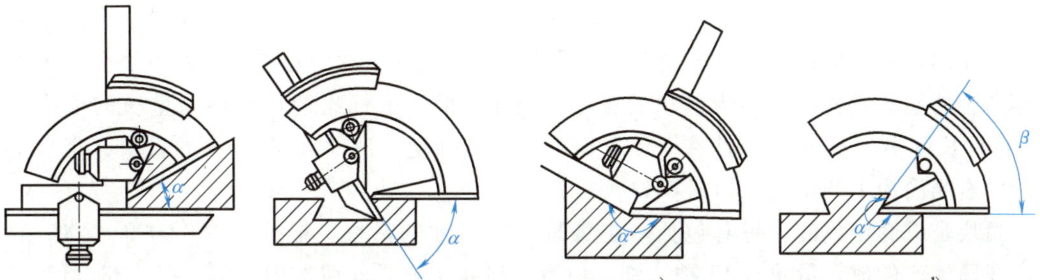

图 6-11 游标万能角度尺测量组合方式

2）松开游标万能角度尺锁紧装置，使其两测量边与被测角度贴紧，目测观察应无可见光隙，锁紧后即可读数。测量时必须注意保持游标万能角度尺与被测件之间的正确位置。

6.3 量块及其使用方法

6.3.1 量块的特征及精度

量块是没有刻度的、截面为矩形平面的平行端面量具，广泛用于计量器具的校准和鉴定，以及精密设备的调整、精密划线和精密工件的测量等。

1. 量块的特征

量块是用特殊合金钢制成的，具有线膨胀系数小、不易变形、硬度高、耐磨性好、工作表面的表面粗糙度值小以及研合性好等特点。其实物如图 6-12（或本书配套资源）所示。

图 6-12 量块实物

6-7 量块

量块通常制成正六面体，它有两个相互平行的测量面和 4 个非测量面，如图 6-13 所示。量块的测量面可以和另一个量块的测量面相研合而组合使用，也可以和具有类似表面品质的辅助表面相研合而用于长度的测量，如图 6-14 所示。可扫码观看视频 6-7 的有关介绍。

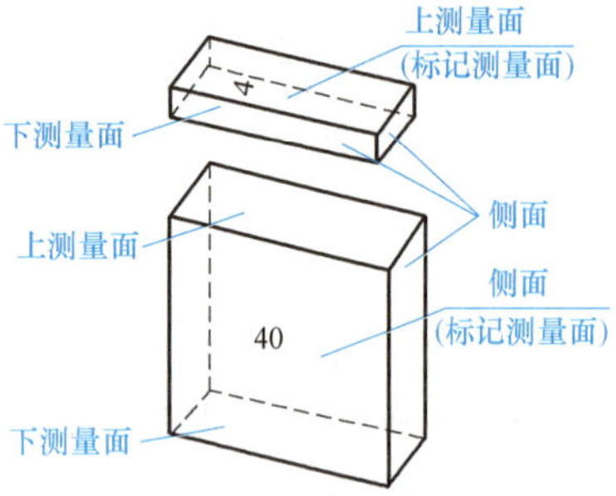

图 6-13 量块的测量面

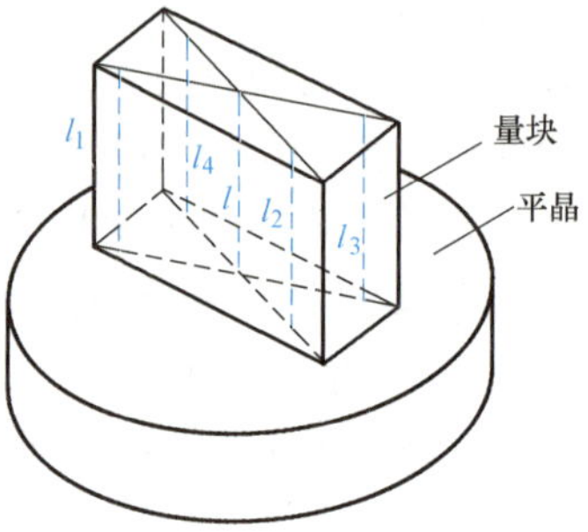

图 6-14 量块长度

从量块一个测量面上任意一点（距边缘 0.8mm 区域除外）到与此量块另一个测量面相研合的面的垂直距离称为量块长度 l_i。从量块一个测量面上的中心点到与此量块另一个测量面相研合的面的垂直距离称为量块的中心长度 L。量块上标出的尺寸称为量块的标称长度 l_n。标称长度小于 6mm 的量块在上测量面上作长度标记；尺寸大于 6mm 的量块，有数字的平面的右侧面为上测量面，如图 6-13 所示。

量块是成套制成的，每套包括一定数量不同尺寸的量块。根据 GB/T 6093—2001 的规定，我国生产的成套量块有 17 种套别，块数规格有 9 种，分别为 91、83、46、38、12、10、8、6、5。

表 6-1 列出了 83 块和 46 块成套量块的标称尺寸。

表 6-1 成套量块尺寸表（摘自 GB/T 6093—2001）

总块数	级别	尺寸系列	间隔/mm	块数	总块数	级别	尺寸系列	间隔/mm	块数
83	0,1,2	0.5 1 1.005 1.01~1.49 1.5~1.9 2.0~9.5 10~100	— — — 0.01 0.1 0.5 10	1 1 1 49 5 16 10	46	0,1,2	1 1.001~1.009 1.01~1.09 1.1~1.9 2~9 10~100	— 0.001 0.01 0.1 1 10	1 9 9 9 8 10

2. 量块的精度

（1）量块的精度按“级”划分　GB/T 6093—2001 规定量块的制造精度分为 K、0、1、2、3 五级，其中 0 级最高，精度依次降低，3 级最低。K 级为校准级，主要用于校准 0、1、2 级量块。

量块的“级”主要是根据量块长度极限偏差和量块长度变动量的允许值来划分的。量块长度变动量是指量块测量面上最大和最小长度之差。各级量块标称尺寸≤150mm 的长度极限偏差和量块长度变动量的允许值见表 6-2。

（2）量块的精度按“等”划分　量块在长时间使用和存放过程中会磨损和变形，因此，需将量块送交计量部门定期地检定其各项精度指标，并给出标明量块实际尺寸的检定证书。

表 6-2 各级量块的精度指标（摘自 GB/T 6093—2001） （单位：μm）

标称长度 l_n/mm	K 级		0 级		1 级		2 级		3 级	
	A	*B*	*A*	*B*	*A*	*B*	*A*	*B*	*A*	*B*
$l_n \leqslant 10$	0.20	0.05	0.12	0.10	0.20	0.16	0.45	0.30	1.0	0.50
$10<l_n \leqslant 25$	0.30	0.05	0.14	0.10	0.30	0.16	0.60	0.30	1.2	0.50
$25<l_n \leqslant 50$	0.40	0.06	0.20	0.10	0.40	0.18	0.80	0.30	1.6	0.55
$50<l_n \leqslant 75$	0.50	0.06	0.25	0.12	0.50	0.18	1.00	0.35	2.0	0.55
$75<l_n \leqslant 100$	0.60	0.07	0.30	0.12	0.60	0.20	1.20	0.35	2.5	0.60
$100<l_n \leqslant 150$	0.80	0.08	0.40	0.14	0.80	0.20	1.60	0.40	3.0	0.65

注：*A*—量块测量面上任意点长度相对于标称长度的极限偏差（±）。
B—量块长度变动量最大允许值。

检定后，每块量块的中心长度可得出一个能消除其定值系统误差的尺寸修正值。使用时，按量块标称值与修正值的代数相加后的实际尺寸使用，这就提高了量块的尺寸使用精度。这时量块的尺寸误差主要是检定方法误差，用测量不确定度表示。按检定方法的不同，量块又分为 1、2、3、4、5 五等，其中 1 等精度最高，精度等级依次降低。在《量块》（JJG 146—2011）中对各等量块的测量不确定度和变动量做出了详细规定。标称尺寸≤150mm 各等量块的测量不确定度和长度变动量见表 6-3。

表 6-3 各等量块的精度指标（摘自 JJG 146—2011）

标称长度 l_n/mm	1 等		2 等		3 等		4 等		5 等	
	测量不确定度	长度变动量	测量不确定度	长度变动量	测量不确定度	长度变动量	测量不确定度	长度变动量	测量不确定度	长度变动量
	最大允许值/μm									
$l_n \leqslant 10$	0.022	0.05	0.06	0.10	0.11	0.16	0.22	0.30	0.6	0.50
$10<l_n \leqslant 25$	0.025	0.05	0.07	0.10	0.12	0.16	0.25	0.30	0.6	0.50
$25<l_n \leqslant 50$	0.030	0.06	0.08	0.10	0.15	0.18	0.30	0.30	0.8	0.55
$50<l_n \leqslant 75$	0.035	0.06	0.09	0.12	0.18	0.18	0.35	0.35	0.9	0.55
$75<l_n \leqslant 100$	0.040	0.07	0.10	0.12	0.20	0.20	0.40	0.35	1.0	0.60
$100<l_n \leqslant 150$	0.050	0.08	0.12	0.14	0.25	0.20	0.50	0.40	1.2	0.65

6.3.2 量块的使用方法

量块的使用方法可分为按“级”使用和按“等”使用。按“级”使用时，以量块的标称长度为工作尺寸，不计量块的制造误差和磨损误差，它将被引入测量结果中去，因此测量精度不高，因为它不需要加修正值，所以使用方便。

量块按“等”使用时，用量块经检定后所给出的实际中心长度尺寸作为工作尺寸。例如，某一标称长度为 10mm 的量块，经检定其实际中心长度与标称长度之差为-0.005mm，则其中心长度为9.995mm。这样就消除了量块的制造误差的影响，提高了测量精度。但是，须加修正值，计算较麻烦。

量块有很好的研合性，将量块顺其测量面加压推合，就能研合在一起。利用这一特性可在一定范围内，根据需要将多个尺寸不同的量块研合成量块组，扩大了量块的应用。

在使用量块组测量时，为了减少量块的组合误差，应尽量减少量块组的量块数目，一般不超过4块。组合时，根据所需尺寸的最后一位数字选第一块量块的尺寸的尾数，逐一选取，每选一块量块至少应减去所需尺寸的一位尾数。

例如，从83块一套的量块组中选取几块量块组成尺寸57.385mm。选择步骤如下：

57.385…………… 所需尺寸

-1.005…………… 第一块量块的尺寸

56.380

-1.380…………… 第二块量块的尺寸

55.000

-5.00…………… 第三块量块的尺寸

50………………… 第四块量块的尺寸

即57.385=1.005+1.38+5+50。

量块是很精密的量具，使用时必须注意以下几点。

1）使用前，先在汽油中洗去防锈油，再用清洁的软绸擦干净。不要用棉纱头去擦量块的工作面，以免损伤量块的测量面。

2）清洗后的量块，不要直接用手去拿，应当用软绸衬起来拿。若必须用手拿量块时，应当把手洗干净，并且要拿在量块的非工作面上。

3）把量块放在工作台上时，应使量块的非工作面与台面接触。

4）不要使量块的工作面与非工作面进行推合，以免擦伤测量面。

5）量块使用后，应及时在汽油中清洗干净，用软绸揩干后，涂上防锈油，放在专用的盒子里。若经常需要使用，可在洗净后不涂防锈油，放在干燥缸内保存。绝对不允许将量块长时间地粘合在一起，以免由于金属粘结而引起不必要的损伤。

6.4 光滑极限量规及其使用方法

6.4.1 量规的作用与尺寸

光滑极限量规简称量规，是用于检验没有台阶的光滑圆柱形孔或轴的直径尺寸所用的极限量规的总称，它是一种没有刻度的定值专用检验工具。检验零件时，不能测出零件上提取组成要素的局部尺寸的具体数值，只能确定所测的局部尺寸是否在规定的两个极限尺寸范围内。

当图样上提取组成要素的尺寸公差和几何公差按独立原则给出时，一般使用通用计量器具分别测量。当图样上提取组成要素的尺寸公差和几何公差遵守包容要求时，即单一要素的孔和轴采用包容要求时，应使用量规来检验。

检验孔径的量规称为塞规，如图 6-15a 所示，检验轴径的量规称为卡规（或环规），如图 6-15b 所示。塞规和卡规（或环规）统称为量规。

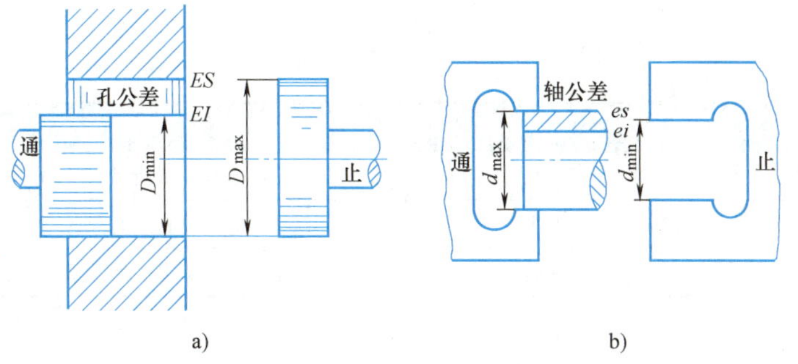

图 6-15　光滑极限量规

a）塞规　b）卡规

量规有通规和止规之分，光滑极限量规都是成对地使用。其中一个是通规（或通端），另一个是止规（或止端）。如图 6-15 所示，通规用来模拟最大实体边界，检验孔或轴的实体是否超越该理想边界。止规用来检验孔或轴的提取组成要素是否超越最小实体尺寸。

塞规的通规按被测孔的下极限尺寸 D_{min} 制造，止规按被测孔的上极限尺寸 D_{max} 制造。检验孔时，塞规的通规应通过被检验的孔，表示被测孔径大于下极限尺寸；止规应不能通过被检验的孔，表示被测孔径小于上极限尺寸，即说明孔的实际尺寸在规定的极限尺寸范围内，被检验的孔合格。

卡规的通规按被测轴的上极限尺寸 d_{max} 制造，止规按被测轴的下极限尺寸 d_{min} 制造。检验轴时，卡规的通规应通过被检验的轴，表示被测轴径小于上极限尺寸，止规应不能通过被检验的轴，表示被测轴径大于下极限尺寸，即说明轴的实际尺寸在规定的极限尺寸范围内，被检验的轴合格。

综上所述，用量规检验工件时，其合格标志是通规能通过，止规不能通过。反之，即工件不合格。

6.4.2　量规的分类与形状要求

1. 量规的分类

量规按照其用途可以分为工作量规、验收量规和校对量规。

（1）工作量规　生产过程中操作者检验工件时所使用的量规称为工作量规。通规用代号“T”表示，止规用代号“Z”表示。

（2）验收量规　检验人员或用户代表验收工件时所使用的量规称为验收量规。验收量规一般不需要另行制造。它是从磨损较多，但未超过磨损极限的工作量规中挑选出来的，验收量规的通规尺寸应接近被检孔的下极限尺寸 D_{min} 和被检轴的上极限尺寸 d_{max}；止规尺寸应接近被检孔的上极限尺寸 D_{max} 和被检轴的下极限尺寸 d_{min}。这样规定是为了减少或免除加工者和检验者之间因检验结果不一致而产生矛盾。如果检验和验收仍有争议，国家标准还规定了仲裁办法：通规尺寸等于或接近 D_{min} 和 d_{max}，止规尺寸等于或接近 D_{max} 和 d_{min}。

(3) 校对量规 检验轴用工作量规(环规或卡规)在制造时是否符合制造公差,在使用中是否已达到磨损极限的量规称为校对量规。因为孔用工作量规(塞规)便于用精密量仪测量,故国家标准未对孔用量规规定校对量规。

校对量规有三种,其名称、代号和用途等详情见表 6-4。

表 6-4 校对量规

检验对象		量规形状	量规名称	量规代号	用途	检验合格的标志
轴用工作量规	通规	塞规	校通—通	TT	防止通规制造时尺寸过小	通过
	止规		校止—通	ZT	防止止规制造时尺寸过小	通过
	通规		校通—损	TS	防止通规使用中尺寸磨损过大	不通过

2. 量规的形状要求

由于零件存在形状误差,同一零件表面各处的实际尺寸往往不同,因此,对于要求遵守包容要求的孔和轴,用量规检验时,为了正确地评定被测零件的合格性,对量规的形状设计有一定要求。

通规用来控制工件的作用尺寸,而作用尺寸即孔和轴配合时实际起作用的尺寸,它受零件的形状误差影响,通规的测量面应是与孔或轴形状相同的完整表面,与被测件应是面接触,且长度应等于配合长度,通常称为全形量规。止规用来控制工件的局部实际尺寸,而实际尺寸不应受零件的形状误差影响,因此止规的测量面应是点状的,且长度也可以短些,检验时与被检的孔或轴成两点接触,就像用卡尺测量轴径尺寸那样,通常称为不全形量规。

上述理由可以进一步用图 6-16 来说明。当被检验的孔存在形状误差时,若将止规制成全形量规,就不能发现孔的这种形状误差,而会将因形状误差超出尺寸公差带的零件误判为合格品。若将止规制成非全形量规,检验时,它与被测孔是两点接触,只需稍微转动,就可能发现这种过大的形状误差,判它为不合格品。

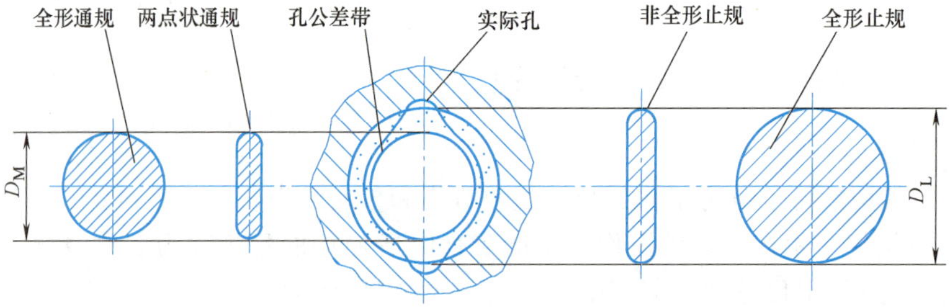

图 6-16 量规形状对检验结果的影响

在量规的实际应用中,为了使用方便,检验轴径的通规一般不用形状完全的环规,而是用卡规(符合两点测量方式)。

对于检验尺寸较大的孔用通规,如果制成全形量规非常笨重,不便使用,允许采用非全形塞规或球端杆规;对于曲轴上的中间直径,用全形的环规无法检验,只好用卡规。对于小尺寸塞规的止规,为了便于制造和提高耐磨性,止规通常制成圆柱形状的全形塞规。此外,为了使用量具厂生产的标准化了的系列量规，允许通规的长度小于配合长度。

图 6-17 所示为常见塞规的外形图，图 6-18 所示为常见环规与卡规的外形图。

视频 6-8 对光滑极限量规做了介绍。

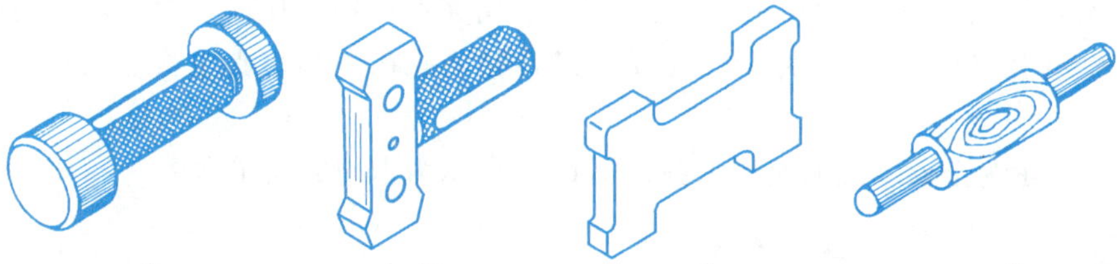

a) b) c) d)

图 6-17 常见塞规的外形图

a）全形塞规 b）不全形塞规 c）片状塞规 d）球端杆规

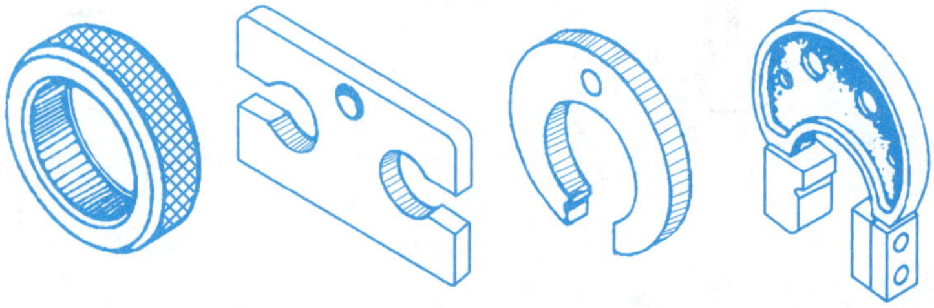

6-8 光滑极限量规

a) b) c) d)

图 6-18 常见环规与卡规的外形图

a）环规 b）片形卡规 c）锻造卡规 d）铸造卡规

6.4.3 量规的使用方法

量规的结构和使用都比较简单，但是必须注意正确使用，否则会出现差错。

1）使用前应先核对量规上标注的公称尺寸、公差等级及基本偏差代号等是否与被检件相符。了解量规是否经过定期检定及检定期限是否过期，过期者不应使用。

2）必须检查并清除量规工作面和被检验的孔、轴表面上，特别是内孔孔口上的毛刺、锈迹和铁屑以及其他污物。否则，不仅检验不准确，还会损伤量规和工件。

3）检验孔件时，用手将塞规轻轻地送入被检验孔，不得倾斜。条件允许时，可将被检验孔垂直放置，最好让塞规依靠自重滑入孔中。重量轻的塞规，可稍加压力，但不要用力硬塞，硬塞很可能使塞规卡死，拔不出来，损伤塞规和被检验孔表面，而且检验不准确。量规进入被检验孔中之后，不要在孔中回转，以免加剧磨损。检验不通孔的塞规，可在旁侧开一通气槽，以便于插入。

在使用球端杆规时，要注意不得强行推入被检验孔，以免杆规弯曲变形。

4）检验轴件时，用手扶正卡规，不要偏斜，最好让其在自重作用下滑向轴件直径位置。重量轻的卡规，可稍加压力，但不得用力过大，否则卡规两测量面向外扩张，会把直径过大超差的废品轴件误检为合格品，有时还会造成卡规硬卡在轴径上拔不下来，损伤卡规及被检验的轴件。

5）检验工件时，一定要等工件冷却后再检验，特别是加工过程中在机床上检验工件时，更要耐心等待冷却，否则，将会产生很大的热膨胀误差而造成误检。重要的检验，应将量规和被检件放在一起等温，等待两者的温度接近后再检验，最佳的温度为20℃。

量规上应尽可能安装隔热板，以供使用时用手握持。检验完毕后，随时放下量规，停用时不要长时间拿在手里。

6）量规属于精密量具，使用时要轻拿轻放。用完后应在工作面上涂一薄层防锈油，放在木盒内或专门的位置，不要将量规与其他工具混杂放在一起，要注意避免磁损、锈蚀和磁化。

图6-19所示为全形塞规的使用示例，图6-20所示为卡规的使用示例。

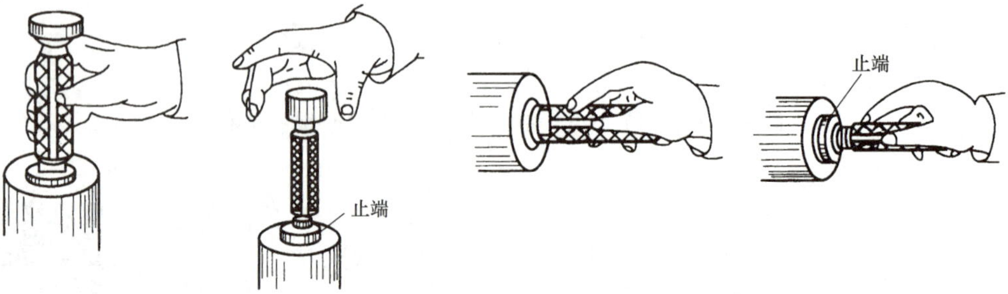

图6-19 全形塞规的使用示例

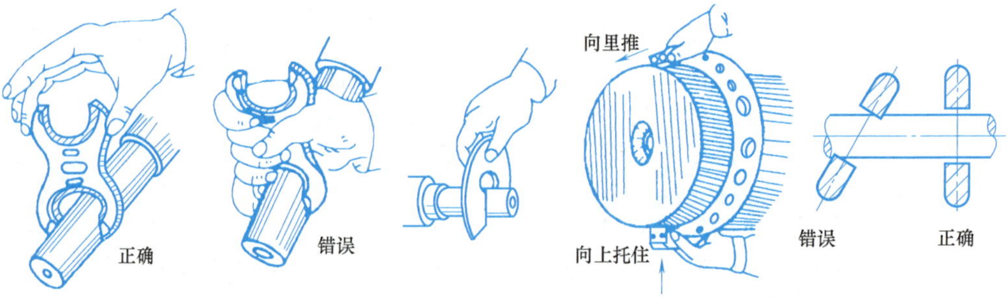

图6-20 卡规的使用示例

6.5 坐标测量机简介

6.5.1 三坐标测量机

三坐标测量机是一种能够在 X、Y 和 Z 轴三个坐标方向上进行测量的通用长度测量仪器。一般由主机（包括光栅尺）、控制系统、软件系统和测头等组成，每个坐标有各自独立的测量系统。它的基本原理是将被测零件放入其容许的测量空间，精密地测出被测零件在三个坐标方向的数值，并将所测量的数值经过计算机数据处理、拟合，形成测量元素，如圆、球、圆柱、圆锥、曲面等，经过数学运算得出形状、位置误差及其他几何量数据。

1. 三坐标测量机的分类

三坐标测量机按照操作方式的不同，可分为手动测量机、机动测量机和自动测量机三种形式。按照检测工件的尺寸范围可分为小型、中型和大型三种，小型机的 X 轴测量范围小于 600mm，中型机的 X 轴测量范围在 600~2000mm，大型机的 X 轴测量范围大于 2000mm。按照其结构形式，可分为桥式、龙门式和水平悬臂式等几种。

（1）桥式坐标测量机　桥式坐标测量机分为固定桥式和移动桥式两种。固定桥式坐标测量机的结构如图 6-21a 所示，高精度测量机通常采用这种结构。移动桥式坐标测量机使用于中等测量空间，结构如图 6-21b 所示，它有固定的工作台支承测量工件和活动桥，结构刚性好，承重能力大，但单边驱动时扭摆大，光栅偏置时误差较大。

（2）龙门式坐标测量机　如图 6-21c 所示，它的移动部分是横梁，质量小，结构刚性好，适用于大机型。缺点是立柱限制了工件装卸，单侧驱动时仍会带来较大的误差，双侧驱动方式在技术上较复杂，Y 向跨距很大。

（3）水平悬臂式坐标测量机　如图 6-21d 所示，水平悬臂式坐标测量机结构简单，敞开性好，在汽车工业领域得到广泛应用，但当滑架在悬臂上做 Y 向运动时，会使悬臂的变形发生变化，故测量精度不高。

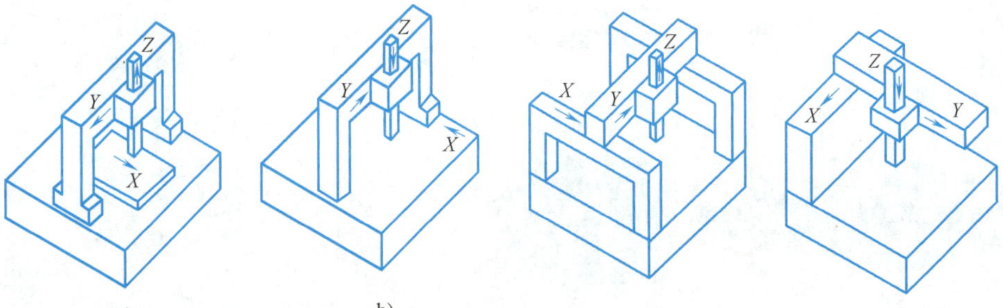

图 6-21　不同结构的坐标测量机示意图

2. 三坐标测量机的测头系统

测头是坐标测量机的关键部件，其精度很大程度上决定了测量机的测量精度。测量不同的零件时需要选择不同功能的测头。

按照触发方式分类，测头可分为触发测头（也称开关测头）和扫描测头（也称比例测头或模拟测头）。触发测头的主要任务是探测零件并发出锁存信号，实时地锁存被测表面坐标点的三维坐标值。扫描测头不仅能作为触发测头使用，还能输出与探针的偏转成比例的信号，由计算机同时读入探针偏转及三维坐标信号，以保证实时地得到被测点的三维坐标值，它更适应于曲面的测量。

按照是否与被测工件接触，测头可分为接触式测头和非接触式测头。接触式测头是需与待测表面发生实体接触的探测系统；非接触式测头则是不需与待测表面发生实体接触的探测系统，如光学探测系统、激光扫描探测系统等。

3. 三坐标测量机的应用

三坐标测量机综合应用了电子技术、计算机控制技术、光栅测量技术、精密机械以及各种先进的测头系统，能够完成复杂零件的测量，还可以与计算机设计系统、加工设备等连用，用于产品的质量控制与检验。其特点是测量精度高，可达到微米级，效率高。

现代工业向高度自动化方向发展，将 CAD/CAM 技术应用于坐标测量机的联机系统得到进一步的应用。在新产品开发、测绘、复杂型面检测、工具与夹具的测量、研制过程的中间测量、柔性制造生产线在线检测、自动化生产线的产品质量管理方面，坐标测量机使用越来越广。图 6-22a 所示为悬臂式坐标测量机在测量汽车，图 6-22b 所示为桥式坐标测量机测量机座。视频 6-9 为三坐标测量机简介。

6-9 三坐标测量机

6.5.2 关节式坐标测量机

如图 6-23 所示，关节式坐标测量机属于非正交系坐标测量系统，是一种便携式坐标测量机，对空间不同位置待测点的接触模拟人手臂的运动方式。主要由测量臂、码盘、测头等部件组成。各关节之间测量臂的长度是固定的，测量臂之间的转动角可通过光栅编码度盘实时得到，转角读数的分辨率可达±1.0″。

a)　　b)

图 6-22　三坐标测量机的应用

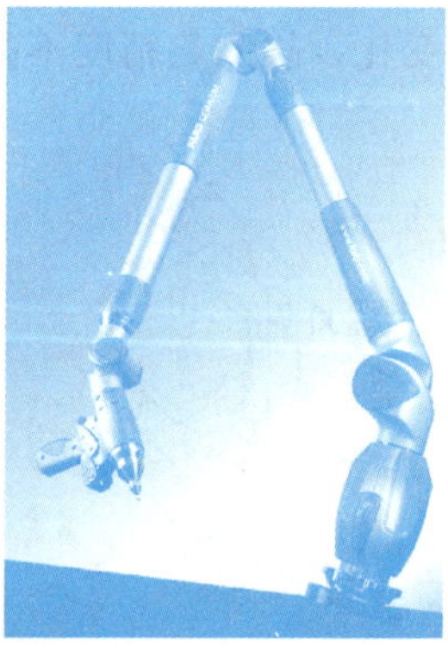

图 6-23　关节式坐标测量机

测头安置灵活，在测点通视条件较差（隐藏点）的情况下很有效，如汽车车身内点的测量等。测量范围可达到 4m，可以采用公共点坐标转换法、附加扩展测量导轨支架的方法来扩大其测量范围。

关节式坐标测量机的测量精度低于固定的坐标测量机，一般为 10μm 以上。它广泛应用于汽车制造、航空、航天、船舶、铁路、能源、石化等不同工业领域中大型零件和机械的测量。

最后，视频 6-10 提供了企业现场的检测用具。

6-10 企业现场检测用具

思考题与习题

6.1　读出图 6-24 所示的游标卡尺读数。

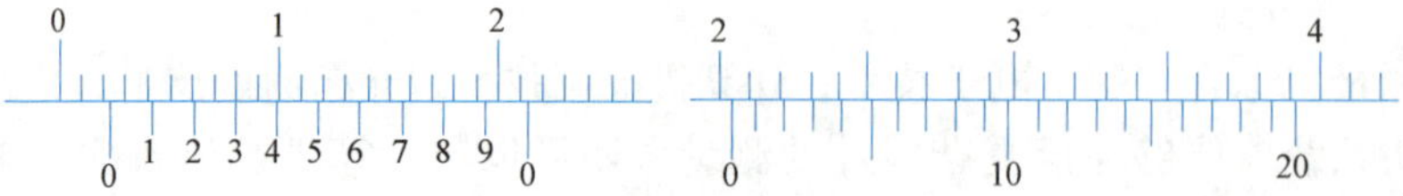

a)　　b)

图 6-24　题 6.1 图

6.2　读出图 6-25 所示的外径千分尺读数。

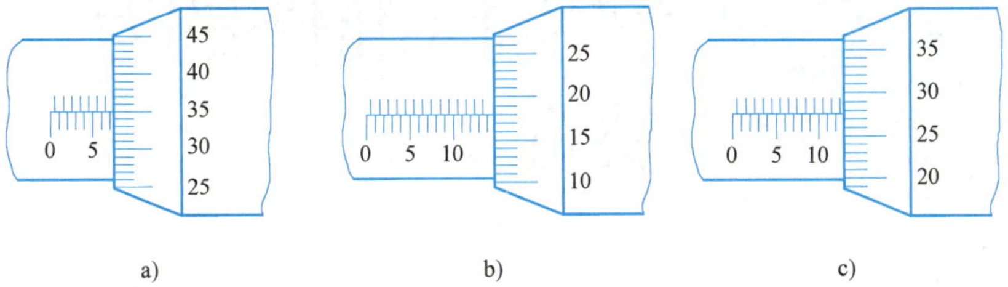

图 6-25　题 6.2 图

6.3　为什么内径百分表调整示值零位和测量孔径时都要摆动量仪，找指针所指示最小示值？

6.4　用内径百分表测量孔径属于何种测量方法？固定测头磨损对测量结果有何影响？

6.5　试述游标万能角度尺的测量范围。

6.6　量块分等、分级的依据是什么？按“级”使用和按“等”使用量块有何不同？试从 83 块一套的量块中组合下列尺寸（mm）：

（1）29.875　　（2）48.98　　（3）30.79

6.7　用游标卡尺或千分尺测量孔、轴类零件，与使用量规测量有何不同？

6.8　光滑极限量规有何特点？如何判断工件的合格性？

第7章 常用标准件的互换性

【章节提示】

本章主要学习常用标准件如滚动轴承、键及普通螺纹的互换性。重点和难点是滚动轴承、普通平键、普通螺纹与其相连接零部件的公差与配合及其选用。这既是对前面几章所学互换性精度理论知识的运用，也是宣贯常用标准件的国家标准。

通过学习应体会到：一个滚珠的力量是微弱的，但是它们联合起来就形成凝聚力，跟随指令团结有序地运转、协调一致地工作。做人亦如此，应具有轴承的协作与刚强精神，键的正直与力量，还要有肯钻的螺丝钉精神。

【编写依据】

本章内容主要依据下列现行国家标准编写，但不限于以下标准。

① GB/T 307.3—2017《滚动轴承　通用技术规则》。

② GB/T 275—2015《滚动轴承　配合》。

③ GB/T 1095—2003《平键　键槽的剖面尺寸》。

④ GB/T 1144—2001《矩形花键尺寸、公差和检验》。

⑤ GB/T 197—2018《普通螺纹　公差》。

⑥ GB/T 15756—2008《普通螺纹　极限尺寸》。

⑦ GB/T 3934—2003《普通螺纹量规　技术条件》。

7.1 滚动轴承的互换性

滚动轴承工作时，要求旋转精度高、运转平稳、噪声小。为了保证其工作性能良好，除了轴承本身的制造精度外，还要正确地选择轴径、轴承座孔与轴承内外圈之间的配合，轴径和轴承座孔的尺寸精度，几何公差和表面粗糙度值等。

视频 7-1 为滚动轴承精度及应用简单介绍。

7-1　滚动轴承精度及应用

7.1.1 滚动轴承的精度及应用

滚动轴承的精度按尺寸公差和旋转精度分级。尺寸公差是指成套轴承的内、外径和宽度的尺寸公差；旋转精度主要是指轴承内、外圈的径向跳动，端面对滚道的跳动以及端面对内孔的跳动。

国家标准 GB/T 307.3—2017 规定，向心轴承（圆锥滚子轴承除外）分为普通级、6、5、4、2 五级，精度等级依次增高，圆锥滚子轴承精度分为普通级、6X、5、4、2 五级，推力轴承分为普通级、6、5 和 4 四级。

滚动轴承精度等级的应用情况如下。

1）普通级——应用广泛，主要用于低、中速及旋转精度要求不高的一般机构。例如，普通机床变速箱及进给箱的轴承，汽车、拖拉机变速器的轴承；普通电动机、水泵、压缩机等旋转机构中的轴承。

2）6 级——用于转速较高、旋转精度要求较高的机构。例如，普通机床的主轴后轴承，精密机床变速箱的轴承等。

3）5 级、4 级——用于高速以及旋转精度要求高的机构。例如，精密机床的主轴轴承，精密仪器仪表的主要轴承等。

4）2 级——用于转速很高、旋转精度要求也很高的机构。例如，齿轮磨床、精密坐标镗床的主轴轴承，高精度仪器仪表的主要轴承等。

7.1.2 滚动轴承内、外径公差带及其特点

滚动轴承的内圈和外圈都是薄壁零件，在制造和使用时容易引起变形，但当轴承内圈与轴、外圈与轴承座孔装配后，这种少量的变形会得到一定程度的矫正。因此，国家标准对轴承内、外径分别规定了两种尺寸公差及其尺寸的变动量，用以控制配合性质和限制自由状态下的变形量。

对配合性质影响最大的是单一平面平均内、外径偏差 Δd_{mp} 和 ΔD_{mp}，即轴承套圈任意横截面内测得的最大直径与最小直径的平均值 $d_m(D_m)$ 与公称直径 $d(D)$ 之差，必须在极限偏差范围内，因为平均直径是配合时起作用的尺寸。

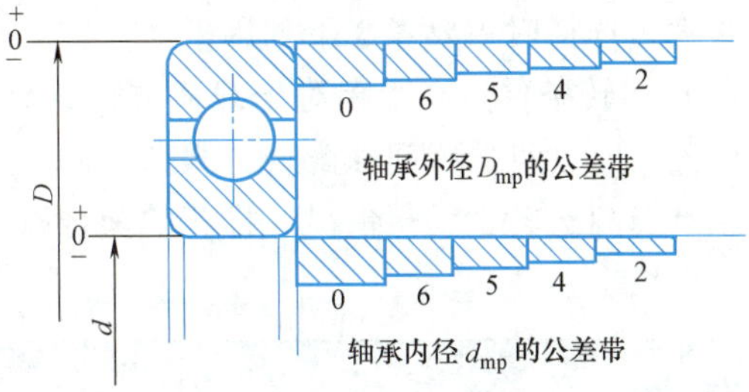

图 7-1 轴承单一平面平均内、外径的公差带

滚动轴承是标准件，为了保证其互换性，轴承内圈与轴采用基孔制配合，外圈与轴承座孔采用基轴制配合，如图 7-1 所示。标准中规定的轴承外圈单一平面平均直径 D_{mp} 公差带的上极限偏差为零，这与一般基轴制相同。而单一平面平均内径 d_{mp} 公差带的上极限偏差也为零，这和一般基孔制的规定不同。主要原因是考虑轴承配合的特殊需要，因为在多数情况下，轴承内圈随着轴一起转动，二者之间配合必须有一定过盈，但过盈量又不宜过大，以保证拆卸方便。d_{mp} 的公差带在公称尺寸线下方，当其与 k、m、n 等轴配合时，将获得比一般过盈配合规定的过盈量稍大的过盈配合；当其与 g、h 等轴配合时，不再是间隙配合，成为过渡配合。

7.1.3 滚动轴承与轴和轴承座孔的配合要求

1. 轴和轴承座孔的公差带

国家标准 GB/T 275—2015《滚动轴承配合》对与普通级轴承配合的轴颈规定了 17 种公差带，对轴承座孔规定了 16 种公差带，如图 7-2 所示。

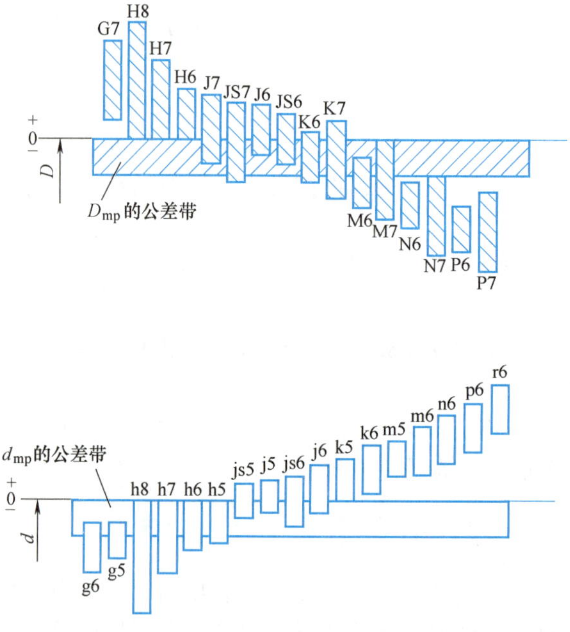

图 7-2 普通级轴承与轴及轴承座孔的配合常用公差带

2. 配合的选用

正确选择轴承的配合，对保证机器正常运转、提高轴承使用寿命、充分发挥其承载能力关系很大，选择时主要考虑下列因素。

（1）运转条件　套圈相对于载荷方向旋转或摆动时，应选择过盈配合；套圈相对于载荷方向固定时，可选择间隙配合；载荷方向难以确定时，宜选择过盈配合。

轴承套圈运转、承载情况、推荐的配合以及典型示例见表 7-1。

表 7-1 轴承套圈运转、承载情况、推荐的配合以及典型示例

套圈运转情况	典型示例	示意图	套圈承载情况	推荐的配合
内圈旋转 外圈静止 载荷方向恒定	传动带驱动轴	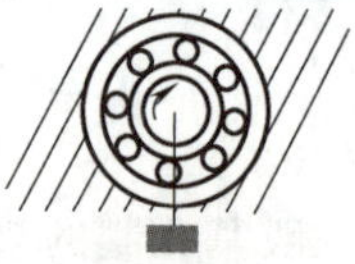	内圈承受旋转载荷 外圈承受静止载荷	内圈过盈配合 外圈间隙配合
内圈静止 外圈旋转 载荷方向恒定	传送带托辊、汽车轮毂轴承	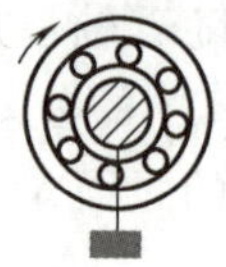	内圈承受静止载荷 外圈承受旋转载荷	内圈间隙配合 外圈过盈配合

（续）

套圈运转情况	典型示例	示意图	套圈承载情况	推荐的配合
内圈旋转 外圈静止 载荷随内圈旋转	离心机、振动筛、振动机械	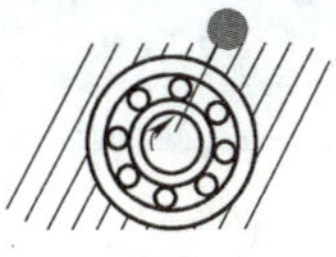	内圈承受静止载荷 外圈承受旋转载荷	内圈间隙配合 外圈过盈配合
内圈静止 外圈旋转 载荷随外圈旋转	回转式破碎机	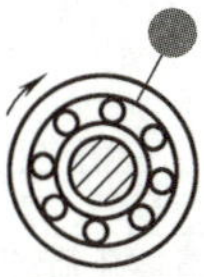	内圈承受旋转载荷 外圈承受静止载荷	内圈过盈配合 外圈间隙配合

（2）载荷大小　轴承所承受的载荷越大，选择的配合过盈量应越大。对于向心轴承，载荷的大小可用径向当量动载荷 P_r 与径向额定动载荷 C_r 的比值区分，国家标准规定 $P_r/C_r \leqslant 0.06C_r$ 时为轻载荷，$0.06<\frac{P_r}{C_r}\leqslant 0.12$ 时为正常载荷，$P_r/C_r>0.12$ 时为重载荷。额定动载荷 C_r 可从轴承手册中查到，P_r 的计算在其他课程中已作详细介绍。

轴承在重载荷和冲击载荷作用下，套圈容易产生变形，使配合面受力不均匀，引起配合松动，因此，载荷越大，过盈量应选得越大。承受冲击载荷应比承受平稳载荷选用较紧的配合。

（3）其他因素　轴承旋转时，由于摩擦发热和散热条件不同等原因，轴承套圈的温度往往高于与其相配零件的温度，造成内圈与轴的配合可能松动，外圈与轴承座孔的配合可能变紧，所以在选择配合时，必须考虑轴承工作温度的影响。

为了考虑轴承安装与拆卸的方便，宜采用间隙配合。对于既要求装拆方便，又需紧配合时，可采用分离轴承，或采用内圈带锥孔、带紧定套和退卸套的轴承。

选用轴承配合时，还应考虑旋转精度、旋转速度、轴和轴承座孔的结构与材料等因素。

总之，影响滚动轴承配合选用的因素较多，通常难以用计算法确定，在实际生产中常用类比法。表 7-2 给出了向心轴承和轴配合的轴的公差带，表 7-3 给出了向心轴承和轴承座孔配合的孔的公差带，供选用参考。

表 7-2　向心轴承和轴配合的轴的公差带（GB/T 275—2015）

圆柱孔轴承						
运转状态		载荷状态	深沟球轴承、调心球轴承和角接触球轴承	圆柱滚子轴承和圆锥滚子轴承	调心滚子轴承	公差带
说明	举例		轴承公称内径/mm			
内圈承受旋转载荷或方向不定载荷	输送机、轻载齿轮箱	轻载荷	≤18 >18～100 >100～200 —	— ≤40 >40～140 >140～200	— ≤40 >40～100 >100～200	h5 j6① k6① m6①
	一般通用机械、电动机、机床主轴、泵、内燃机、正齿轮传动装置	正常载荷	≤18 18～100 >100～140 >140～200 >200～280 — —	— ≤40 >40～100 >100～140 >140～200 >200～400 —	— ≤40 >40～65 >65～100 >100～140 >140～280 >280～500	j5，js5 k5② m5② m6 n6 p6 r6
	铁路机车车辆轴箱、牵引电动机、破碎机等	重载荷		>50～140 >140～200 >200 —	>50～100 >100～140 >140～200 >200	n6③ p6③ r6③ r7③

（续）

圆柱孔轴承						
运转状态		载荷状态	深沟球轴承、调心球轴承和角接触球轴承	圆柱滚子轴承和圆锥滚子轴承	调心滚子轴承	公差带
说明	举例		轴承公称内径/mm			
内圈承受固定载荷	内圈需在轴向易移动，如非旋转轴上的各种轮子	所有载荷	所有尺寸			f6 g6
	内圈不需在轴向易移动，如张紧轮、绳轮					h6 j6
仅有轴向载荷			所有尺寸			j6,js6
圆锥孔轴承						
所有载荷	铁路机车车辆轴箱		装在推卸套上的所有尺寸			h8(IT6)[④⑤]
	一般机械传动		装在紧定套上的所有尺寸			h9(IT7)[④⑤]

注：① 凡对精度有较高要求的场合，应用 j5、k5、m5 代替 j6、k6、m6。
② 圆锥滚子轴承、角接触球轴承配合对游隙影响不大，可以用 k6、m6 代替 k5、k6。
③ 重载荷下轴承游隙应选大于基本组的滚子轴承。
④ 凡有较高精度或转速要求的场合，应选用 h7（IT5）代替 h8（IT6）等。
⑤ IT6、IT7 代表圆柱度公差数值。

表 7-3 向心轴承和轴承座孔配合的公差带（GB/T 275—2015）

载荷情况		举例	其他状况	公差带[①]	
				球轴承	滚子轴承
外圈承受固定载荷	轻、正常、重	一般机械、铁路机车车辆轴箱	轴向易移动，可采用剖分式轴承座	H7,G7[②]	
	冲击		轴向能移动，可采用整体或剖分式轴承座	J7,JS7	
方向不定载荷	轻、正常	电动机、泵、曲轴主轴承			
	正常、重		轴向不移动，采用整体式轴承座	K7	
	重、冲击	牵引电动机		M7	
外圈承受旋转载荷	轻	传动带张紧轮		J7	K7
	正常	轮毂轴承		M7	N7
	重			—	N7,P7

注：① 并列公差带随尺寸的增大从左至右选择。对旋转精度有较高要求时，可相应提高一个公差等级。
② 不适用于剖分式轴承座。

在装配图上标注轴承与轴、轴承与轴承座孔的配合时，只需标注轴径和轴承座孔的公差带代号，如图 7-3 所示，只注出轴承座孔尺寸 ϕ100J7 和轴径尺寸 ϕ55k6 的公差带代号。

3. 几何公差及表面要求

国家标准规定了与轴承相配合的轴和轴承座孔的几何公差，轴颈和轴承座孔配合面的表面粗糙度要求等，见表 7-4、表 7-5，供参考选用。

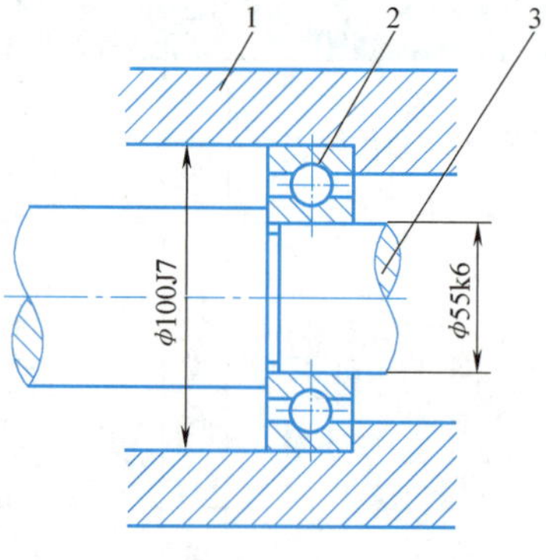

图 7-3 轴承在装配图上的标注

1—轴承座 2—轴承 3—轴

表 7-4 轴和轴承座孔的几何公差（摘自 GB/T 275—2015）

公称尺寸/mm		圆柱度 t				轴向圆跳动 t_1			
		轴颈		轴承座孔		轴肩		轴承座孔肩	
		轴承公差等级							
		普通级	6(6X)	普通级	6(6X)	普通级	6(6X)	普通级	6(6X)
>	≤	公差值/μm							
—	6	2.5	1.5	4	2.5	5	3	8	5
6	10	2.5	1.5	4	2.5	6	4	10	6
10	18	3	2	5	3	8	5	12	8
18	30	4	2.5	6	4	10	6	15	10
30	50	4	2.5	7	4	12	8	20	12
50	80	5	3	8	5	15	10	25	15
80	120	7	4	10	7	15	10	25	15
120	180	8	5	12	8	20	12	30	20
180	250	10	7	14	10	20	12	30	20
250	315	12	8	16	12	25	15	40	25
315	400	13	9	18	13	25	15	40	25
400	500	15	10	20	15	25	15	40	25

表 7-5 配合表面及端面的表面粗糙度（GB/T 275—2015）

轴或轴承座孔直径/mm		轴或轴承座孔配合表面直径公差等级					
		IT7		IT6		IT5	
		表面粗糙度 Ra/μm					
>	≤	磨	车	磨	车	磨	车
—	80	1.6	3.2	0.8	1.6	0.4	0.8
80	500	1.6	3.2	1.6	3.2	0.8	1.6
500	1250	3.2	6.3	1.6	3.2	1.6	3.2
端面		3.2	6.3	6.3	6.3	6.3	3.2

7.2 键连接的互换性

采用键使轴与其上的零件如链轮、齿轮、带轮、凸轮等结合在一起的连接称为键连接，其作用是用来传递运动或转矩。键连接是机械制造中最常用的连接方式之一，键属于连接件，种类比较多，其中平键连接应用最广。

7.2.1 平键连接的互换性

平键是一种截面呈矩形的零件，其一半嵌在轴槽里，另一半嵌在安装于轴上的其他零件的孔槽里。对平键连接互换性的要求主要是，应使键与键槽的侧面有充分的有效接触面积来承受负荷，以保证键连接的强度、寿命和可靠性，键嵌在轴槽里要牢固，防止松动，方便装拆。因此，国家标准对键与键槽规定了尺寸极限与配合。

下面主要介绍国家标准 GB/T 1095—2003 中有关平键的剖面尺寸与公差。

标准规定了宽度 $b=2\sim100$mm 的普通平键键槽的剖面尺寸，如图 7-4 所示。普通平键键槽的尺寸与公差见表 7-6。

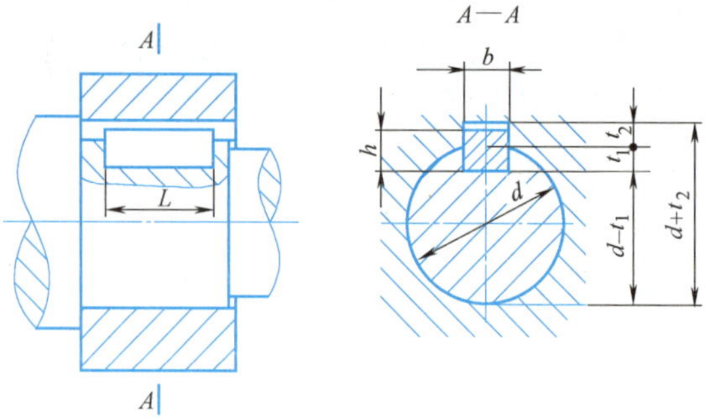

图 7-4 普通平键键槽的剖面尺寸

表 7-6 普通平键键槽的尺寸与公差（摘自 GB/T 1095—2003） （单位：mm）

<table>
<tr><th rowspan="5">轴的公称直径 d</th><th rowspan="5">键尺寸 b×h</th><th colspan="11">键槽</th></tr>
<tr><th colspan="6">宽度 b</th><th colspan="4">深度</th><th rowspan="3">半径 r</th></tr>
<tr><th rowspan="3">公称尺寸</th><th colspan="5">极限偏差</th><th colspan="2">轴 t_1</th><th colspan="2">毂 t_2</th></tr>
<tr><th colspan="2">正常连接</th><th>紧密连接</th><th colspan="2">松连接</th><th rowspan="2">公称尺寸</th><th rowspan="2">极限偏差</th><th rowspan="2">公称尺寸</th><th rowspan="2">极限偏差</th></tr>
<tr><th>轴 N9</th><th>毂 JS9</th><th>轴和毂 P9</th><th>轴 H9</th><th>毂 D10</th><th>min
max</th></tr>
<tr><td>10~12</td><td>4×4</td><td>4</td><td rowspan="3">0
-0.030</td><td rowspan="3">±0.015</td><td rowspan="3">-0.012
-0.042</td><td rowspan="3">+0.030
0</td><td rowspan="3">+0.078
+0.030</td><td>2.5</td><td rowspan="3">+0.1
0</td><td>1.8</td><td rowspan="3">+0.1
0</td><td rowspan="4">0.16
0.25</td></tr>
<tr><td>12~17</td><td>5×5</td><td>5</td><td>3.0</td><td>2.3</td></tr>
<tr><td>17~22</td><td>6×6</td><td>6</td><td>3.5</td><td>2.8</td></tr>
<tr><td>22~30</td><td>8×7</td><td>8</td><td rowspan="2">0
-0.036</td><td rowspan="2">±0.018</td><td rowspan="2">-0.015
-0.051</td><td rowspan="2">+0.036
0</td><td rowspan="2">+0.098
+0.040</td><td>4.0</td><td rowspan="10">+0.2
0</td><td>3.3</td><td rowspan="10">+0.2
0</td></tr>
<tr><td>30~38</td><td>10×8</td><td>10</td><td>5.0</td><td>3.3</td><td rowspan="5">0.25
0.40</td></tr>
<tr><td>38~44</td><td>12×8</td><td>12</td><td rowspan="4">0
-0.043</td><td rowspan="4">±0.0215</td><td rowspan="4">-0.018
-0.061</td><td rowspan="4">+0.043
0</td><td rowspan="4">+0.120
+0.050</td><td>5.0</td><td>3.3</td></tr>
<tr><td>44~50</td><td>14×9</td><td>14</td><td>5.5</td><td>3.8</td></tr>
<tr><td>50~58</td><td>16×10</td><td>16</td><td>6.0</td><td>4.3</td></tr>
<tr><td>58~65</td><td>18×11</td><td>18</td><td>7.0</td><td>4.4</td></tr>
<tr><td>65~75</td><td>20×12</td><td>20</td><td rowspan="4">0
-0.052</td><td rowspan="4">±0.026</td><td rowspan="4">-0.022
-0.074</td><td rowspan="4">+0.052
0</td><td rowspan="4">+0.149
+0.065</td><td>7.5</td><td>4.9</td><td rowspan="4">0.40
0.60</td></tr>
<tr><td>75~85</td><td>22×14</td><td>22</td><td>9.0</td><td>5.4</td></tr>
<tr><td>85~95</td><td>25×14</td><td>25</td><td>9.0</td><td>5.4</td></tr>
<tr><td>95~110</td><td>28×16</td><td>28</td><td>10.0</td><td>6.4</td></tr>
</table>

标准同时还规定了键应符合的技术条件及键槽表面粗糙度要求。

1）普通型平键的尺寸应符合 GB/T 1096 的规定。

2）导向型平键的尺寸应符合 GB/T 1097 的规定。

3）导向型平键的轴槽与轮毂槽用较松键连接的公差。

4）平键轴槽的长度公差采用 H14。

5）轴槽与轮毂槽的宽度 b 对轴及轮毂轴心线的对称度，一般可按照 GB/T 1184—1996 中对称度公差 7~9 级选取。

6）轴槽、轮毂槽的键槽宽度 b 两侧面表面粗糙度参数 Ra 值推荐为 1.6~3.2μm。

7）轴槽底面、轮毂槽底面的表面粗糙度参数 Ra 值推荐为 6.3μm。

轴和轮毂上的键槽剖面尺寸及上、下极限偏差，键槽的几何公差、表面粗糙度参数在图样上的标注如图 7-5 所示。

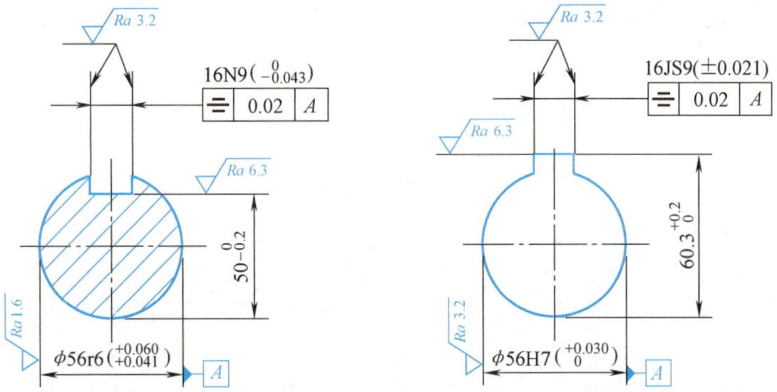

图 7-5 键槽尺寸及公差标注

7.2.2 花键连接的互换性

花键连接与单键连接相比较，具有承载能力高、定心性好等特点，适用于载荷较大、定心精度要求高的连接。

花键按照其键形不同，可分为矩形花键和渐开线花键。矩形花键的键侧两边为相互平行的直线，加工方便，可用磨削的方法获得较高精度，应用较广泛。渐开线花键的齿廓为渐开线，加工工艺与渐开线齿轮基本相同；在靠近齿根处齿厚逐渐增大，减少了应力集中，因此，具有强度高、寿命长等特点，且能起到自动定心作用。

1. 花键连接的配合特点

（1）多参数配合　花键相对于圆柱配合或单键连接而言，其配合参数较多，除键宽外，有定心尺寸、非定心尺寸、齿宽、键长等，最关键的是定心尺寸的精度要求。

（2）采用基孔制配合　内花键通常用拉刀或插齿刀加工，生产效率高，能获得理想的精度。采用基孔制，可以减少昂贵的拉刀规格，用改变外花键的公差带位置的方法，即可得到不同的配合，可满足不同场合的配合需要。

（3）几何公差的影响　花键在加工过程中不可避免地存在形状、位置误差，为了限制其对花键配合的影响，除规定花键的尺寸公差外，还必须规定几何公差或规定限制误差的综合公差。

2. 矩形花键的定心方式

矩形花键连接有三个主要尺寸参数，即大径 D、小径 d、键（键槽）宽 B，如图 7-6 所示，图 7-6a 所示为内花键，图 7-6b 所示为外花键。

所谓定心就是对花键副工作轴线位置的限定。矩形花键的定心方式有三种，如图 7-7 所示，即大径定心、小径定心、键侧定心，它们分别以大径 D、小径 d、键宽 B 为定心尺寸。定心尺寸应具有较高的尺寸精度，非定心尺寸可以有较低的尺寸精度。键宽 B 不论是否作为定心尺寸，都要求其具有一定的尺寸精度，因为花键连接传递转矩和导向都是利用键槽侧面。目前采用小径定心比较普遍。

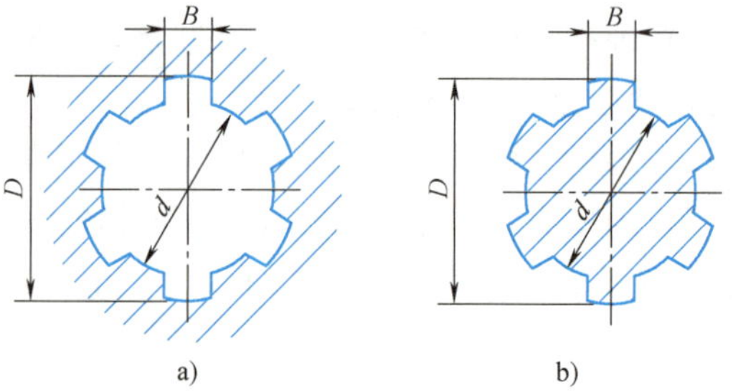

图 7-6 花键的主要尺寸参数

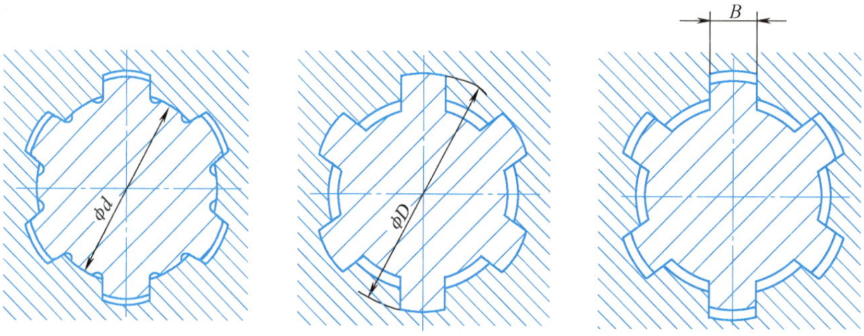

a) b) c)

图 7-7 花键定心方式

a）小径定心 b）大径定心 c）键侧定心

3. 矩形花键的公差与配合

矩形花键的公差配合采用基孔制，其尺寸公差带见表 7-7。表中所给出的公差带是成品零件的公差带，对于拉削后不进行热处理或拉削后热处理的零件，所用拉刀不同，故采用不同的公差带。

国家标准 GB/T 1144—2001《矩形花键尺寸 公差和检验》规定了小径定心矩形花键的公称尺寸、公差与配合、检验规则和标记方法。为了便于加工和测量，键数规定为偶数，有 6、8、10 三种。按承载能力不同，矩形花键可分为中、轻两个系列。中系列的键高尺寸较大，承载能力强；轻系列的键高尺寸较小，承载能力较低。

矩形花键公称尺寸系列见表 7-8。

表 7-7 矩形花键尺寸公差带（摘自 GB/T 1144—2001）

内花键				外花键			装配形式
d	D	B		d	D	B	
		拉削后不热处理	拉削后热处理				
一般传动用							
H7	H10	H9	H11	f7	a11	d10	滑动
				g7		f9	紧滑动
				h7		h10	固定

（续）

内花键				外花键			装配形式
d	D	B 拉削后不热处理	B 拉削后热处理	d	D	B	
精密传动用							
H5	H10	H7,H9		f5	a11	d8	滑动
				g5		f7	紧滑动
				h5		h8	固定
H6				f6		d8	滑动
				g6		f7	紧滑动
				h6		h8	固定

注：1. 精密传动的内花键，当需要控制键的侧向间隙时，槽宽 B 可选 H7，一般情况下可选 H9。

2. d 为 H6 和 H7 的内花键，允许与提高一级的外花键配合。

表 7-8 矩形花键公称尺寸系列（摘自 GB/T 1144—2001） （单位：mm）

小径 d	轻系列 规格 $N \times d \times D \times B$	轻系列 键数 N	轻系列 大径 D	轻系列 键宽 B	中系列 规格 $N \times d \times D \times B$	中系列 键数 N	中系列 大径 D	中系列 键宽 B
23	6×23×26×6	6	26	6	6×23×28×6	6	28	6
26	6×26×30×6		30	6	6×26×32×6		32	6
28	6×28×32×7		32	7	6×28×34×7		34	7
32	8×32×36×6		36	6	8×32×38×6		38	6
36	8×36×40×7	8	40	7	8×36×42×7	8	42	7
42	8×42×46×8		46	8	8×42×48×8		48	8
46	8×46×50×9		50	9	8×46×54×9		54	9
52	8×52×58×10		58	10	8×52×60×10		60	10
56	8×56×62×10		62	10	8×56×65×10		65	10
62	8×62×68×12		68	12	8×62×72×12		72	12

一般用途的矩形花键用于定心精度要求不太高但传递转矩较大的场合，如载重汽车、拖拉机的变速器，精密传动的矩形花键用于精密传动机械，精密齿轮传动的基准孔。

矩形花键规定了滑动、紧滑动和固定三种配合。当要求定位精度高、传递转矩大或经常需要正反转时，应选择紧配合，反之选择松配合。当内、外花键需要频繁相对滑动或配合长度较大时，可选择松配合。

尺寸 d、D、B 的公差等级选定后，其公差数值可根据尺寸大小及公差等级查阅第 2 章中标准公差数值表和基本偏差数值表。小径 d 的形状误差应控制在尺寸公差带内，在其尺寸公差数值或公差带代号后加注Ⓔ。

4. 矩形花键的标记

矩形花键在图样上的标注为键数 N×小径 d×大径 D×键宽 B，其各自的公差带代号标注在各自的公称尺寸之后。

例如，某花键副 $N=8$，$d=23\frac{H7}{f7}$，$D=26\frac{H10}{a11}$，$B=6\frac{H11}{d10}$。

具体标注为 花键规格：8×23×26×6

花键副：$8\times23\frac{H7}{f7}\times26\frac{H10}{a11}\times6\frac{H11}{d10}$ GB/T 1144—2001

内花键：8×23H7×26H10×6H11 GB/T 1144—2001

外花键：8×23f7×26a11×6d10 GB/T 1144—2001

图样中的标注如图 7-8 所示。

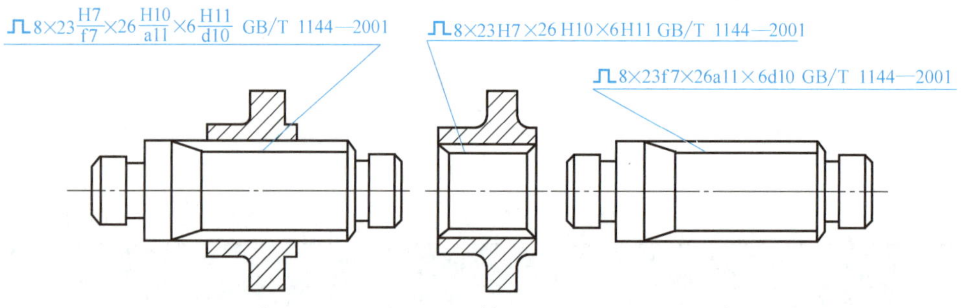

图 7-8 矩形花键在图样中的标注

5. 其他公差要求

矩形内、外花键的位置度标注如图 7-9 所示，位置度公差数值 t_1 见表 7-9，对称度公差数值 t_2 见表 7-10，表面粗糙度参考值见表 7-11。

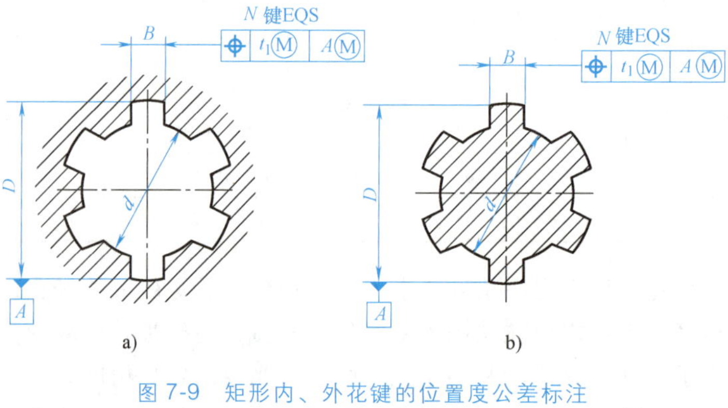

图 7-9 矩形内、外花键的位置度公差标注

表 7-9 矩形花键的位置度公差 （单位：mm）

键槽宽或键宽 B		3	3.5~6	7~10	12~18
		位置度公差数值 t_1			
键槽宽		0.010	0.015	0.020	0.025
键 宽	滑动、固定	0.010	0.015	0.020	0.025
	紧滑动	0.006	0.010	0.013	0.016

表 7-10 矩形花键的对称度公差 （单位：mm）

键槽宽或键宽 B	3	3.5~6	7~10	12~18
	对称度公差数值 t_2			
一般传动用	0.010	0.012	0.015	0.018
精密传动用	0.006	0.008	0.009	0.011

表 7-11 花键表面粗糙度参考值 （单位：μm）

加工表面	内花键	外花键
	Ra 不大于	
小径	1.6	0.8
大径	6.3	3.2
键侧	6.3	1.6

7.2.3 键与花键的检测

1. 平键的检测

对于平键连接，需要检测的项目有键宽、轴槽和轮毂槽的宽度、深度及槽的对称度。

（1）键和槽宽　单件小批量生产，一般采用通用计量器具测量，如千分尺、游标卡尺等，大批大量生产时，用极限量规控制，如图 7-10a 所示。

（2）轴槽和轮毂槽深　单件小批量生产，一般用游标卡尺或外径千分尺测量轴尺寸 $d-t_1$，用游标卡尺或内径千分尺测量轮毂尺寸 $d+t_2$。大批大量生产时，用专用量规如轮毂槽深度极限量规和轴槽深极限量规测量，如图 7-10b、c 所示。

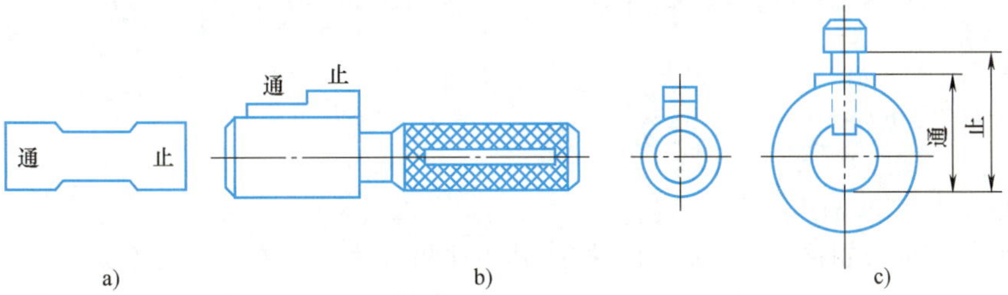

图 7-10　键槽尺寸量规

a）槽宽极限量规　b）轮毂槽深量规　c）轴槽深量规

（3）键槽对称度　单件小批量生产时，可用分度头、V 型架和百分表测量，大批大量生产时一般用综合量规检验，如对称度极限量规。只要量规通过即为合格，如图 7-11 所示，图 7-11a 所示为轮毂槽对称度量规，图 7-11b 所示为轴槽对称度量规。

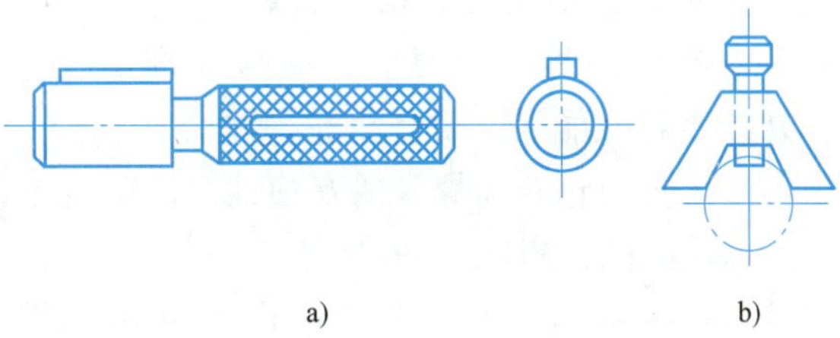

图 7-11　键槽对称度量规

a）轮毂槽对称度量规　b）轴槽对称度量规

2. 矩形花键的检测

矩形花键的检测包括尺寸检验和几何误差的检验。

单件小批量生产时，花键的尺寸和位置误差用千分尺、游标卡尺、指示表等通用计量器具测量。大批大量生产时，内（外）花键用花键综合塞（环）规，同时检验内（外）花键的小径、大径、各键槽宽（键宽）、大径对小径的同轴度和键（键槽）的位置度等项目。此外，还要用单项止端塞（卡）规或普通计量器具检测其小径、大径、各键槽宽（键宽）的实际尺寸是否超越其最小实体尺寸。

检测内、外花键时，如果花键综合量规能通过，而单项止端量规不能通过，则表示被检测的内、外花键合格。反之，即为不合格。

内外花键综合量规的形状如图 7-12 所示，图 7-12a、b 所示为花键塞规，图 7-12c 所示为花键环规。

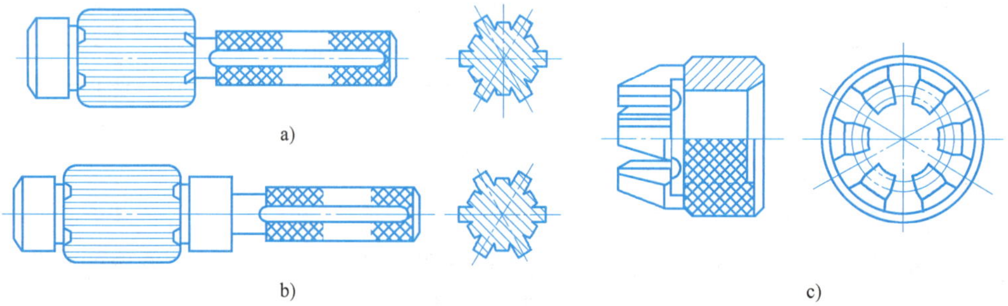

图 7-12 矩形花键综合量规

7.3 普通螺纹的互换性

7.3.1 螺纹及几何参数特性

1. 螺纹的种类及使用要求

螺纹连接在机械制造中广泛使用，按照其用途可分为连接螺纹和传动螺纹。

（1）连接螺纹 连接螺纹也称为紧固螺纹，其基本牙型是三角形。用于连接或紧固零件，如普通螺纹和管螺纹等。对普通螺纹连接的主要要求是可旋入性和连接的可靠性，对管螺纹连接的要求是密封性和连接的可靠性。

（2）传动螺纹 传动螺纹用于传递动力或运动，其基本牙型主要有梯形、矩形，如丝杠、螺杆等。对传动螺纹主要要求是传动准确、可靠，螺牙接触性能好、耐磨性好。

本节主要讨论普通螺纹的互换性。

2. 普通螺纹的基本几何参数

普通螺纹基本牙型是截取高度为 H 的原始正三角形的顶部和底部所形成的螺纹牙型，如图 7-13 所示。

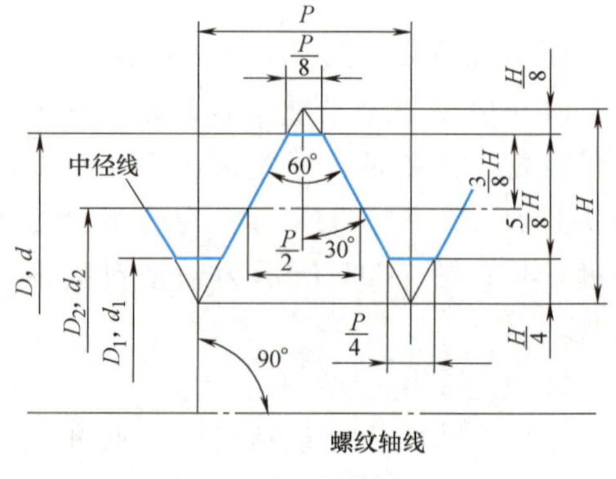

图 7-13 普通螺纹基本牙型

下面从普通螺纹互换性的角度介绍几个主要几何参数。

（1）大径（D 或 d） 大径指与内螺纹牙底或外螺纹牙顶相重合的假想圆柱体的直径。普通螺纹大径的公称尺寸即螺纹公称直径。内螺纹大径用 D 表示，外螺纹大径用 d 表示。

（2）小径（D_1 或 d_1） 小径指与内螺纹牙顶或外螺纹牙底相重合的假想圆柱体的直径。内螺纹小径用 D_1 表示，外螺纹小径用 d_1 表示。

工程实际中人们习惯于将外螺纹牙顶 d 和内螺纹牙顶 D_1 称为顶径。将内螺纹牙底 D 和外螺纹牙底 d_1 称为底径。

（3）中径（D_2 或 d_2） 中径是指一个假想圆柱体的直径，该圆柱体的母线通过牙型上沟槽和凸起宽度相等的地方。内螺纹中径用 D_2 表示，外螺纹中径用 d_2 表示。中径圆柱的轴线称为螺纹轴线，中径圆柱的素线称为螺纹中径线。

对于普通螺纹，中径并不等于大径与小径的平均值。对单线和奇数多线螺纹，在螺纹的轴向剖面内，螺纹的沟槽和凸起是相对的，沿垂直于直线方向上量得的任意两对牙侧间的距离即等于螺纹中径。

（4）单一中径 指一个假想圆柱体的直径，该圆柱体的素线在牙槽宽度等于基本螺距一半即 $P/2$ 的地方，而不考虑牙体宽度，如图 7-14 所示。当螺距无误差时，中径就是单一中径，当螺距有误差时，则两者不相等。单一中径测量简便，可用三针法测得，通常把单一中径近似看作实际中径。

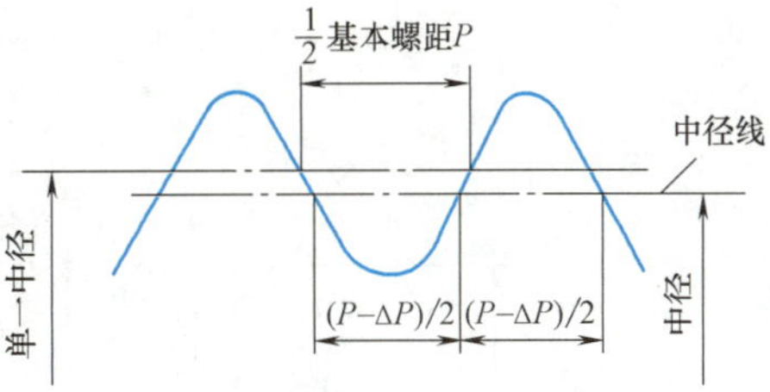

图 7-14 单一中径

P—基本螺距 ΔP—螺距误差

（5）螺距 P 与导程 P_h 螺距 P 是指相邻两牙在中径线上对应两点间的轴向距离。导程 P_h 指同一螺旋线上相邻两牙在中径线上对应两点间的轴向距离。对单线螺纹，导程即是螺距；对多线螺纹，导程是螺距与螺纹线数的乘积。

（6）牙型角 α 和牙型半角 $\alpha/2$ 牙型角 α 是在螺纹牙型上，相邻两牙侧间的夹角。普通螺纹牙型角 $\alpha=60°$。牙型半角 $\alpha/2$ 即牙型角的一半，指在螺纹牙型上，牙侧与螺纹轴线的垂线间的夹角。

（7）螺纹旋合长度 L 指两个相配合的螺纹相互旋合部分沿螺纹轴线方向上的长度。

3. 螺纹几何参数对互换性的影响

螺纹连接的互换性要求，是指装配过程的可旋合性以及使用过程中连接的可靠性。影响螺纹互换性的几何参数有五个，即螺纹的大径、中径、小径、螺距和牙型半角。

普通螺纹旋合后大径和小径处均留有间隙，相接触的部分是侧面，为了保证螺纹的良好旋入性，内螺纹的大径和小径必须分别大于外螺纹的大径和小径，但内螺纹的小径过大，外螺纹的大径过小，将会减小螺纹的接触高度，影响连接的可靠性，所以必须规定内螺纹的小径和外螺纹的大径的上、下极限偏差，也就是说对内外螺纹顶径规定上、下极限偏差。而增大内螺纹大径，减小外螺纹小径既有利于螺纹的可旋入性，又不减小螺纹的接触高度，所以，只对内螺纹大径规定下极限偏差，对外螺纹小径规定上极限偏差，也就是说对内外螺纹底径只规定一个极限偏差。对外螺纹的牙底提出形状要求，以使牙顶与牙底留有间隙，满足力学性能的要求。

7.3.2　普通螺纹公差与配合

螺纹配合由内、外螺纹公差带组合而成，国家标准《普通螺纹　公差》GB/T 197—2018 将普通螺纹公差带的两个要求——公差带大小即公差等级和公差带位置即基本偏差进行标准化，组成各种螺纹公差带。考虑到旋合长度对螺纹精度的影响，由螺纹公差带与旋合长度构成螺纹精度，形成了较为完整的螺纹公差体系。

1. 普通螺纹的基本偏差——公差带位置

国家标准要求按下面规定选取内外螺纹的公差带位置，如图 7-15 所示。

内螺纹：G—其基本偏差 EI 为正值，如图 7-15a 所示。

H—其基本偏差 EI 为零，如图 7-15b 所示。

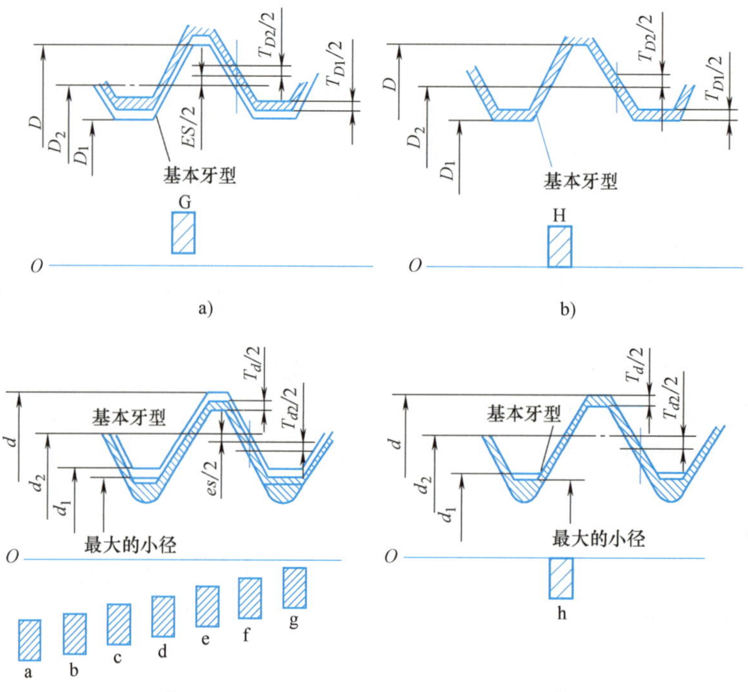

图 7-15　内、外螺纹的公差带位置

T_{D1}—内螺纹小径公差　T_{D2}—内螺纹中径公差　T_d—外螺纹大径公差　T_{d2}—外螺纹中径公差

外螺纹：a、b、c、d、e、f、g—其基本偏差 es 为负值，如图 7-15c 所示。

h—其基本偏差 es 为零，如图 7-15d 所示。

选择基本偏差主要依据螺纹表面涂镀层厚度及螺纹件的装配间隙。螺距 $P=0.5\sim1$mm 螺纹的基本偏差数值见表 7-12。

2. 普通螺纹的公差等级

国家标准 GB/T 197—2018 要求按表 7-13 中的规定选取内、外螺纹的公差等级。

其中 3 级精度最高，9 级精度最低，6 级为基本级。因为内螺纹较难加工，在同一公差等级中，内螺纹中径公差比外螺纹中径公差大 32%。

表 7-12 内、外螺纹基本偏差（摘自 GB/T 197—2018） （单位：μm）

螺距 P /mm	内螺纹基本偏差		外螺纹基本偏差			
	G (EI)	H (EI)	e (es)	f (es)	g (es)	h (es)
0.5	+20	0	-50	-36	-20	0
0.6	+21	0	-53	-36	-21	0
0.7	+22	0	-56	-38	-22	0
0.75	+22	0	-56	-38	-22	0
0.8	+24	0	-60	-38	-24	0
1	+26	0	-60	-40	-26	0

表 7-13 普通螺纹的公差等级

螺纹直径	公差等级	螺纹直径	公差等级
内螺纹小径 D_1	4、5、6、7、8	外螺纹大径 d	4、6、8
内螺纹中径 D_2	4、5、6、7、8	外螺纹中径 d_2	3、4、5、6、7、8、9

从表中可以看出，对内螺纹大径 D 和外螺纹小径 d_1 没有规定具体公差等级。而标准规定了对内外螺纹牙底实际轮廓不得超过按基本偏差所确定的最大实体牙型，就可以保证旋合时不发生干涉。部分内、外螺纹公差值见表 7-14 和表 7-15。

表 7-14 部分内螺纹的小径公差和外螺纹的大径公差（摘自 GB/T 197—2018）

（单位：μm）

螺距 P /mm	内螺纹的小径公差 T_{D1}					外螺纹的大径公差 T_d		
	公差等级					公差等级		
	4	5	6	7	8	4	6	8
0.5	90	112	140	180	—	67	106	—
0.6	100	125	160	200	—	80	125	—
0.7	112	140	180	224	—	90	140	—
0.75	118	150	190	236	—	90	140	—
0.8	125	160	200	250	315	95	150	236
1	150	190	236	300	375	112	180	280

表 7-15 部分内、外螺纹的中径公差（摘自 GB/T 197—2018） （单位：μm）

公称大径 D、d/mm		螺距 P/mm	内螺纹的中径公差 T_{D2}					外螺纹的中径公差 T_{d2}						
			公差等级					公差等级						
>	≤		4	5	6	7	8	3	4	5	6	7	8	9
5.6	11.2	0.75	85	106	132	170	—	50	63	80	100	125	—	—
		1	95	118	150	190	236	56	71	90	112	140	180	224
		1.25	100	125	160	200	250	60	75	95	118	150	190	236
		1.5	112	140	180	224	280	67	85	106	132	170	212	265
11.2	22.4	1	100	125	160	200	250	60	75	95	118	150	190	236
		1.25	112	140	180	224	280	67	85	106	132	170	212	265
		1.5	118	150	190	236	300	71	90	112	140	180	224	280
		1.75	125	160	200	250	315	75	95	118	150	190	236	300
		2	132	170	212	265	335	80	100	125	160	200	250	315
		2.5	140	180	224	280	355	85	106	132	170	212	265	335

3. 普通螺纹旋合长度和螺纹精度

螺纹的旋合长度分为三组，其特点如图 7-16 所示。

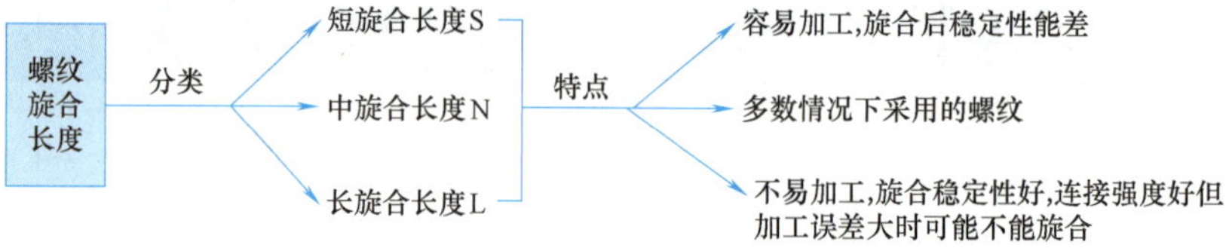

图 7-16　螺纹旋合长度

一般情况下，采用中等旋合长度。集中生产的紧固件螺纹，图样上没有注明旋合长度，制造时螺纹公差均按照中等旋合长度考虑。螺纹的旋合长度范围见表 7-16。

表 7-16　螺纹的旋合长度（摘自 GB/T 197—2018）　（单位：mm）

公称大径 D、d		螺距 P	旋合长度			
			S	N		L
>	≤		≤	>	≤	>
5.6	11.2	0.75	2.4	2.4	7.1	7.1
		1	3	3	9	9
		1.25	4	4	12	12
		1.5	5	5	15	15
11.2	22.4	1	3.8	3.8	11	11
		1.25	4.5	4.5	13	13
		1.5	5.6	5.6	16	16
		1.75	6	6	18	18
		2	8	8	24	24
		2.5	10	10	30	30

根据使用场合，螺纹的公差精度等级分为以下三级。

1）精密——用于精密螺纹。

2）中等——用于一般用途螺纹。

3）粗糙——用于制造螺纹有困难的场合。如在热轧棒料上加工螺纹，在深的不通孔内加工螺纹。

4. 螺纹公差带组合及选用

内、外螺纹的推荐公差带见表 7-17 和表 7-18。除特殊情况外，表中以外的其他公差带不宜选用。表中内螺纹公差带与外螺纹公差带可以形成任意组合，但为了保证内外螺纹间有足够的接触高度，推荐加工后的螺纹零件宜优先组成 H/g、H/h 或 G/h 配合。对公称直径小于 1.4mm 的螺纹，应选用 5H/6h、4H/6h 或更精密的配合。

公差带优先选用的顺序为粗字体公差带、一般字体公差带、括号内公差带。带方框的粗字体公差带用于大量生产的紧固件螺纹。

表 7-17 内螺纹的推荐公差带（摘自 GB/T 197—2018）

公差精度	公差带位置 G			公差带位置 H		
	S	N	L	S	N	L
精　密	—	—	—	4H	5H	6H
中　等	(5G)	6G	(7G)	5H	**6H**	7H
粗　糙	—	(7G)	(8G)	—	7H	8H

表 7-18 外螺纹的推荐公差带（摘自 GB/T 197—2018）

公差精度	公差带位置 e			公差带位置 f			公差带位置 g			公差带位置 h		
	S	N	L	S	N	L	S	N	L	S	N	L
精密	—	—	—	—	—	—	—	(4g)	(5g4g)	(3h4h)	4h	(5h4h)
中等	—	6e	(7e6e)		6f	—	(5g6g)	**6g**	(7g6g)	(5h6h)	6h	(7h6h)
粗糙	—	(8e)	(9e8e)	—	—	—		8g	(9g8g)	—	—	—

如无其他特殊说明，推荐公差带适用于涂镀前螺纹，且为薄涂镀层的螺纹，如电镀螺纹。涂镀后，螺纹实际轮廓上的任何点不应超越按公差位置 H 或 h 所确定的最大实体牙型。

5. 普通螺纹的标注

在图样上标注螺纹应标注在螺纹的大径尺寸线上。完整的螺纹标注有螺纹特征代号、尺寸代号、公差带代号及其他必要的说明信息，如图 7-17 所示。

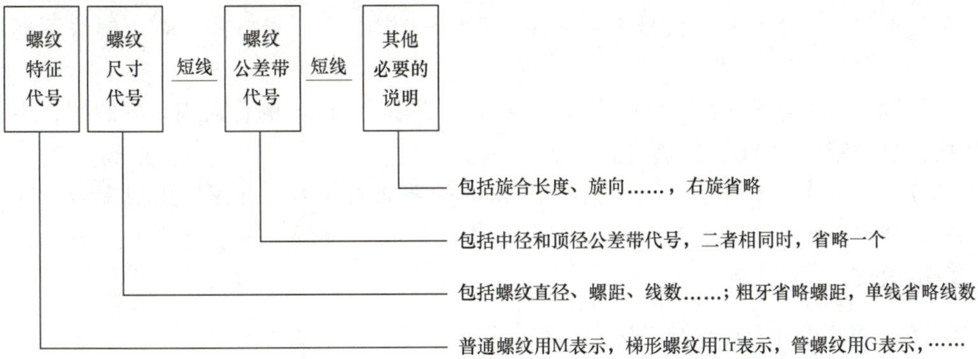

图 7-17 螺纹标注说明

螺纹具体的标注方法说明如下（螺纹公称直径、导程和螺距的尺寸单位均为 mm）：

1）普通螺纹特征代号用 M 表示；单线细牙螺纹的尺寸代号为“公称直径×螺距”，粗牙普通螺纹省略“螺距”项。

例如，公称直径为 8mm，螺距为 1mm 的单线细牙螺纹，标记为 M8×1。

　　　公称直径为 8mm 的单线粗牙螺纹，标记为 M8。

多线螺纹的尺寸代号为“公称直径×Ph（导程）P（螺距）”。如果要进一步表明螺纹线数，在后面增加括号说明（用英文说明，如双线为 two starts；三线为 three starts；四线为 four starts）。

例如，公称直径为 16mm、螺距为 1.5mm、导程为 3mm 的双线螺纹，标记为 M16×

Ph3P1.5 或 M16×Ph3P1.5（two starts）。

2）公差带代号包含中径公差带代号和顶径公差带代号，中径公差带代号在前，顶径公差带代号在后。螺纹尺寸代号由表示公差等级的数值和表示公差带位置的字母（内螺纹用大写字母，外螺纹用小写字母）组成。如果中径公差带代号和顶径公差带代号相同，只标注一个。螺纹尺寸代号与公差带间用“-”分开。

例如，① M10-5g6g 表示公称直径为 10mm 的普通粗牙外螺纹，中径公差带为 5g，顶径公差带为 6g（普通粗牙螺纹省略螺距标注）。

② M10×1-5g6g 表示公称直径为 10mm，螺距为 1mm 的普通细牙外螺纹，中径公差带为 5g，顶径公差带为 6g 。

③ M10×1-6H 表示公称直径为 10mm，螺距为 1mm 的普通细牙内螺纹，中径公差带代号和顶径公差带均为 6H。

3）装配图样上标注内、外螺纹配合时，内螺纹公差带代号在前，外螺纹公差带代号在后，中间用斜线分开。

例如，M20×2-6H/5g6g 表示公称直径为 20mm，螺距为 2mm 的普通细牙内、外螺纹组成配合，内螺纹的中径公差带和顶径公差带均为 6H，外螺纹的中径公差带为 5g，顶径公差带为 6g。

4）螺纹的旋合长度和旋向的标注。对短旋合长度组和长旋合长度组的螺纹，在公差带代号后分别标注代号“S”和“L”，并与公差带代号间用“-”号分隔。中等旋合长度组的螺纹不标注旋合长度代号“N”。

对于左旋螺纹，在旋合长度代号之后标注“LH”，并用“-”号分隔。右旋螺纹不标注旋向。

例如，① M20×2-5H-S 表示公称直径为 20mm，螺距为 2mm 的普通细牙内螺纹，中径公差带和顶径公差带均为 5H，短旋合长度。

② M10-7H/5g6g-L-LH 表示公称直径为 10mm 的普通粗牙内、外螺纹组成配合，内螺纹的中径公差带和顶径公差带均为 7H，外螺纹的中径公差带为 5g，顶径公差带为 6g，长旋合长度，左旋螺纹。

7.3.3 普通螺纹的测量

1. 螺纹的测量方法

螺纹的测量方法分为综合测量和单项测量。

（1）综合测量 用螺纹量规检验螺纹是否合格属于综合测量。在成批生产中，普通螺纹均采用综合测量法。

螺纹量规分为塞规和环规（或称卡规）。塞规用于检验内螺纹，环规用于检验外螺纹。检验时，通端螺纹环规（通规）能顺利与螺纹工件旋合，而止端螺纹环规（止规）不能旋合或不完全旋合，则螺纹合格。反之，则说明内螺纹过小，外螺纹过大，螺纹应予以退修。若止规与工件能旋合，则表示内螺纹过大，外螺纹过小，螺纹是废品。

图 7-18 所示为用螺纹环规检验的外螺纹情况，通规检验外螺纹的作用中径，同时控制外螺纹小径的上极限尺寸。止规检验外螺纹的单一中径。外螺纹大径则用光滑极限量规检验。

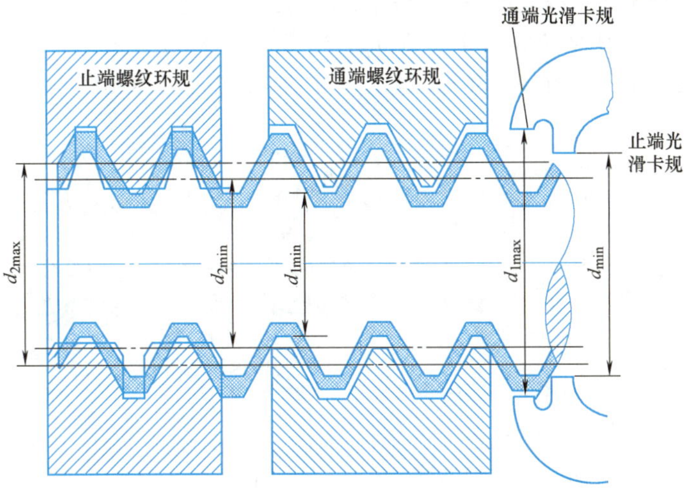

图 7-18 环规检验外螺纹

图 7-19 所示为用螺纹塞规检验内螺纹的情况。通规检验内螺纹的作用中径，同时控制内螺纹大径的下极限尺寸。止规检验内螺纹的单一中径、内螺纹小径用光滑极限量规检验。

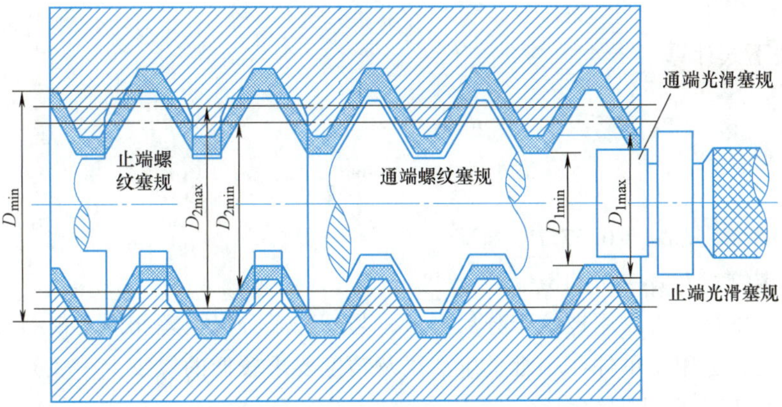

图 7-19 塞规检验内螺纹

（2）单项测量 螺纹的单项测量指分别测量螺纹的各项几何参数，主要是中径、螺距和牙型半角。常用的单项测量螺纹几何参数的方法有三针法和影像法。

2. 三针法测量外螺纹单一中径

三针测量法主要用于测量精密外螺纹（如丝杠、螺纹塞规等）的单一中径。其最大优点是测量精度高。测量时，用三根直径均为 d_0 的精密圆柱量针，放在被测螺纹应的沟槽中，然后用光学或机械式量仪测出针距 M，如图 7-20a 所示。

根据被测螺纹已知的螺距 P、牙型半角 $\alpha/2$ 和量针直径 d_0，在放大图 7-20b 中，根据直角△OCE 和△DBE 的关系推导出被测螺纹中径 d_{2s} 计算公式为

$$d_{2s}=M-d_0\left(1+\frac{1}{\sin\frac{\alpha}{2}}\right)+\frac{P}{2}\cot\frac{\alpha}{2} \tag{7-1}$$

式中，螺距 P、牙型半角 $\alpha/2$、测针直径 d_0 的值均按照理论值。

对于普通螺纹，其牙型角 $\alpha=60°$，则 $d_{2s}=M-3d_0+0.866P$。

对于梯形螺纹，其牙型角 $\alpha=30°$，则 $d_{2s}=M-4.8637d_0+1.866P$。

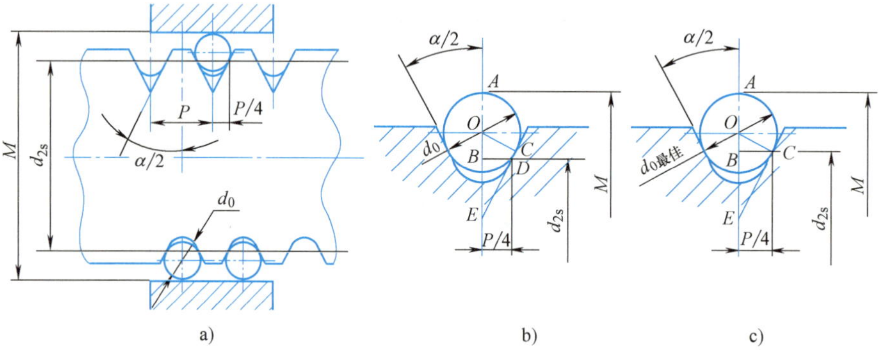

图 7-20　三针法测量外螺纹单一中径

三根量针的直径不能太小，否则沉在牙槽内无法测量，但也不能太大。测量时应该采用最佳量针。最佳量针直径 $d_{0最佳}$ 应与螺纹的中径处相切，即图 7-20b 中 D 点与 C 点重合，如图 7-20c 所示。

$d_{0最佳}$ 可按下式计算

$$d_{0最佳}=\frac{P}{2\cos\dfrac{\alpha}{2}} \tag{7-2}$$

对于普通螺纹，$d_{0最佳}=0.577P$。

对于梯形螺纹，$d_{0最佳}=0.518P$。

此外，螺纹中径还可以用螺纹千分尺测量，与外径千分尺原理相同，仅测头不同，但其测量精度不够高，适用于单件、小批量生产以及精度要求较低的螺纹。

3. 螺纹千分尺测量外螺纹中径

螺纹千分尺是专用量具之一，主要用于测量公差等级为 7、8、9 级的普通外螺纹的中径尺寸。它是利用螺旋副原理，对尺架上的锥形测量面和 V 形凹槽测量面间分隔的距离进行读数的测量器具，如图 7-21 所示。螺纹千分尺的结构及使用方法与外径千分尺基本相同，不同之处在于测量的形状不同且是可以更换的，每对测量头只能测量一定螺距范围的螺纹中径。

测量基本步骤如下：

1）根据被测螺纹的螺距选取一对测头，将测头及被测螺纹擦干净，测头安装在尺架上，校正千分尺零位。

2）将被测螺纹放入两测头之间（V 形测头跨在被测螺纹的牙尖上，锥形测头插在牙槽内），找正中径部位，分别在同一截面相互垂直的两个方向测量螺纹中径，取它们的平均值作为被测螺纹的实际中径。

3）将此值与标准中径进行比较，即可判断被测螺纹的中径是否合格。

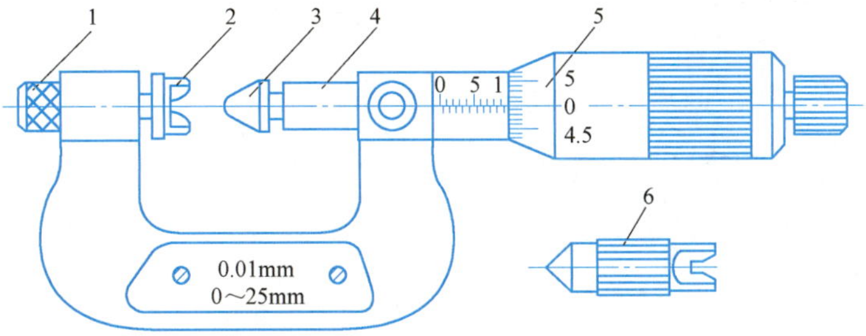

图 7-21 螺纹千分尺

1—调零装置 2—V 形测头 3—锥形测头 4—测微螺杆 5—微分筒 6—校对量杆

7-2 普通螺纹的测量

注意：当螺纹千分尺两个测头的测量面与被测螺纹的牙型接触后，旋转千分尺的测力装置，并轻轻晃动千分尺，当千分尺发出“咔咔”声响后，即可读数。

视频 7-2 为对普通圆柱螺纹的测量，可扫码观看，仅供参考。

思考题与习题

7.1 判断题

(1) 滚动轴承的内径与轴采用基孔制配合，内孔为基准孔，因此孔径公差带的下极限偏差为零，上极限偏差为正值。(　　)

(2) 在装配图上标注滚动轴承与轴和外壳孔的配合时，只标注轴和外壳孔的公差带代号。(　　)

(3) 滚动轴承的精度等级不仅与公称尺寸的精度有关，而且与旋转精度有关。(　　)

(4) 对相同规格和同一公差等级的普通螺纹，内、外螺纹的公差值不相等。(　　)

7.2 选择滚动轴承精度等级应考虑哪些主要因素？各级精度的轴承分别用在什么场合？

7.3 选择滚动轴承的配合时，应考虑哪些因素？

7.4 为什么国家标准规定矩形花键的定心方式采用小径定心？

7.5 矩形花键 6×23H7/g7×26H10/a11×6H11/f9 的含义是什么？

7.6 普通螺纹的基本几何参数有哪些？什么是螺纹中径？

7.7 用三针测量法如何进行螺纹中径的测量？

7.8 查表确定 M10-6H/5g6g 螺纹的大径、中径和小径的公称尺寸、极限偏差和公差值。

7.9 减速器中的一传动轴和齿轮孔采用平键连接，键的公称尺寸为“12×8×30”，要求键在轴上和轮毂槽中均固定，承受中等载荷。传动轴和齿轮孔的配合选用 ϕ40H7/f6。试将确定的孔、轴、槽宽和槽深的尺寸公差以及有关位置公差和表面粗糙度值等要求标注在图 7-22 中。

7.10 某变速器传动轴采用矩形花键连接，键数和花键的标注尺寸为“6×23×26×6”，要求定心精度较高，固定连接，并批量生产。试将确定的内、外花键的尺寸公差、位置公差和表面粗糙度值等要求标注在图 7-23 中。

7.11 某自动包装机传动轴上安装的滚动轴承外圈固定，内圈与轴一起旋转，转速为 1000r/min。轴上承受的合成径向负荷 F_r 为 2.5kN。试确定轴承的精度等级，选择轴承与轴和外壳孔的配合、几何公差、表面粗糙度值，并标注在图 7-24 中。

7.12 说出下列螺纹标注的含义。

(1) M20-6H。

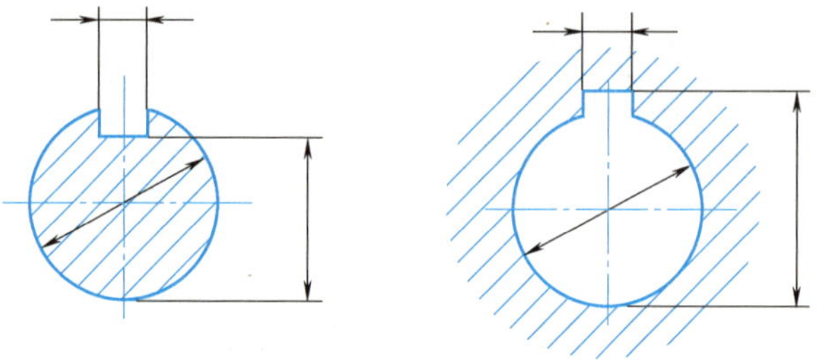

图 7-22

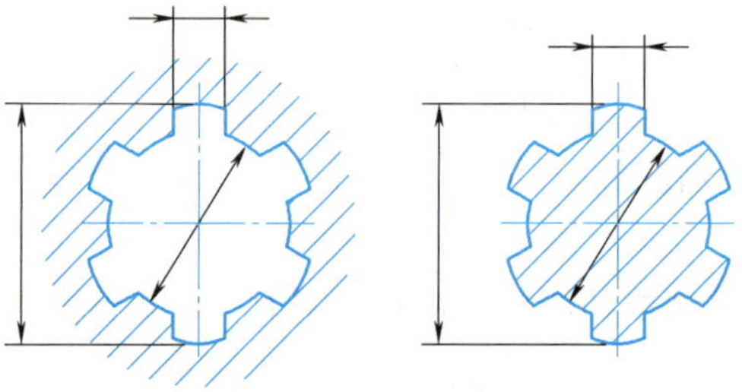

图 7-23

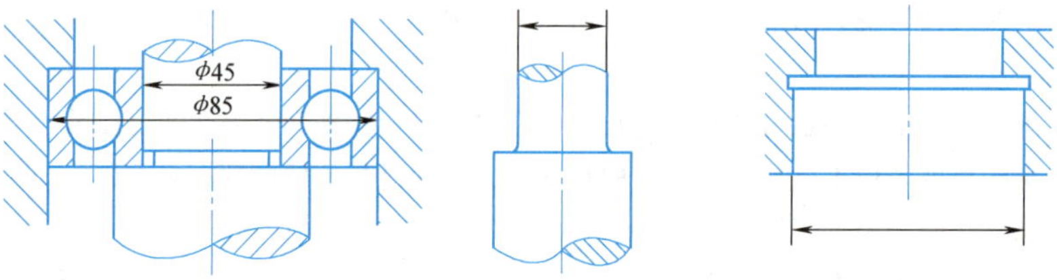

a) b) c)

图 7-24

（2）M12-5H6H-L。

（3）M30×1-6H/5g6g。

第8章 圆锥配合的互换性

【章节提示】

本章主要学习圆锥配合的基本知识、圆锥配合公差及其选用、圆锥配合的检测等。重点是圆锥配合公差项目及公差值的选用，难点是圆锥公差的检测。可与第 2 章对比学习。

通过学习，培养严谨思维、认真思考的学习态度和良好风貌。从圆锥配合的特点应领悟出：有时候，做人就要像圆锥配合一样，学会自我调节、自我适应，懂得取长补短、相互借鉴。

【编写依据】

本章内容主要依据下列现行国家标准编写，但不限于以下标准。

① GB/T 11334—2005《产品几何量技术规范（GPS） 圆锥公差》。

② GB/T 157—2001《产品几何量技术规范（GPS） 圆锥的锥度与锥角系列》。

③ GB/T 11854—2016《7：24 工具圆锥量规 检验》。

8.1 圆锥配合的基本知识

圆锥配合在机械产品中应用较广。与圆柱配合比较，圆锥配合有如下特点。

（1）对中性好 圆锥配合中，内、外圆锥在轴向力的作用下能自动对中，以保证内、外圆锥体的轴线具有较高精度的同轴度，且能快速装拆，如图 8-1 所示。

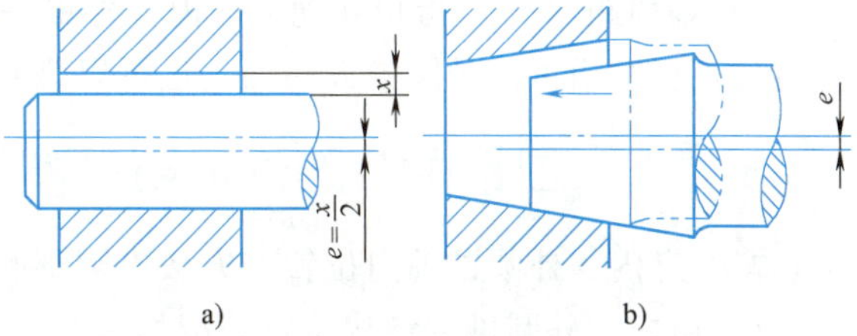

图 8-1 圆柱配合与圆锥配合的比较

a）圆柱配合 b）圆锥配合

（2）配合的间隙或过盈可以调整 圆锥配合中，间隙或过盈的大小可以通过内、外圆锥的轴向相对移动来调整。

（3）密封性好 内、外圆锥的表面经过配对研磨后，配合起来具有良好的自锁性和密封性。

圆锥配合与圆柱配合相比，结构比较复杂，影响互换性的参数比较多，加工和检测也较困难。

在不同的使用情况下，圆锥配合可分为三类。

(1) 间隙配合　内、外圆锥之间具有间隙，可以在装配过程中通过调整轴向相对位置获得。主要用于滑动轴承机构中，例如，车床主轴的圆锥轴颈与圆锥轴承衬套的配合。

(2) 过渡配合　内、外圆锥面贴紧具有很好的密封性，可以防止漏气、漏水。主要用于定心或密封场合。例如，锥形旋塞、发动机中的气阀与阀座、管道接头或阀门等的配合。

(3) 过盈配合　较大的轴向压紧力可以得到有过盈的配合，既可以自动定心，又可以自锁，产生较大的摩擦力来传递转矩。例如，钻头（或铰刀）的圆锥柄与机床主轴圆锥孔的配合、圆锥形摩擦离合器中的配合等。

8.1.1 圆锥配合的基本参数

圆锥配合的基本参数如图 8-2 所示。

1) 圆锥角（α）：指在通过圆锥轴线的截面内，两条素线之间的夹角。

2) 圆锥素线角（$\alpha/2$）：指圆锥素线与其轴线的夹角，它等于圆锥角之半。

3) 圆锥直径：指与圆锥轴线垂直截面内的直径。在不同的截面上，圆锥直径的大小是不同的。其中有内、外圆锥的最大直径 D_i、D_e，内、外圆锥的最小直径 d_i、d_e，距端面一定距离的任一给定截面圆锥直径 d_x。

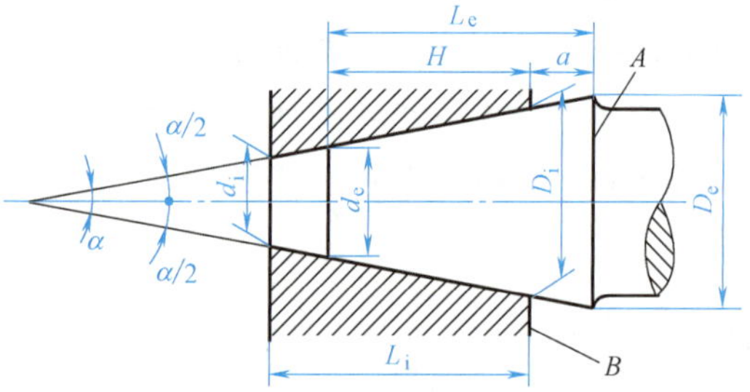

图 8-2　圆锥配合的基本参数

A—外圆锥基准面　B—内圆锥基准面

4) 圆锥长度（L）：指圆锥最大直径与最小直径所在截面之间的轴向距离。内、外圆锥长度分别用 L_i、L_e 表示。

5) 圆锥配合长度（H）：指内、外圆锥配合面间的轴向距离。

6) 锥度（C）：指圆锥最大直径与最小直径之差与圆锥长度之比。即

$$C=(D-d)/L=2\tan\frac{\alpha}{2}$$

该关系式反映了圆锥直径、圆锥长度、圆锥角和锥度之间的相互关系，是圆锥几何参数计算的基本公式。锥度常用比例或分数表示，如 $C=1:20$ 或 $C=1/20$ 等。

7) 基面距（a）：指相互配合的内、外锥基面间的距离。它用来确定内、外圆锥的轴向相对位置。基面可以是圆锥大端面，也可以是圆锥小端面。

8.1.2 圆锥配合的形成与基本要求

按确定内、外圆锥轴向位置的方法，圆锥配合的形成方式有四种。

1) 由内、外圆锥的结构确定装配的最终位置面形成配合。图 8-3a 所示为由轴肩接触得到的间隙配合。

2) 由内、外圆锥基面之间的尺寸确定装配后的最终位置面形成的配合。图 8-3b 所示为由基面距 a 得到的过盈配合。

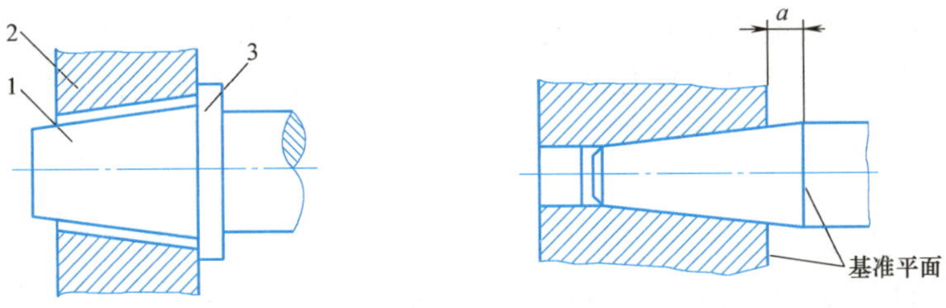

a) b)

图 8-3 圆锥配合的形成方式

a）由轴肩接触确定最终位置 b）由结构尺寸确定最终位置

1—外圆锥 2—内圆锥 3—轴肩

3）由内、外圆锥实际初始位置 P_a 开始，做一定的相对轴向位移量 E_a 而形成配合。实际初始位置，是指在不施加装配力的情况下相互结合的内、外圆锥表面接触时的轴向位置。这种形成方式可以得到间隙配合或过盈配合。图 8-4 所示为间隙配合。

4）由内、外圆锥实际初始位置 P_a 开始，施加一定装配力产生轴向位移而形成配合。这种方式只能得到过盈配合，如图 8-5 所示。

以上前两种方式称为结构型圆锥配合，后两种方式为位移型圆锥配合。

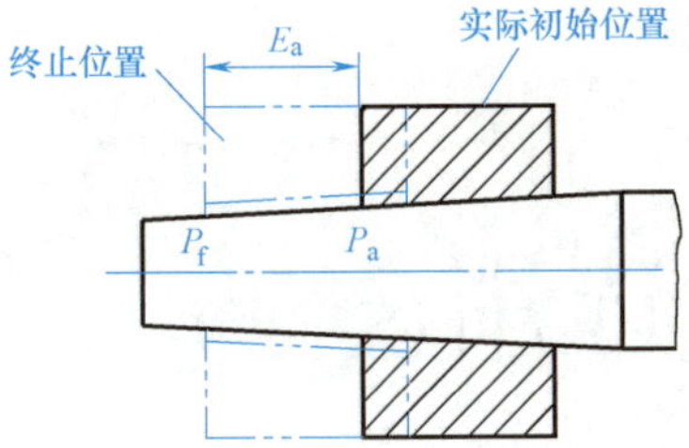

图 8-4 做一定轴向位移确定轴向位置

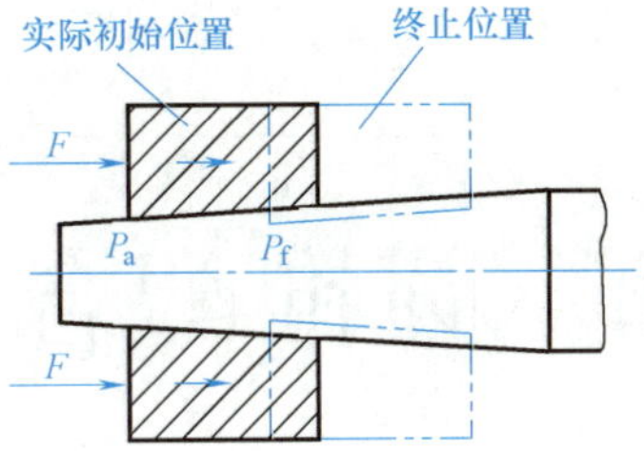

图 8-5 施加一定装配力确定轴向位置

圆锥配合的基本要求如下。

1）圆锥配合根据使用要求应有适当的间隙或过盈。间隙或过盈是在垂直于圆锥表面方向起作用，但按垂直于圆锥轴线方向给定并测量，对于锥度 $C\leqslant 1:3$ 的圆锥，两个方向的数值差异很小，可忽略。

2）控制内、外锥角的偏差和形状误差，以使圆锥配合的间隙或过盈均匀，即满足接触的均匀性要求。

3）有些圆锥配合要求实际基面距控制在一定范围内。当内、外圆锥长度一定时，基面距太大，会使配合长度减小，影响结合的稳定性和传递转矩；若基面距太小，则补偿圆锥表面磨损的调节范围就将减小。

8.1.3 圆锥基本参数误差对互换性的影响

（1）圆锥直径误差对基面距的影响 对于结构型圆锥，基面距是一定的，直径误差影响圆锥配合的实际间隙或过盈大小。影响情况和圆柱配合一样。对于位移型圆锥，直径误差影响圆锥配合的实际初始位置，影响装配后的基面距。

（2）圆锥角误差对配合的影响 圆锥角有误差，特别是内、外圆锥角误差不相等时会影响接触的均匀性。对于位移型圆锥，圆锥角误差有时还会影响基面距。

如图 8-6 所示，设以内圆锥最大直径 D_i 为基本圆锥直径，基面距在大端，内、外圆锥大端直径均无误差，只有圆锥角误差 $\Delta\alpha_i$、$\Delta\alpha_e$，且 $\Delta\alpha_i \neq \Delta\alpha_e$。

当 $\Delta\alpha_i<\Delta\alpha_e$，即 $\alpha_i<\alpha_e$ 时，内、外圆锥在大端接触，它们对基面距的影响很小，可忽略。但内、外锥在大端局部接触，接触面积小，将使磨损加剧，且有可能导致内、外锥相对倾斜，影响使用性能，如图 8-6a 所示。

当 $\Delta\alpha_i>\Delta\alpha_e$，即 $\alpha_i>\alpha_e$ 时，内、外圆锥在小端接触，不但影响接触均匀性，而且影响位移型圆锥配合的基面距，由此产生的基面距变化量为 $\Delta\alpha''$如图 8-6b 所示。

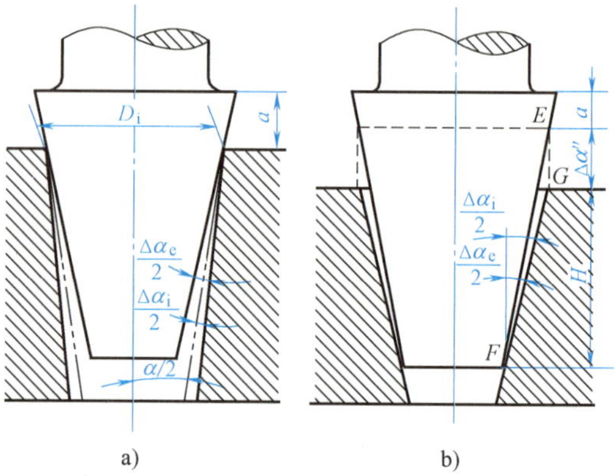

图 8-6 圆锥角误差的影响

（3）圆锥形状误差对配合的影响 圆锥形状误差是指在任一轴向截面内圆锥素线直线度误差和任一横向截面内的圆度误差。它们主要影响配合表面的接触精度，对间隙配合，使其配合间隙大小不均匀；对过盈配合，由于接触面积减少，使传递的转矩减小，连接不可靠；对过渡配合，影响其密封性。

8.2 圆锥配合公差及其选用

8.2.1 圆锥公差项目

圆锥公差标准（GB/T 11334—2005）适用于圆锥体锥度 1∶3～1∶500，圆锥长度 L= 6～630mm，直径至 500mm 的光滑圆锥件。标准中规定了四个圆锥公差项目。

1）圆锥直径公差（T_D）：指圆锥直径的允许变动量。其公差带是两个极限圆锥所限定的区域，如图 8-7 所示。最大与最小极限圆锥统称为极限圆锥。为了统一和简化，圆锥直径公差 T_D 以圆锥大端直径作为公称尺寸，按 GB/T 1800.2 规定的标准公差选取，并适用于圆锥全长。

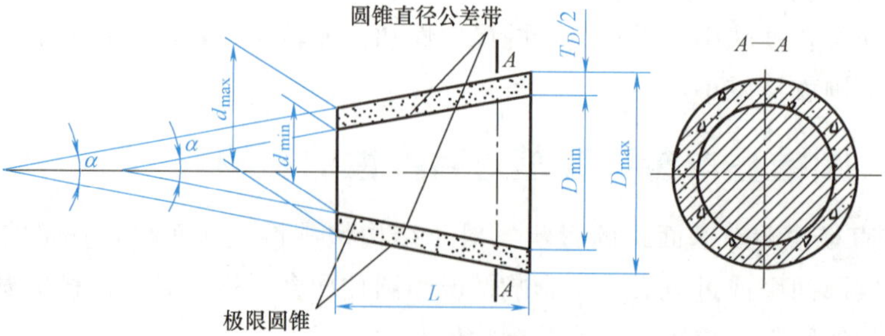

图 8-7 圆锥直径公差带

2）圆锥角公差（AT）：指圆锥角允许的变动量，即最大圆锥角 α_{max} 与最小圆锥角 α_{min} 之差，如图 8-8 所示。在圆锥轴向截面内，由最大和最小极限圆锥角限定的区域为圆锥角公差带。以弧度或角度为单位时用 AT_α 表示，以长度为单位时用 AT_D 表示。

国家标准对圆锥角公差规定了 12 个等级，为 AT1、AT2、…、AT12，其中 AT1 精度最高，AT12 精度最低。

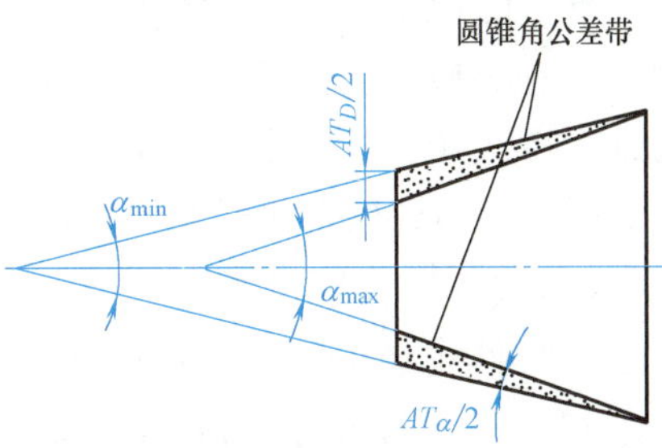

图 8-8　圆锥角公差带

表 8-1 列出了 AT4～AT9 圆锥角公差数值。

表中，在每一基本圆锥长度 L 的尺寸段内，当公差等级一定时，AT_α 为一定值，对应的 AT_D 随长度不同而变化。

$$AT_D = AT_\alpha \times L \times 10^{-3} \tag{8-1}$$

表 8-1　圆锥角公差数值（摘自 GB/T 11334—2005）

基本圆锥长度 L/mm		圆锥角公差等级								
		AT4			AT5			AT6		
		AT_α		AT_D	AT_α		AT_D	AT_α		AT_D
大于	至	/μrad	(″)	/μm	/μrad	(′)(″)	/μm	/μrad	(′)(″)	/μm
16	25	125	26	>2.0～3.2	200	41″	>3.2～5.0	315	1′05″	>5.0～8.0
25	40	100	21	>2.5～4.0	160	33″	>4.0～6.3	250	52″	>6.3～10.0
40	63	80	16	>3.2～5.0	125	26″	>5.0～8.0	200	41″	>8.0～12.5
63	100	63	13	>4.0～6.3	100	21″	>6.3～10.0	160	33″	>10.0～16.0
100	160	50	10	>5.0～8.0	80	16″	>8.0～12.5	125	26″	>12.5～20.0

基本圆锥长度 L/mm		圆锥角公差等级								
		AT7			AT8			AT9		
		AT_α		AT_D	AT_α		AT_D	AT_α		AT_D
大于	至	/μrad	(′)(″)	/μm	/μrad	(′)(″)	/μm	/μrad	(′)(″)	/μm
16	25	500	1′43″	>8.0～12.5	800	2′45″	>12.5～20.0	1250	4′18″	>20～32
25	40	400	1′22″	>10.0～16.0	630	2′10″	>16.0～20.5	1000	3′26″	>25～40
40	63	315	1′05″	>12.5～20.0	500	1′43″	>20.0～32.0	800	2′45″	>32～50
63	100	250	52″	>16.0～25.0	400	1′22″	>25.0～40.0	630	2′10″	>40～63
100	160	200	41″	>20.0～32.0	315	1′05″	>32.0～50.0	500	1′43″	>50～80

式中，AT_α 单位为 μrad，AT_D 单位为 μm，L 单位为 mm。

1μrad 等于半径为 1m、弧长为 1μm 所对应的圆心角。微弧度与分、秒的关系为

$$5\mu\text{rad} \approx 1'' \qquad 300\mu\text{rad} \approx 1'$$

例如，当 $L=100$mm，AT_α 为 9 级时，查表 8-1 得 $AT_\alpha=630\mu$rad 或 2′10″，$AT_D=63\mu$m。

若 $L=70$mm，AT_α 仍为 9 级，则 $AT_D=630\times70\times10^{-3}\mu\text{m}\approx44\mu\text{m}$。

3）圆锥的形状公差（T_F）：圆锥的形状公差包括圆锥素线直线度公差和圆度公差。对于精度低的圆锥件，其形状误差一般用直径公差 T_D 控制。对于精度要求较高的圆锥件，应按要求给定形状公差 T_F，其数值按现行的有关几何公差标准选取。

4）给定截面圆锥直径公差（T_{DS}）：指在垂直于圆锥轴线的给定截面内圆锥直径的允许变动量。它仅适用于该给定截面的圆锥直径。其公差带是在给定的截面内两同心圆限定的区域，如图 8-9 所示。

T_{DS} 公差带限定的是平面区域，而 T_D 公差带限定的是空间区域，二者是不同的。

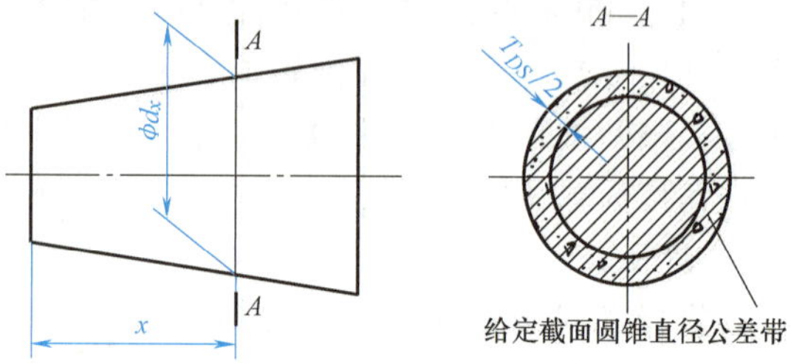

图 8-9 给定截面圆锥直径公差带

8.2.2 圆锥公差的给定

对于具体的圆锥件，并不完全需要给定上述四项公差，而是根据工件使用要求来给出公差项目。

GB/T 11334—2005 中规定了两种圆锥公差的给出方法。

1）给出圆锥的理论正确的圆锥角 α（或锥角 C）和圆锥直径公差 T_D，由 T_D 确定两个极限圆锥。此时，圆锥角误差和圆锥的形状误差均应在极限圆锥所限定的区域内。图 8-10a 所示为此种给定方法的标注示例，图 8-10b 所示为其公差带。

当对圆锥角公差、形状公差有更高要求时，可再给出圆锥角公差 AT 和形状公差 T_F，此时 AT 和 T_F 仅占 T_D 的一部分。此种给定公差的方法通常运用于有配合要求的内、外圆锥。

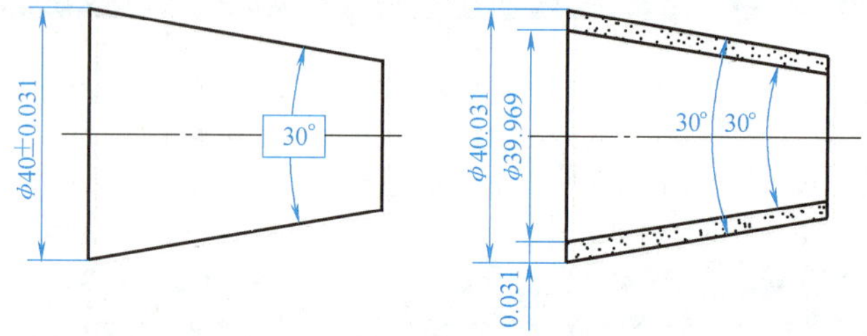

a)　　b)

图 8-10 第一种圆锥公差的给出标注

2）给出给定截面圆锥直径公差 T_{DS} 和圆锥角公差 AT。且 T_{DS} 和 AT 是独立的，应分别满足，如图 8-11 所示。

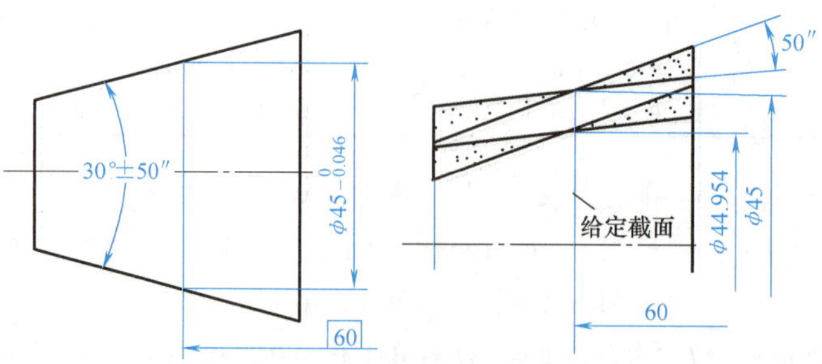

图 8-11 第二种圆锥公差的给出标注

当对形状公差有更高要求时，可再给出圆锥的形状公差。此种方法通常用于对给定圆锥截面直径有较高要求的情况。如某些阀类零件中，两个相互接合的圆锥在规定截面上要求接触良好，以保证密封性。

标准中提出圆锥公差也可以用面轮廓度标注，如图 8-12 所示。

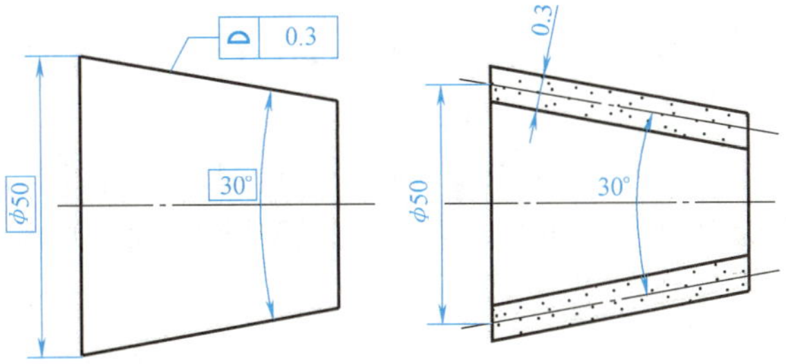

图 8-12 面轮廓度的标注

8.2.3 圆锥公差的选用

有配合要求的圆锥通常采用第一种给出圆锥公差的方法，本节主要介绍在这种情况下圆锥公差的选用。

（1）直径公差的选用　对于结构型圆锥，直径误差主要影响实际配合间隙或过盈。选用时和圆柱配合一样，可根据配合公差 T_{DP} 来确定内、外圆锥直径公差 T_{Di} 和 T_{De}。

$$T_{DP}=X_{max}-X_{min}=Y_{min}-Y_{max}=X_{max}-Y_{max} \tag{8-2}$$

$$T_{DP}=T_{Di}+T_{De} \tag{8-3}$$

国家标准中推荐结构型圆锥配合优先选用基孔制。公式中 X、Y 分别表示配合的间隙与过盈量。

（2）圆锥角公差的选用　按第一种方法给定圆锥公差，圆锥角误差限制在两个极限圆锥范围内，可不另给圆锥角公差。

表 8-2 列出了圆锥长度 $L=100$mm 时圆锥直径公差 T_D 可限制的最大圆锥角误差。当 $L\neq 100$mm 时，应将表中的数值乘以 $100/L$（L 的单位为 mm）。

表 8-2 圆锥直径公差 T_D 可限制的最大圆锥角误差 $\Delta\alpha_{max}$（$L=100$mm）（摘自 GB/T 11334—2005）　（单位：μrad）

标准公差等级	圆锥直径/mm												
	≤3	>3~6	>6~10	>10~18	>18~30	>30~50	>50~80	>80~120	>120~180	>180~250	>250~315	>315~400	>400~500
IT4	30	40	40	50	60	70	80	100	120	140	160	180	200
IT5	40	50	60	80	90	110	130	150	180	200	230	250	270
IT6	60	80	80	110	130	160	190	220	250	290	320	360	400
IT7	100	120	150	180	210	250	300	350	400	460	520	570	630
IT8	140	180	220	270	330	390	460	540	630	720	810	890	970
IT9	250	300	360	430	520	620	740	870	1000	1150	1300	1400	1550
IT10	400	480	580	700	840	1000	1200	1400	1300	1850	2100	2300	2500

如果对圆锥角有更高要求，可另给出圆锥角公差。

对于国家标准规定的圆锥角的 12 个公差等级，其适用范围大体如下：

AT1~AT5 用于高精度的圆锥量规、角度样板等。

AT6~AT8 用于工具圆锥、传递大力矩的摩擦锥体。

AT8~AT10 用于中等精度圆锥件。

AT11~AT12 用于低精度圆锥件。

从加工角度考虑，角度公差 AT 的等级数字与相应的尺寸公差 IT 等级有大体相当的加工难度。例如 AT7 与 IT7 加工难度大体相当。

圆锥角极限偏差可按单向（$\alpha+AT$ 或 $\alpha-AT$）或双向取。双向取时可以对称（$\alpha\pm AT/2$），也可以不对称。对于有配合要求的圆锥，若只要求接触均匀性，则内、外圆锥锥角的极限偏差方向应尽量一致。

8.3　圆锥的检测方法

8.3.1　量规检验法

大批大量生产的圆锥件可采用圆锥量规检验。检验内圆锥用塞规，如图 8-13a 所示，检验外圆锥用环规，如图 8-13b 所示。

检测锥度时，先在量规圆锥面素线的全长上，涂 3~4 条极薄的显示剂，然后把量规与被测圆锥对研，来回旋转角应小于 180°。根据被测圆锥上的着色或量规上擦掉的痕迹，来判断被测锥度或圆锥角是否合格。

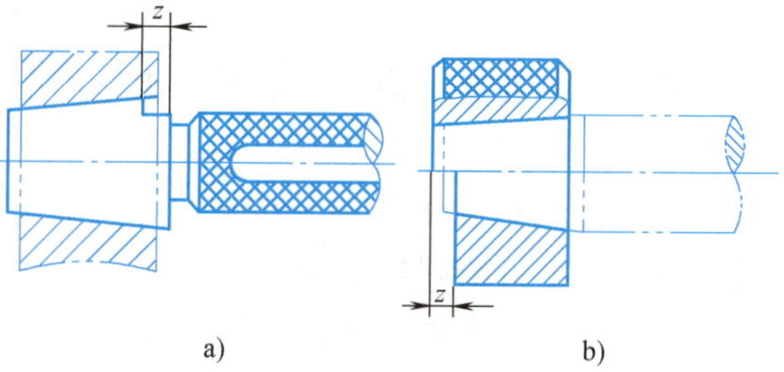

图 8-13　圆锥量规检验

在圆锥量规的基准端部刻有两条刻线或小台阶，它们之间的距离为 z，$z=(T_D/C)\times10^{-3}$mm（T_D 为被检验圆锥直径公差，单位为 μm，C 为锥度），用以检验实际圆锥的直径偏差、圆锥角偏差和形状误差的综合结果。若被测圆锥的基面端位于量规的两刻线之间，则表示圆锥合格。

有关圆锥量规的详细检验参数及要求，可参阅 GB/T 11854—2016《7∶24 工具圆锥量规检验》。

8.3.2　间接测量法

间接测量法是通过测量与锥度有关的尺寸，按几何关系换算出被测的锥度或锥角。

图 8-14 所示为用正弦规测量外圆锥锥度。先按公式 $h=L\sin\alpha$ 计算并组合量块组，式中，α 为公称圆锥角，L 为正弦规两圆柱中心距，然后按图 8-14 所示进行测量。

工件的锥度偏差 $\Delta C=(h_a-h_b)/l$，式中 h_a、h_b 分别为指示表在 a、b 两点的读数；l 为 a、b 两点间距离。

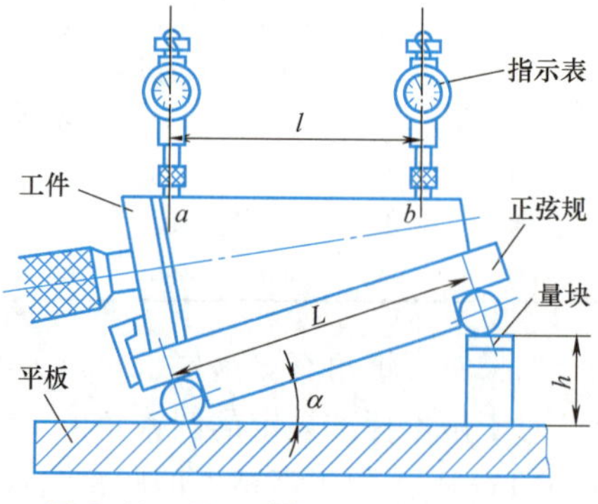

图 8-14　用正弦规测量外圆锥锥度

思考题与习题

8.1 圆锥配合的极限与配合有哪些特点？

8.2 设有一外圆锥，其最大直径为 110mm，最小直径为 99mm，长度为 110mm。试确定其圆锥角、圆锥素线角和锥度。

8.3 有一圆锥体，其尺寸参数为 D、d、L、C、α。试说明在零件图上是否需要把这些参数的尺寸和极限偏差都标注出来，为什么？

8.4 圆锥公差的给出方法有哪几种？它们各适用于什么样的场合？

8.5 为什么钻头、铰刀、铣刀等的尾柄与机床主轴孔连接多采用圆锥结合的方式？从使用要求出发，这些工具锥体应有哪些要求？

8.6 用圆锥塞规检验内圆锥时，根据接触点的分布情况，如何判断圆锥角偏差是正值还是负值？

8.7 图 8-15 所示为采用间接测量法用标准钢球测量内圆锥的圆锥角。试按照图示给出的 D_0、d_0、H、h 求出圆锥角 α 的表达式。

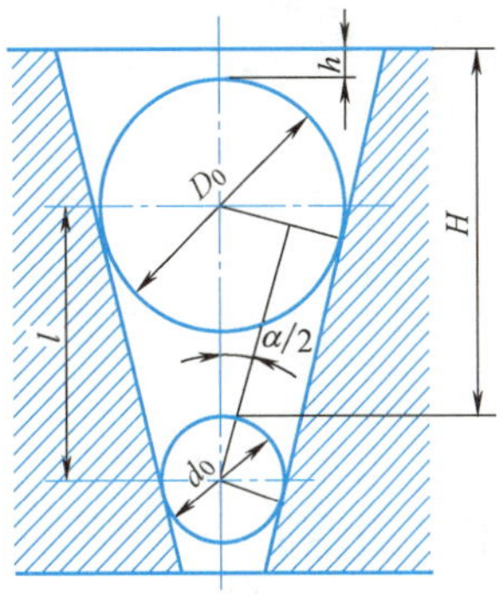

图 8-15 用标准钢球测量内圆锥角

第9章 渐开线圆柱齿轮的互换性

【章节提示】

本章主要学习影响渐开线圆柱齿轮传动的误差项目及评定参数、齿轮副的误差项目及评定指标、圆柱齿轮精度标准及应用等。重点是圆柱齿轮精度标准及应用，难点是齿轮误差的各项评定参数的含义。这一章是对前面所学互换性精度知识的具体运用，也是对圆柱齿轮国家标准的宣贯，教学内容体现出理实一体化。

通过学习和相应的实训，应认识到：齿轮作为机器及仪器中使用最多的传动件，它具有一种精神，团结协作、相互配合，承受着磨损、磨炼，能够准确平稳地传递着力量与速度，这正是新时代工匠精神的体现！

【编写依据】

本章内容主要依据下列现行国家标准编写，但不限于以下标准。

① GB/T 10095.1—2022《圆柱齿轮　ISO 齿面公差分级制　第 1 部分：齿面偏差的定义和允许值》。

② GB/T 10095.2—2023《圆柱齿轮　ISO 齿面公差分级制　第 2 部分：径向综合偏差的定义和允许值》。

③ GB/T 13924—2008《渐开线圆柱齿轮精度　检验细则》。

④ GB/Z 18620.2—2008《圆柱齿轮检验实施规范　第 2 部分　径向综合偏差　齿厚和侧隙的检验》。

⑤ GB/Z 18620.3—2008《圆柱齿轮检验实施规范　第 3 部分　齿轮轴　轴中心距和轴线平行度的检验》。

⑥ GB/Z 18620.4—2008《圆柱齿轮检验实施规范　第 4 部分　表面结构和轮齿接触斑点的检验》。

9.1 齿轮传动的基本要求及加工误差

9.1.1 齿轮传动的基本要求

齿轮常用来传递运动和动力。一般对齿轮及其传动有四个方面的要求。

(1) 传递运动的准确性　要求从动轮与主动轮运动协调，限制齿轮在一转范围内传动比的变化幅度。

从齿轮啮合原理可知，理论上的一对渐开线齿轮传动过程中，两轮之间的传动比是恒定的，如图 9-1a 所示，这时传递运动是准确的。但实际上由于齿轮的制造和安装误差，齿轮的各个轮齿相对于回转轴线的分布是不均匀的。当两齿轮单面啮合，主动轮匀速回转时，从动齿轮就不等速回转，从动齿轮转角误差变化，如图 9-1b 所示。从动轮在一转过程中，其实际转角往往不同于理论转角，发生转角误差，导致传递运动不准确。

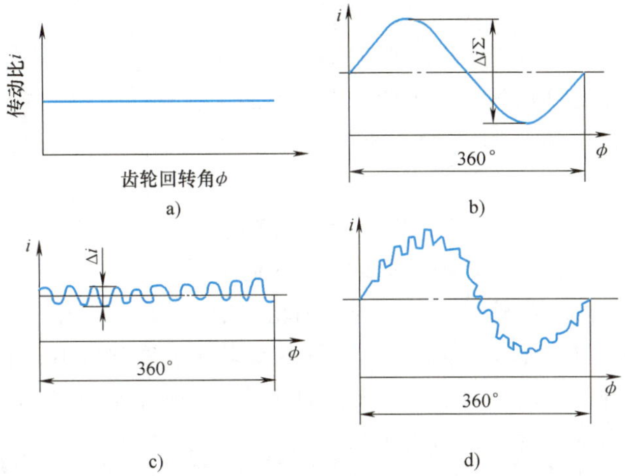

图 9-1　齿轮传动比的变化

(2) 传递运动的平稳性　要求瞬时传动比的变化幅度小。由于存在齿轮齿廓制造误差，在一对轮齿啮合过程中，传动比会发生高频的瞬时突变，如图 9-1c 所示。传动比的这种小周期的变化将引起齿轮传动产生冲击、振动和噪声等现象，影响平稳传动的质量。实际传动过程中，上述两种传动比变化同时存在，如图 9-1d 所示。

(3) 载荷分布均匀性　要求传动时齿轮工作齿面接触良好，在全齿宽上承载均匀，避免载荷集中于局部区域引起过早磨损，以提高齿轮的使用寿命。

(4) 合理的齿侧间隙　要求齿轮副相邻的非工作齿面要有一定的侧隙，用于补偿齿轮的制造误差、安装误差和热变形，防止齿轮传动发生卡死现象；侧隙还用于储存润滑油，以保持良好的润滑。但对工作时有正反转的齿轮副，侧隙会引起回程误差和冲击。

前三项是对齿轮传动的精度要求，不同用途齿轮及齿轮副，对各项精度要求的侧重点不同。对于低速重载齿轮，如起重机械、重型机械等，载荷分布均匀性要求较高，而对传递运动准确性则要求不高。对于高速重载下工作的齿轮，如汽轮机减速器齿轮等，则对运动准确性、传动平稳性和载荷分布均匀性的要求都很高，而且要求有较大的侧隙以满足润滑需要。

侧隙与前三项要求有所不同，是独立于精度要求的另一类要求。齿轮副所要求侧隙的大小，主要取决于齿轮副的工作条件。对重载、高速齿轮传动，由于受力，受热变形较大，侧隙也应大些，以补偿较大的变形和形成油膜。而经常正转、逆转的齿轮，为减小回程误差，应适当减小侧隙。

9.1.2　齿轮的主要加工误差

齿轮的加工方法很多，按齿廓形成原理可分为：①仿形法，如用成形铣刀在铣床上铣齿；②展成法，如用滚刀在滚齿机上滚齿。

现以滚齿加工为例，分析产生齿轮加工误差的主要原因。此种方法加工齿轮的误差主要来源于机床、刀具、齿坯系统的周期性误差。

(1) 偏心　偏心有几何偏心和运动偏心。

1) 几何偏心：指齿坯在机床上加工时的安装偏心。造成安装偏心的原因是由于齿坯定位孔与机床心轴之间有间隙。如图 9-2 所示，使齿坯定位孔中心线 $O'—O'$ 与机床工作台的回转轴线 $O—O$ 不重合，产生偏心 e_1。

具有几何偏心的齿轮，一边的齿高增大，另一边的齿高减小，如图 9-3 所示。轮齿在以 O 为圆心的圆周上是均匀分布的，但在以 O' 为圆心的圆周上分布是不均匀的。齿轮工作时不能保证回转轴线与 O 重合，所以齿距呈周期性的变化。

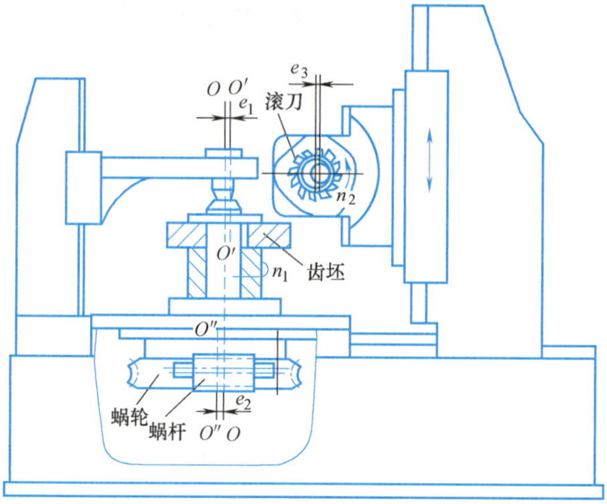

图 9-2 滚齿机加工齿轮

2）运动偏心：指机床分度蜗轮轴线与工作台回转轴线不重合所引起的偏心。加工齿轮时，由于分度蜗轮的轴线 $O''—O''$ 与工作台回转轴线 $O—O$ 不重合产生偏心 e_2，如图 9-2 所示。这种由分度蜗轮旋转速度变化所引起的偏心称为运动偏心。具有运动偏心的齿轮，齿坯相对于滚刀无径向位移，但有沿分度圆切线方向的位移，因而使分度圆上齿距大小呈周期变化，如图 9-4 所示。

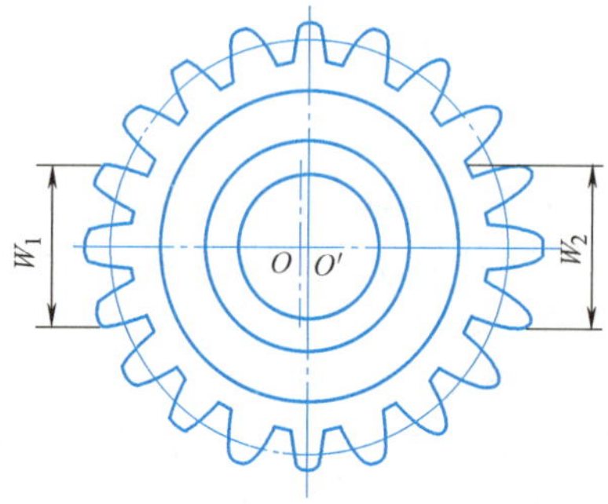

图 9-3 具有几何偏心的齿轮

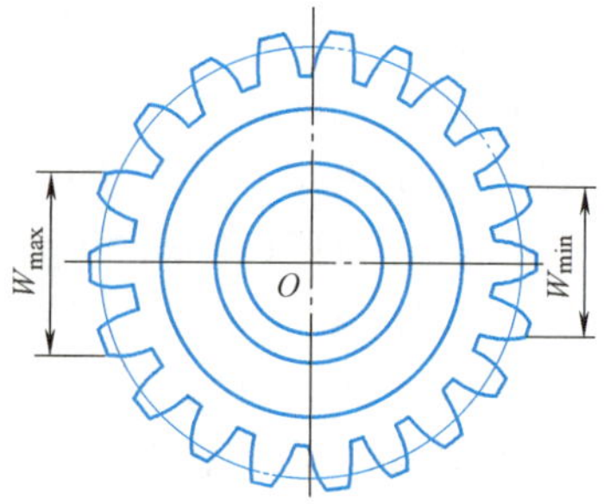

图 9-4 具有运动偏心的齿轮

（2）机床传动链的高频误差 加工直齿轮时，主要受分度链中各传动元件误差的影响，尤其是分度蜗杆的安装偏心 e_4（引起分度蜗杆的径向跳动）和轴向圆跳动的影响，使蜗轮（齿坯）在一周范围内转速出现多次变化，加工出的齿轮产生齿距偏差和齿形误差。加工斜齿轮时，除分度链误差外，还有差动链误差的影响。

它们都会在加工齿轮过程中被复映到被加工齿轮的每一齿上，使加工出来的齿轮产生基节偏差和齿形误差。

（3）滚刀的制造和安装误差 滚刀的制造误差主要指滚刀本身的基节、齿形等制造误差。滚刀偏心使被加工齿轮产生径向误差。滚刀刀架导轨或齿坯轴线相对于工作台旋转轴线的倾斜及轴向圆跳动，使滚刀的进刀方向与轮齿的理论方向不一致，直接造成齿面沿齿长方向（轴向）歪斜，产生齿向误差，主要影响载荷分布的均匀性。

上述三方面的加工误差中，前两种因素所产生的误差以齿轮一转为周期，称为长周期误差（低频误差）；后一种因素产生的误差，在齿轮一转中，多次重复出现，称为短周期误差（高频误差）。

9.2 圆柱齿轮的误差项目及评定参数

国家标准 GB/T 10095《圆柱齿轮 ISO 齿面公差分级制》依据测量原理、测量装备和评价方法的不同，由两个部分构成。第 1 部分 GB/T 10095.1 给出单个齿轮齿面的基本偏差的定义以及各个精度等级公差的计算方法等。第 2 部分 GB/T 10095.2 给出单个齿轮径向综合偏差的定义，以及各个精度等级的公差的计算方法等。两个部分共同构成了我国圆柱齿轮精度等级评价体系。另外，配套的指导性技术文件 GB/Z 18620 系列给出了具体的检测方法及建议。

9.2.1 评定齿轮传递运动准确性的参数

1. 齿距累积总偏差 F_p 和齿距累积总公差 F_{pT}

齿距累积总偏差 F_p 是分度圆上任意两个同侧齿面间的实际弧长与理论弧长之差的最大绝对值，如图 9-5 所示。F_p 也称为总分度偏差。

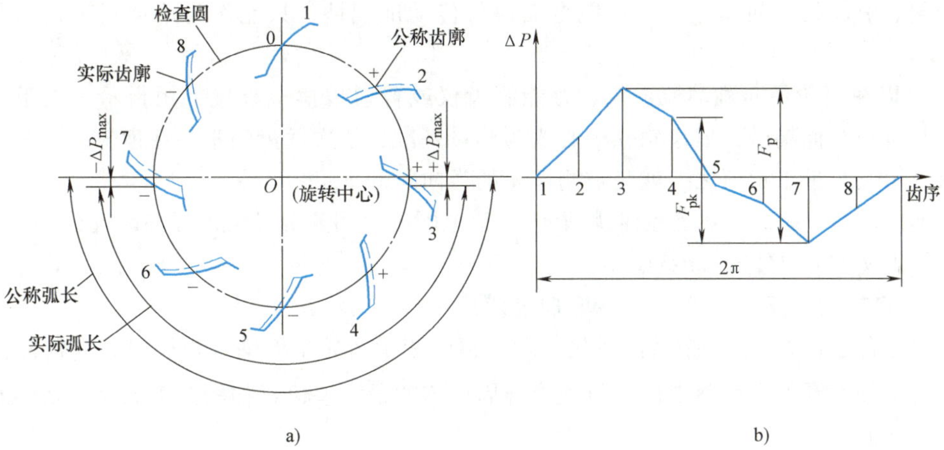

图 9-5 齿距累积总偏差

齿距累积总公差 F_{pT} 是齿距累积总偏差 F_p 的最大允许值，可通过计算获得。国家标准给出 F_{pT} 的计算公式见表 9-1 中的公式（9-1）。

2. 齿距累积偏差 F_{pk} 和齿距累积公差 F_{pkT}

齿距累积偏差 F_{pk} 即 k 个齿距累积偏差，是指任意 k 个齿距的实际弧长与理论弧长的代数差。理论上它等于这 k 个齿距的单个齿距偏差的代数和，k 为 2 到小于 $z/8$ 的整数（z 为齿轮的齿数，通常 k 取 $z/8$ 就可以）。

规定 F_{pk} 主要是为了限制齿距累积误差集中在某局部圆周上。它不是强制性的参数，除非另有规定。

检验齿距累积偏差，必须逐齿测量，经过一定的数据处理才能得到结果。这对在生产车间检验齿轮不太适宜。

齿距累积公差 F_{pkT} 是齿距累积偏差 F_{pk} 的最大允许值，可通过计算获得。国家标准给出的齿距累积公差 F_{pkT} 计算公式见表 9-1 中的公式（9-2）。

3. 径向跳动 F_r 和径向跳动公差 F_{rT}

齿轮径向跳动 F_r 是在齿轮一转范围内，测头相继置于每个齿槽内时，从它到齿轮轴线的最大和最小径向距离之差，如图 9-6 所示。

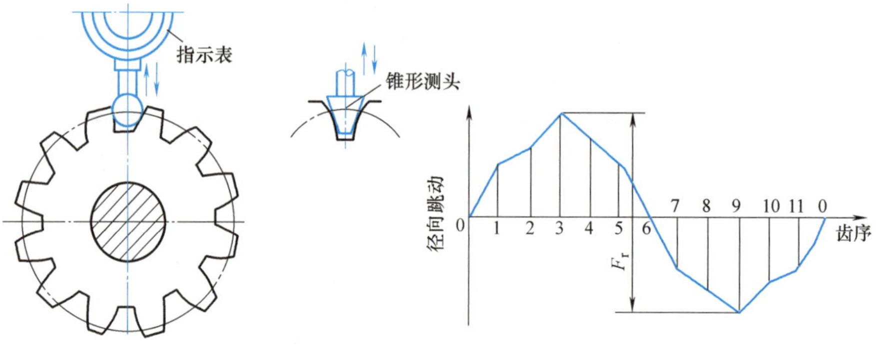

图 9-6 齿轮径向跳动的测量

F_r 主要是由几何偏心引起的，它可以反映齿距累积总偏差中的径向误差，但并不反映由运动偏心引起的切向误差，故不能全面评价传动准确性，只能作为单项指标，不是强制性的。

F_r 可以在齿轮径向跳动检查仪、万能测齿仪或普通偏摆检查仪上用指示表测量。测量时测头与齿槽双面接触，以齿轮孔中心线为测量基准，依次逐齿测量，在齿轮一转中，指示表的最大示值与最小示值之差就是被测齿轮的径向跳动 F_r。

径向跳动公差 F_{rT} 是限定径向跳动 F_r 变动范围的。国家标准给出径向跳动公差 F_{rT} 的计算公式见表 9-1 中的公式（9-3）。

4. 切向综合总偏差 F_{is} 和切向综合总公差 F_{isT}

切向综合总偏差 F_{is} 是指被测齿轮与理想精确测量齿轮单面啮合检验时，在被测齿轮一转内，齿轮分度圆上实际圆周位移与理论圆周位移的最大差值，如图 9-7 所示。该误差以分度圆弧长计值。

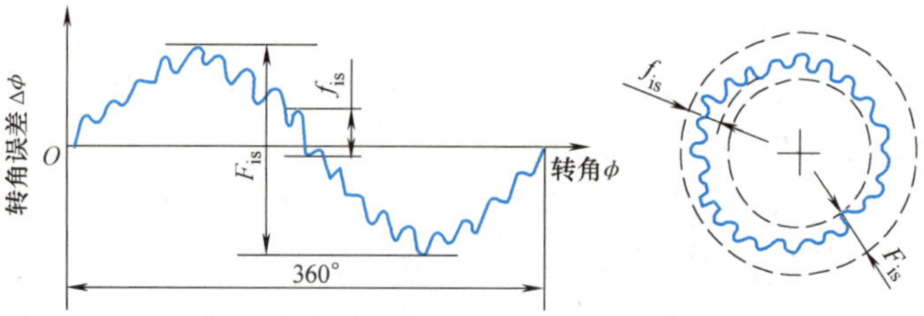

图 9-7 切向综合总偏差曲线

F_{is} 是几何偏心、运动偏心和基节偏差、齿形误差的综合结果。

F_{is} 在单面啮合状态下测量，被测齿轮近似于工作状态，测量结果又反映了各种误差的综合作用，因此该项目是评定齿轮传动准确性的较完善的指标。

F_{is} 用单啮仪测量。单啮仪的结构有多种形式，图 9-8 所示为目前应用较多的光栅式单啮仪的工作原理图。标准蜗杆（也可用标准齿轮）与被测齿轮啮合，二者各带一个光栅盘和信号发生器，二者的角位移信号经分频器后变为同频信号。当被测齿轮有误差时，将引起回转角有误差，此回转角的微小误差将变为两路信号的相位差，经比相计、记录器，记录出的误差曲线如图 9-7 所示。

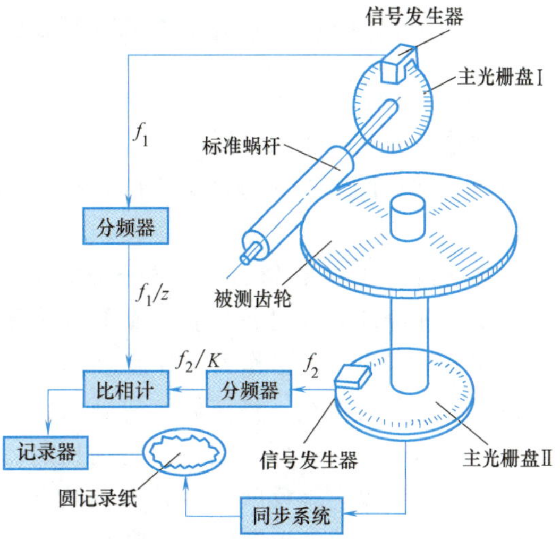

图 9-8　光栅式单啮仪工作原理

切向综合总公差 F_{isT} 限定切向综合总偏差 F_{is} 的变动范围。国家标准给出 F_{isT} 的计算公式见表 9-1 中的公式（9-4）。

5. 径向综合总偏差 F_{id} 和径向综合总公差 F_{idT}

径向综合总偏差 F_{id} 是指被测齿轮与理想精确测量齿轮双面啮合（被测齿轮的左右齿面同时与测量齿轮接触）时，在被测齿轮一转内，双啮中心距的最大变动量。它可在双面啮合综合检查仪上测得，如图 9-9 所示。

F_{id} 主要是由几何偏心引起的，同时还反映了部分高频误差，它是一项单项指标。

F_{id} 可用双面啮合仪测量，如图 9-9a 所示。被测齿轮 4 的轴线可浮动，测量齿轮 1 的轴线固定，在弹簧 2 的作用下两轮作双面啮合。若被测齿轮有几何偏心，在一转中，双啮中心距会发生变化，连续记录其变化情况，可得如图 9-9b 所示曲线（也可用指示表指示其变化范围），即可测得 F_{id}（也可同时测得一齿径向综合误差 f_{id}）。

用双啮仪测量 F_{id}，操作方便，测量效率高，在成批和大量生产中应用广泛。

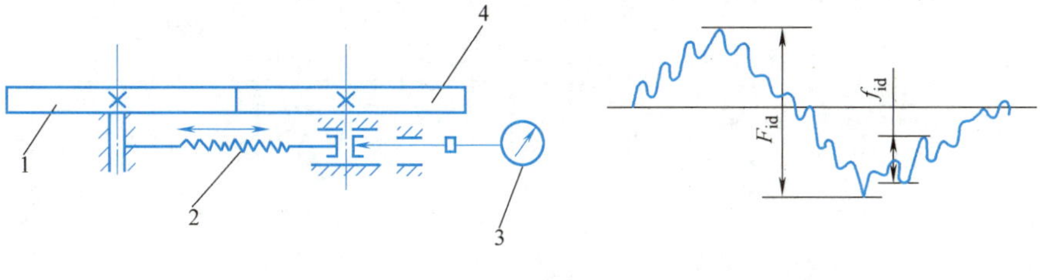

a)　　b)

图 9-9　径向综合偏差的测量

1—测量齿轮　2—弹簧　3—指示表（或记录仪）　4—被测齿轮

径向综合总公差 F_{idT} 为径向综合总偏差 F_{id} 的最大允许值。国家标准给出 F_{idT} 的计算公式，其中圆柱齿轮及齿数大于 2/3 整圆齿数的扇形齿轮的 F_{idT} 计算公式见表 9-2 中的公式（9-10）。

对于上述这些检验参数，并非在一个齿轮设计中全部给出，而是根据生产类型、精度要求和测量条件等的不同进行选用。

GB/T 10095.1—2022 给出了齿轮的被测量参数，其中齿距累积总偏差 F_p 是默认参数，还给出几个备选参数，将在 9.4.3 齿轮的检验项目中列出。

9.2.2 评定齿轮传动平稳性的参数

1. 齿廓总偏差 F_α 和齿廓总公差 $F_{\alpha T}$

齿廓总偏差是指在齿轮端截面上，齿形工作部分（齿顶倒棱部分除外），包容被测齿廓迹线的两条设计齿廓平行线之间的距离，如图 9-10 所示。

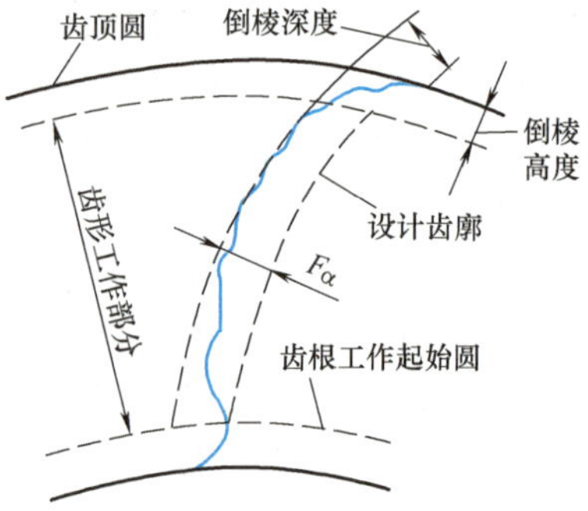

图 9-10 齿廓总偏差

通常的齿形工作部分为理论渐开线。齿轮设计中，有时需要对理论渐开线进行修正，如修缘齿形、凸齿形等，此时就应以修正齿形作为设计齿形。

齿廓总偏差的存在，将破坏齿轮副的正常啮合，使啮合点偏离啮合线，从而引起瞬时传动比的变化，导致传动不平稳，所以它是反映一对轮齿在啮合过程中平稳性的指标，属于齿轮的齿廓偏差参数系列。

齿廓总偏差可在渐开线检查仪上测量。渐开线检查仪有单圆盘式和万能式两种。单圆盘式渐开线检查仪对每种规格的被测齿轮需要一个专用的基圆盘，适用于成批生产。万能式渐开线检查仪不需要专用基圆盘，但结构复杂，价格较贵。图 9-11a 所示为单圆盘渐开线检查仪的工作原理图。仪器通过基圆盘 1 和直尺 2 的纯滚动产生精确的渐开线，被测齿轮 3 与基圆盘同轴安装。传感器 4 和测头装在直尺上面，随直尺一起移动。测量时，按基圆半径 r_b 调整测头的位置，使测头与被测齿面接触。移动直尺 2，在摩擦力作用下，基圆盘与被测齿轮一起转动。如果齿形有误差，则在测量过程中，测头相对于齿面之间就有相对移动，此运动通过传感器等测量系统记录下来，如图 9-11b 所示，图中实线为齿形误差的记录图形，虚线为设计齿形，包容实际齿形的两条虚线之间的距离就是 F_α。

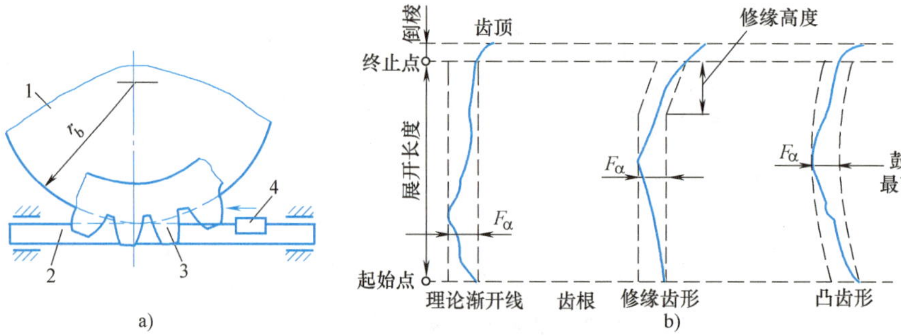

图 9-11 单圆盘式渐开线检查仪工作原理

1—基圆盘 2—直尺 3—被测齿轮 4—传感器

除此之外，齿轮的齿廓偏差参数系列还有齿廓形状偏差 $f_{f\alpha}$ 和齿廓倾斜偏差 $f_{H\alpha}$，可查阅 GB/T 10095.1—2022。

国家标准给出齿廓总公差 $F_{\alpha T}$ 的计算公式见表 9-1 中的公式（9-5）。

2. 单个齿距偏差 f_p 和单个齿距公差 f_{pT}

单个齿距偏差是指在分度圆上，实际齿距与理论齿距的代数差，如图 9-12 所示。理论齿距是指所有实际齿距的平均值，单个齿距偏差 f_p 需对每个轮齿的两侧都进行测量。

齿形角误差也表现为齿形误差，单个齿距偏差在一定程度上反映了基节偏差和齿形误差的综合影响，因此可用单个齿距偏差 f_p 来评定齿轮传动的平稳性。

单个齿距公差 f_{pT} 是单个齿距偏差 f_p 的最大允许值。国家标准给出单个齿距公差 f_{pT} 的计算公式见表 9-1 中的公式（9-6）。

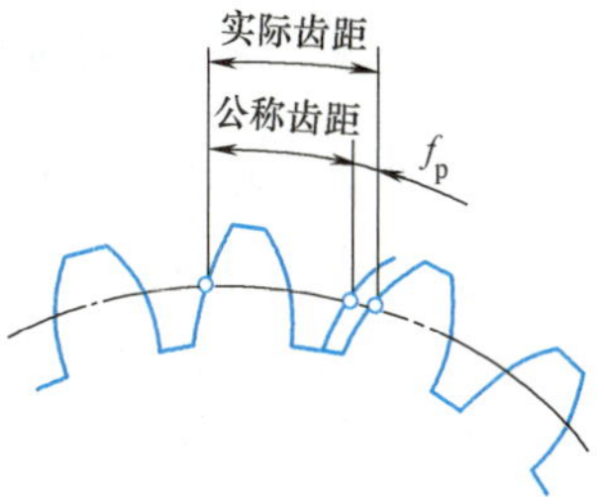

图 9-12 单个齿距偏差

3. 一齿切向综合偏差 f_{is} 和一齿切向综合公差 f_{isT}

一齿切向综合偏差是指被测齿轮与理想精确测量齿轮单面啮合时，在被测齿轮一个齿距角内的实际转角与公称转角之差的总幅度值，以分度圆弧长计值。

f_{is} 用单啮仪测量，它是切向综合误差曲线图（图 9-7）上小波纹中幅度最大的那一段所代表的误差。

f_{is} 综合反映了齿轮的基节、齿形等方面的误差，它是评价齿轮传动平稳性的一个较好的综合指标。

国家标准给出齿轮副的一齿切向综合公差的最大值 $f_{isT,max}$ 和最小值 $f_{isT,min}$ 的计算见表 9-1 中的公式（9-7）。

公式中用到的一齿切向综合偏差的设计值 $f_{isT(design)}$，应通过分析应用设计和检测条件确定。选择设计值应考虑实际影响，如安装误差、轮齿形状误差和工作载荷等。

4. 一齿径向综合偏差 f_{id} 和一齿径向综合公差 f_{idT}

一齿径向综合偏差是指被侧齿轮与理想精确测量齿轮双面啮合时，在被测齿轮一个齿距角内双啮中心距的最大变动量。

f_{id} 用双啮仪测量，它是径向综合误差曲线图（图 9-9b）上小波纹中幅度最大的那一段所代表的误差。

f_{id} 也能综合反映转过一个齿距角内齿廓上各局部偏差对瞬时角位移的影响，所以它也是评定齿轮传动平稳性的一个综合误差项目。

一齿径向综合公差 f_{idT} 为一齿径向综合偏差的最大允许值。国家标准给出 f_{idT} 的计算公式见表 9-2 中的公式（9-11）。

5. 螺旋线形状偏差 $f_{f\beta}$ 和螺旋线形状公差 $f_{f\beta T}$

螺旋线形状偏差是指斜齿轮齿高中部实际齿线波纹的最大波幅，沿齿面法线方向计值，如图 9-13 所示，它相当于直齿轮的齿形误差，可用来评价宽斜齿轮传动的平稳性。

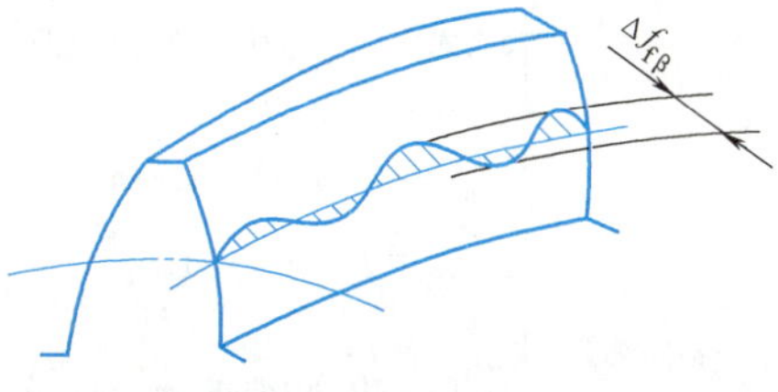

图 9-13 螺旋线形状偏差

齿线是齿面与分度圆柱面的交线。通常，直齿轮的齿线为直线，斜齿轮的齿线为螺旋线。

国家标准给出螺旋线形状公差 $f_{f\beta T}$ 的计算公式见表 9-1 中的公式（9-8）。

对这些检验参数，并非在一个齿轮设计中都提出要求。根据生产规模、齿轮精度、测量条件及工艺方法的不同提出不同的参数要求。

GB/T 10095. 1—2022 给出了齿轮的被测量默认参数，还给出几个备选参数，将在 9. 4. 3 齿轮的检验项目中列出。

9.2.3 评定载荷分布均匀性的参数

螺旋线总偏差 F_{β} 和螺旋线总公差 $F_{\beta T}$

在端面基圆切线方向上测得的实际螺旋线对设计螺旋线的偏离量称为螺旋线偏差。螺旋线总偏差 F_{β} 是指在基圆柱的切平面内，在齿宽工作部分（轮齿两端的倒角或修圆部分除外）范围内，包容被测螺旋线的两条设计螺旋线之间的距离，如图 9-14 所示。

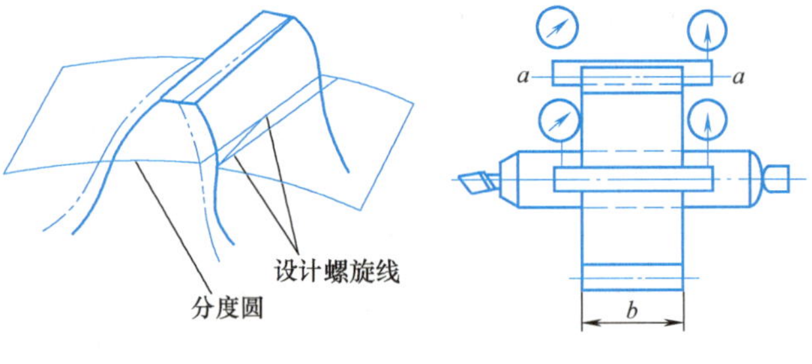

a) b)

图 9-14 螺旋线总偏差

F_{β} 为评定齿轮载荷分布均匀性的精度的应验指标。

测量 F_{β} 时，应在被测齿轮圆周上测量均匀分布的三个轮齿或更多的轮齿左、右齿面的螺旋线总偏差，取其中最大值 $F_{\beta max}$ 作为评定值。

螺旋线总公差 $F_{\beta T}$ 限定螺旋线总偏差 F_{β} 的变动范围。国家标准给出 $F_{\beta T}$ 的计算公式见表 9-1 中的公式（9-9）。

表 9-1 齿轮公差项目计算公式（摘自 GB/T 10095.1—2022）

公差项目名称及代号	公差计算公式	说明	公式编号
齿距累积总公差（F_{pT}）	$F_{pT}=(0.002d+0.55\sqrt{d}+0.7m_n+12)\sqrt{2}^{A-5}$	d 为分度圆直径； m_n 为法向模数； A 为公差等级，即 1～11 级	(9-1)
齿距累积公差（F_{pkT}）	$F_{pkT}=f_{pT}+\frac{4k}{z}(0.001d+0.55\sqrt{d}+0.3m_n+7)\sqrt{2}^{A-5}$	f_{pT} 是公差等级为 A 的单个齿距公差	(9-2)
跳动公差（F_{rT}）	$F_{rT}=0.9F_{pT}=0.9(0.002d+0.55\sqrt{d}+0.7m_n+12)\sqrt{2}^{A-5}$	$5\leqslant z\leqslant 1000$，$5\text{mm}\leqslant d\leqslant 15000\text{mm}$ $0.5\text{mm}\leqslant m_n\leqslant 70\text{mm}$	(9-3)
切向综合总公差（F_{isT}）	$F_{isT}=F_{pT}+f_{isT,max}$	$5\leqslant z\leqslant 400$，$1\text{mm}\leqslant m_n\leqslant 50\text{mm}$ $5\text{mm}\leqslant d\leqslant 2500\text{mm}$	(9-4)
齿廓总公差（$F_{\alpha T}$）	$F_{\alpha T}=\sqrt{f_{H\alpha T}^2+f_{f\alpha T}^2}$ 式中，$f_{H\alpha T}$ 为齿廓倾斜公差，$f_{f\alpha T}$ 为齿廓形状公差，其计算公式： $f_{H\alpha T}=(0.4m_n+0.001d+4)\sqrt{2}^{A-5}$ $f_{f\alpha T}=(0.55m_n+5)\sqrt{2}^{A-5}$	其中齿廓倾斜公差和齿廓形状公差使用未圆整的公差值 $f_{H\alpha T}$ 的公差应加上正负号（±）	(9-5)
单个齿距公差（f_{pT}）	$f_{pT}=(0.001d+0.4m_n+5)\sqrt{2}^{A-5}$		(9-6)
一齿切向综合公差的最大值 $f_{isT,max}$ 和最小值 $f_{isT,min}$	$f_{isT,max}=(f_{isT(design)}+0.375m_n+5)\times\sqrt{2}^{A-5}$ $f_{isT,min}=(f_{isT(design)}-0.375m_n+5)\times\sqrt{2}^{A-5}$ $f_{isT(design)}=(4+3.2\sqrt{m_n}+0.34\sqrt{d})$	一齿切向综合偏差的设计值 $f_{isT(design)}$，通过分析应用设计和检测条件确定。如一般要求可按照公式计算	(9-7)

（续）

公差项目名称及代号	公差计算公式	说明	公式编号
螺旋线形状公差（$f_{f\beta T}$）	$f_{f\beta T}=(0.07\sqrt{d}+0.45\sqrt{b}+4)\times\sqrt{2}^{A-5}$	b 为齿宽（轴向）	(9-8)
螺旋线总公差（$F_{\beta T}$）	$F_{\beta T}=\sqrt{f_{H\beta T}^2+f_{f\beta T}^2}$ 式中，$f_{H\beta T}$ 为螺旋线倾斜公差，$f_{f\beta T}$ 为螺旋线形状公差。$f_{H\beta T}$ 的计算公式： $f_{H\beta T}=(0.05\sqrt{d}+0.35\sqrt{b}+4)\times\sqrt{2}^{A-5}$		(9-9)

注：除注明外，各公式应用范围为：$5\leqslant z\leqslant 1000$；$5\text{mm}\leqslant d\leqslant 15000\text{mm}$；$0.5\text{mm}\leqslant m_n\leqslant 70\text{mm}$；$4\text{mm}\leqslant b\leqslant 1200\text{mm}$；$\beta\leqslant 45°$。各公差的单位均为 μm，公式中的参数应以 mm 为单位代入，如分度圆直径 d、模数 m_n 等。公式中的计算值应按下述规则圆整。

① 如果计算值大于 10μm，圆整到最接近的整数值。

② 如果计算值不大于 10μm，且不小于 5μm，圆整到最接近的尾数为 0.5μm 的值。

③ 如果计算值小于 5μm，圆整到最接近的尾数为 0.1μm 的值。

④ 如果测量仪器采用（英制）英寸（in），各公式的计算值应转换成万分之一英寸，然后根据圆整规则用 μm 进行圆整（例如，用“万分之一英寸”替代上述规则中的 μm）。

表 9-2 齿轮公差项目计算公式（摘自 GB/T 10095.2—2023）

公差项目名称及代号	公差计算公式	说明	公式编号
径向综合总公差（F_{idT}）	$F_{idT}=\left(0.08\frac{z_c m_n}{\cos\beta}+64\right)\times 2^{\left(\frac{R-44}{4}\right)}$	m_n 为法向模数； z 为齿数； β 为螺旋角； R 为公差等级	(9-10)
一齿径向综合公差（f_{idT}）	$f_{idT}=\frac{F_{idT}}{2^{\left(\frac{R_x}{4}\right)}}=\left(0.08\frac{z_c m_n}{\cos\beta}+64\right)\times 2^{\left(\frac{R-R_x-44}{4}\right)}$ 其中： $z_c=\min(\lvert z\rvert,200)$ $R_x=5\times\left(1-1.12^{\frac{1-z_c}{1.12}}\right)$		(9-11)

注：对于 200 齿以上的齿轮（扇形齿轮除外），计算齿数应使用默认值 200。

对于扇形齿轮，z 是将扇形扩展到 360°后的当量齿数。

根据公式计算的公差值应圆整到最接近的整数值。如果小数部分为 0.5，应向上圆整到最近的整数值。

如果测量仪器读数以英寸为单位，则根据公式计算的公差值应在圆整前转换为万分之一英寸，然后圆整到最接近的 0.5 万分之一英寸。例如，公差值 11.74 万分之一英寸应圆整为 11.5 万分之一英寸，而公差值 11.75 万分之一英寸则圆整为 12.0 万分之一英寸。

9.2.4 评定齿轮合理侧隙的参数

1. 齿厚偏差 f_{sn}（上偏差 E_{sns}、下偏差 E_{sni}、公差 T_{sn}）

齿厚偏差是指分度圆上齿厚实际值与公称齿厚之差，如图 9-15 所示。对于斜齿轮，齿厚指法向齿厚。它应在齿厚上极限偏差 E_{sns} 和下极限偏差 E_{sni} 限定范围内，即 $E_{sni}\leqslant f_{sn}\leqslant E_{sns}$。齿厚上极限偏差 E_{sns} 和齿厚下极限偏差 E_{sni} 统称为齿厚偏差。

齿厚公差 T_{sn} 是指齿厚上极限偏差和齿厚下极限偏差之差。

通常通过减薄齿厚来获得侧隙，故齿厚偏差是评价侧隙的一项直观的指标。其值一般为负值。

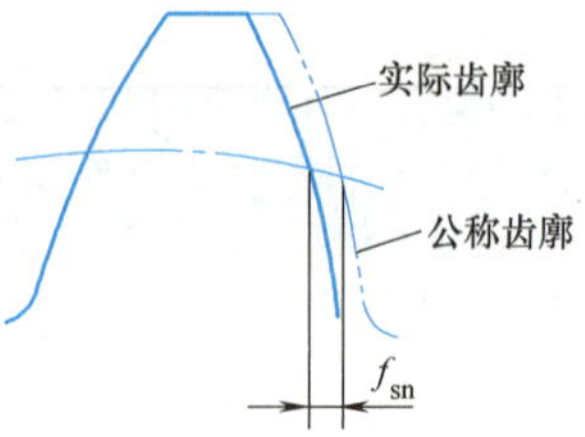

图 9-15 齿厚偏差

齿厚是分度圆上一段弧长，因不便于直接测量，通常用分度圆弦齿厚来代替。齿厚偏差通常用游标齿厚卡尺测量，如图 9-16 所示。测量前先将垂直的游标卡尺调整到被测齿轮的分度圆弦齿高 $\bar{h}$ 处，以使卡尺的两个量脚与齿面在分度圆处接触，然后用水平游标尺测出分度圆弦齿厚的实际值 s'，$s'-\bar{s}$ 为齿厚偏差。$\bar{s}$ 为公称弦齿厚。对于非变位齿轮，分度圆公称弦齿高 $\bar{h}$ 和公称弦齿厚 $\bar{s}$ 分别为

$$\bar{h}=m+\frac{m\cdot z}{2}\left[1-\cos\left(\frac{\pi}{2z}\right)\right] \tag{9-12}$$

$$\bar{s}=m\cdot z\cdot\sin\left(\frac{\pi}{2z}\right) \tag{9-13}$$

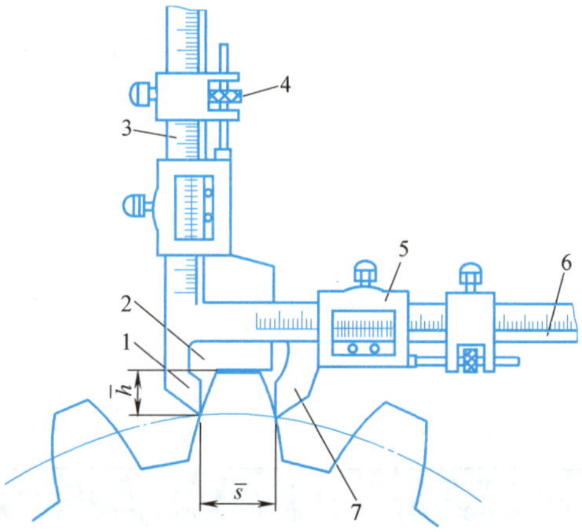

图 9-16 用游标齿厚卡尺测齿厚

1—固定量爪 2—高度定位尺 3—垂直游标尺 4—调整螺母 5—游标框架 6—水平游标尺 7—活动量爪

因测量齿厚时是以顶圆为基准，则其顶圆直径误差和跳动都会给测量结果带来较大的影响，故它只适于要求精度较低和模数较大的齿轮。而对于高精度和便于在车间检验的齿轮，常用公法线平均长度偏差。

2. 公法线平均长度偏差 E_{bn}（上极限偏差 E_{bns}、下极限偏差 E_{bni}、公差 T_{bnm}）

公法线平均长度偏差是指在齿轮一周内，公法线长度的平均值与公称值之差。

由齿轮传动原理知，公法线长度偏差与齿厚偏差之间的关系为

$$E_{bn}=f_{sn}\cos\alpha \tag{9-14}$$

对于 $\alpha=20°$ 的标准直齿圆柱齿轮，公法线长度的公称值可由下式求得，即

$$W=m[1.476(2k-1)+0.014z] \tag{9-15}$$

式中 m——被测齿轮的模数；

z——被测齿轮的齿数；

k——跨齿数，用公式 $k=z/9+0.5$ 计算后化整确定。

9.3 齿轮副的误差项目及评定指标

两个相啮合的齿轮组成的基本机构称为齿轮副。齿轮之间相互配合，承受磨损与摩擦，传递力量与速度，对其进行误差控制非常重要。标准规定齿轮副的检验参数通常为传动误差

的检验和安装误差的检验两大类。

9.3.1 齿轮副的传动误差

1. 齿轮副的切向综合误差 F'_{ic}

齿轮副的切向综合误差是指装配后的齿轮副，在啮合转动足够多的转数内，一个齿轮相对于另一个齿轮的实际转角与公称转角之差的总幅度值，如图 9-17 所示，以分度圆弧长计。所谓足够多的转数，是为了使一对齿轮在相对位置变化的全部周期中，让误差充分显示出来。

2. 齿轮副的接触斑点

齿轮副的接触斑点指装配后的齿轮副，在轻微的制动下，运转后齿面上分布的接触擦亮痕迹。它可以显示齿面接触的载荷分布均匀性，也综合反映了齿轮的加工误差和安装误差，同时其测量方法较简单，应用较广，如图 9-18 所示。

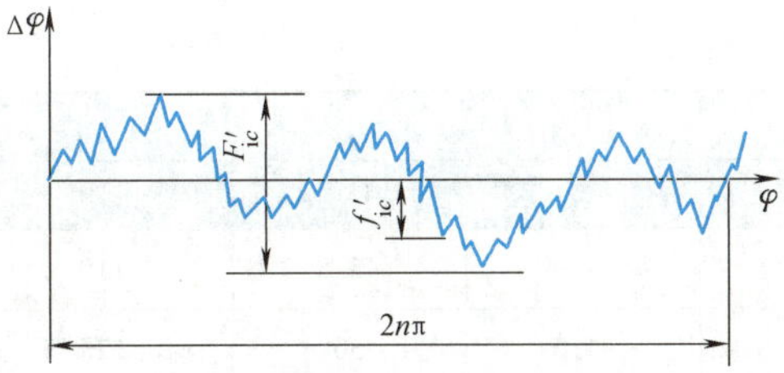

图 9-17 齿轮副切向综合误差曲线

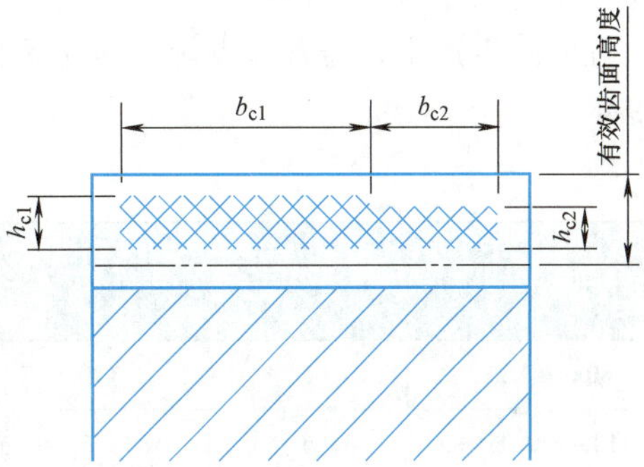

图 9-18 齿轮副的接触斑点

接触斑点的大小是指在齿面展开图上，擦亮痕迹在齿长和齿高方向所占的百分比（表 9-3）。

表 9-3 直齿轮装配后的接触斑点

精度等级按 GB/T 10095	b_{c1} 占齿宽的百分比	h_{c1} 占有效齿面高度的百分比	b_{c2} 占齿宽的百分比	h_{c2} 占有效齿面高度的百分比
4 级及更高	50%	70%	40%	50%
5 和 6 级	45%	50%	35%	30%
7 和 8 级	35%	50%	35%	30%
9～11 级	25%	50%	25%	30%

3. 齿轮副侧隙

齿轮副侧隙分圆周侧隙、法向侧隙和径向侧隙三种。

圆周侧隙 j_{wt} 是指装配后的齿轮副，当一个齿轮固定时，另一个齿轮所能转过的节圆弧，如图 9-19a 所示。法向侧隙 j_{bn} 是指装配好的齿轮副，当工作齿面接触时，非工作齿面之间的最小距离，如图 9-19b 所示。

法向侧隙与圆周侧隙的关系为

$$j_{bn}=j_{wt}\cdot\cos\beta_b\cdot\cos\alpha_{wt} \qquad (9\text{-}16)$$

式中 β_b——基圆上螺旋角；

α_{wt}——分度圆上齿形角。

径向侧隙 j_r 是将两个相配齿轮的中心距缩小，直到左侧齿面和右侧齿面都接触时，这个缩小量即为径向侧隙。j_{bn} 可用塞尺测量，也可用上式换算而得。

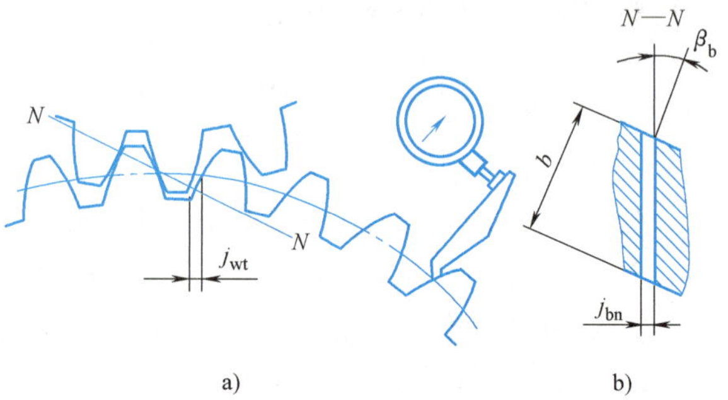

图 9-19 齿轮副侧隙

9.3.2 齿轮副的安装误差

1. 齿轮副中心距偏差 f_a（极限偏差 $\pm f_a$）

f_a 是在齿轮副齿宽中间平面内，实际中心距与公称中心距之差，如图 9-20 所示。齿轮副中心距的大小直接影响齿侧间隙的大小。

在实际生产中，通常以齿轮箱体支承孔中心距代替齿轮副中心距进行测量。f_a 的值可查表 9-4。

表 9-4 中心距极限偏差 $\pm f_a$ （单位：μm）

齿轮副中心距 a/mm	齿轮精度等级					
	0~2	3~4	5~6	7~8	9~10	11~12
80<a≤120	5	11	17.5	27	43.5	110
120<a≤180	6	12.5	20	31.5	50	125
180<a≤250	7	14.5	23	36	57.5	145
250<a≤315	8	16	26	40.5	65	160
315<a≤400	9	18	28.5	44.5	70	180

2. 齿轮副轴线的平行度误差 f_x、f_y

f_x 是一对齿轮的轴线在其基准平面 H 上投影的平行度误差，如图 9-21a 所示。基准平面 H 是包含基准轴线，并通过另一根轴线与齿宽中间平面的交点所形成的平面。两根轴线中任意一根都可作为基准轴线。

f_y 是一对齿轮轴线在垂直于基准平面且平行于基准轴线的平面 V 上投影的平行度误差，如图 9-21b 所示。

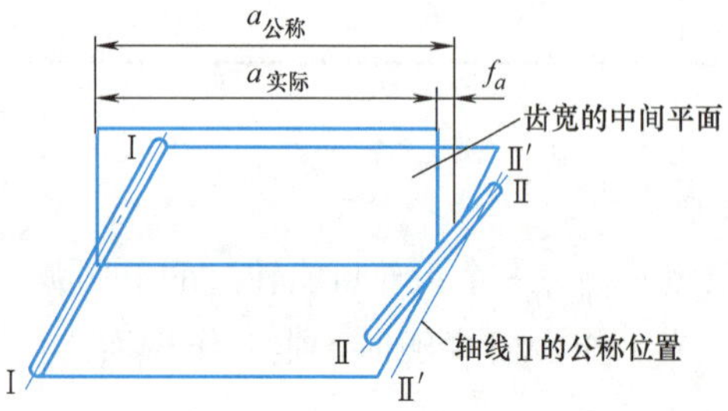

图 9-20 齿轮副中心距偏差

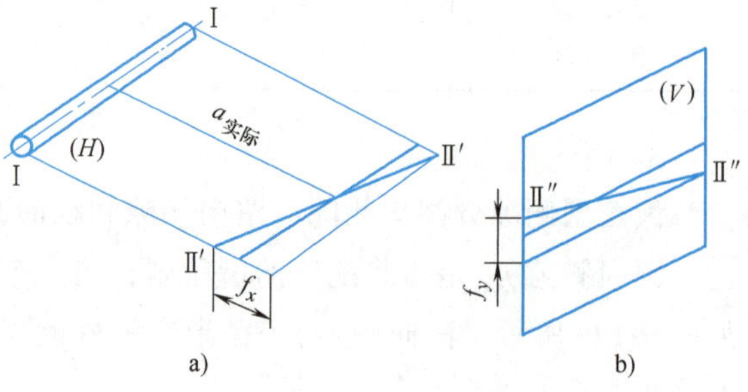

图 9-21 轴线的平行度误差

f_x、f_y 主要影响载荷分布和侧隙的均匀性。

齿轮副装配后，f_x、f_y 的测量不方便，因此，通常以齿轮箱体支承孔中心线的平行度误差代替齿轮副的轴线的平行度误差进行测量。f_x 和 f_y 的计算公式为

$$f_x = F_\beta \tag{9-17}$$

$$f_y = 0.5F_\beta \tag{9-18}$$

9.4 圆柱齿轮的精度标准及应用

9.4.1 精度等级及其选择

1. 齿轮精度等级及其标注

（1）齿轮精度等级　国家标准规定：对于单个齿轮齿面的基本偏差（齿距偏差、齿廓偏差、螺旋线偏差和径向跳动）的各个精度等级确定为 11 级，从高到低为 1 级到 11 级，即 1 级精度最高，11 级精度最低。通常又分三档：1~5 级为高精度级，6~8 级为中等精度级，9~11 级为低精度级。

国家标准规定：齿轮的径向综合公差等级由径向综合总偏差 F_{id} 和一齿径向综合偏差 f_{id} 来确定，并且需同时满足这两个独立的公差要求。其等级采用了一套独立的公差等级，即 R30~R50 共 21 个精度等级，R30 级精度最高，R50 级精度最低。

齿轮副中两个齿轮的精度可以取相同等级，也允许取不相同等级。如取不相同精度等级，则按其中精度等级较低者确定齿轮副的精度等级。

齿轮的精度等级确定以后，齿轮精度的各项评定指标的公差（或极限偏差）值可按标准给出的有关公式计算。

（2）齿轮精度的标注　国家标准规定，齿轮齿面公差等级按照下列格式标注。

GB/T 10095.1—2022，等级 A

其中，A 表示设计齿面公差等级。

如果未列出国家标准年份，则按照现行版本的 GB/T 10095.1。

国家标准规定：齿轮径向综合公差等级的标注按照下列格式：

GB/T 10095.2—2023，R××级

其中，××为设计的径向综合公差等级。

如果未列出国家标准年份，则按照现行版本的 GB/T 10095.2。

示例：

1）当齿轮齿面精度的检验项目的精度等级均为 8 级，则标注为

GB/T 10095.1—2022，等级 8

2）当齿轮齿面精度的检验项目的精度等级不同时，例如，齿廓总偏差的精度等级 F_α 为 7 级，单个齿距偏差 f_p、齿距累积总偏差 F_p 和螺旋线总偏差 F_β 的精度等级均为 6 级，则标注为

GB/T 10095.1—2022,等级 7(F_α)、6(f_p、F_p、F_β)

3）当齿轮径向综合公差等级为 44 级时，标注为

GB/T 10095.2—2023,R44 级

表 9-5 给出了一般情况下，齿轮齿面精度等级与齿轮径向综合公差等级之间的对应关系，设计者可根据相应的情况进行选择，也可设计与此表不同的径向综合公差等级。

表 9-5　径向综合公差等级与齿面精度等级选用

项目名称	公差等级										
齿面精度等级	1	2	3	4	5	6	7	8	9	10	11
径向综合公差等级 R	30~31	32~33	34~35	36~37	38~39	40~41	42~43	44~45	46~47	48~49	50

注：当齿轮检验项目的精度等级不同时，按最高等级确定精度。

2. 精度等级的选用

选择齿轮精度等级的主要依据是齿轮的用途、使用要求及工作条件等。选择方法常用计算法、类比法，其中类比法应用最广。

类比法，即按使用要求和用途及工作条件等查表对比选择。表 9-6 和表 9-7 分别给出了根据不同用途和不同工作条件（圆周速度及载荷大小）下所应选择的精度等级。

在确定精度等级时，还要考虑加工工艺的可能性与经济性。

表 9-8 列出了部分精度的齿面所需的最后加工方法。

表 9-6　齿轮精度等级的应用

齿轮用途	精度等级	齿轮用途	精度等级	齿轮用途	精度等级
测量齿轮	3~5	轻型汽车	5~8	拖拉机、轧钢机	6~10
汽轮机减速器	3~6	载重汽车	6~9	起重机	7~10
金属切削机床	3~8	一般减速器	6~9	矿山绞车	8~10
航空发动机	3~7	机车	6~7	轻工机械	6~8

表 9-7　齿轮精度等级与速度的应用情况

工作条件	圆周速度/(m/s)		应用情况	精度等级
	直齿	斜齿		
机　床	>30	>50	高精度和精密的分度链末端的齿轮	4
	>15	>30	一般精度分度末端齿轮、高精度和精密分度中间齿轮	5
	>10	>15	V级机床主传动的齿轮、一般精度分度链的中间齿轮、Ⅲ和Ⅲ级以上精度机床的进给齿轮、齿轮泵齿轮	6
	>6	>8	Ⅳ级和Ⅳ级以上精度机床的进给齿轮	7
	<6	<8	一般精度机床的齿轮	8
			没有传动要求的手动齿轮	9
动力传动		>70	用于很高速度的透平传动齿轮	4
		>30	用于高速度的透平传动齿轮、重型机械进给机构、高速重载齿轮	5
		<30	高速传动齿轮、有高可靠性要求的工业机械齿轮、重型机械的功率传动齿轮、作业率很高的起重运输机械齿轮	6

（续）

工作条件	圆周速度/(m/s)		应用情况	精度等级
	直齿	斜齿		
动力传动	<15	<25	高速和适度功率或大功率和适度条件下的齿轮；冶金、矿石、林业、轻工、工程机械和小型工业齿轮箱有可靠性要求	7
	<10	<15	中等速度较平稳传动的齿轮；冶金、农林业、轻工、工程机械和小型工业齿轮箱（通用减速器）的齿轮	8
	<4	<6	一般性工作和噪声要求不高的齿轮、受载低于计算载荷的齿轮、速度大于1m/s的开式齿轮传动和转盘齿轮	9
航空、船舶和车辆	>35	>70	需要很高平稳性、低噪声的航空和船用齿轮	4
	>20	>35	需要高的平稳性、低噪声的航空和船用齿轮	5
	<20	<35	用于高速传动有平稳性、低噪声要求的机车、航空和轿车的齿轮	6
	<15	<25	用于有平稳性和噪声要求的航空、船舶和轿车的齿轮	7
	<10	<15	用于中速度较平稳传动的航空、船舶和轿车的齿轮	8
	<4	<6	用于较低速和噪声要求不高的载重汽车第一档与倒档拖拉机和联合收割机的齿轮	9

表 9-8　部分精度的齿面所需的最后加工方法

精度等级	齿面的最后加工方法
5	精密磨齿；大型齿轮用精密滚齿及研齿或剃齿
6	精密磨齿或剃齿
7	无须淬火的齿轮仅用精密刀具加工；淬火齿轮必须精整加工（磨齿、研齿、珩齿）
8	滚齿、插齿、剃齿
9	无须特殊的精加工工序

9.4.2　齿轮副侧隙及其选择

1. 最小法向侧隙j_{bnmin}的确定

最小法向侧隙是当一个齿轮的轮齿，以最大允许实效齿厚与一个也具有最大允许实效齿厚的相配齿，以最紧的允许中心距相啮合时，在静态条件下存在的最小允许侧隙。它是设计者所提供的“允许间隙”，以补偿下列情况。

1）箱体、轴和轴承的偏斜。

2）因箱体的偏差和轴承的间隙，导致齿轮轴线不对准、歪斜。

3）安装误差，如轴的偏心。

4）轴承径向圆跳动。

5）温度影响（箱体与齿轮零件的温度差、中心距和材料差异所致）。

6）旋转零件的离心胀大。

7）其他因素，如因润滑剂的污染及非金属齿轮材料的溶胀。

若上述因素能很好地得到控制，最小侧隙值可以很小，每一个因素均可以分析其公差来估计，然后计算出最小的要求量。

表 9-9 列出了用钢铁材料制作齿轮和箱体的工业传动装置所推荐的最小侧隙，工作时节圆线速度小于 15m/s，其箱体、轴和轴承均采用常用的制造公差。

表 9-9 齿轮最小侧隙 j_{bnmin} 的推荐值（摘自 GB/Z 18620.2—2008）

m_n/mm	最小中心距 a_{min}/mm					
	50	100	200	400	800	1600
1.5	0.09	0.11	—	—	—	—
2	0.10	0.12	0.15	—	—	—
3	0.12	0.14	0.17	0.24	—	—
5	—	0.18	0.21	0.28	—	—

2. 齿厚上极限偏差的确定

齿厚上极限偏差 E_{sns} 取决于齿轮和齿轮副的最小加工和安装误差。可以通过下式计算两个相啮合齿轮的齿厚上极限偏差之和。

$$E_{sns1}+E_{sns2}=-2f_a\times\tan\alpha_n-\frac{j_{bnmin}+J_{bn}}{\cos\alpha_n} \tag{9-19}$$

式中 E_{sns1}、E_{sns2}——小齿轮、大齿轮的齿厚上极限偏差；

f_a——中心距偏差，可从表 9-6 中查取；

J_{bn}——齿轮和齿轮副的加工、安装误差对侧隙减小的补偿量；

α_n——法向压力角。

将 $f_x=F_\beta$，$f_y=0.5F_\beta$，并取 $\alpha_n=20°$，则得 J_{bn} 数值的计算公式

$$J_{bn}=\sqrt{1.76f_{pt}^2+2.104F_\beta^2} \tag{9-20}$$

考虑到实际中心距为最小极限尺寸，即中心距实际偏差为下极限偏差（$-f_a$）时，会使法向侧隙减少 $2f_a\sin\alpha_n$，同时将齿厚偏差的计算值换算成法向侧隙方向，令 $E_{sns1}=E_{sns2}=E_{sns}$，则最小法向侧隙与齿轮副中两个齿轮齿厚上极限偏差、中心距下极限偏差及 J_{bn} 的关系为

$$|E_{sns}|=\frac{j_{bnmin}+J_{bn}}{2\cos\alpha_n}+f_a\tan\alpha_n \tag{9-21}$$

当两个啮合齿轮的齿数相差较大时，为了提高小齿轮的承载能力，小齿轮的齿厚最小减薄量可取得比大齿轮小些。

3. 法向齿厚公差 T_{sn} 的确定

法向齿厚公差的选择，基本上与齿轮精度无关。一般情况下，允许用较松的齿厚公差或工作侧隙，这样不会影响齿轮的性能和承载能力，可以获得比较经济的制造成本。

齿厚公差可按下式计算

$$T_{sn}=\sqrt{F_{rT}^2+b_r^2}\times2\tan\alpha_n \tag{9-22}$$

式中 F_{rT}——径向跳动公差；

b_r——切齿径向进给公差，可按表 9-10 选用。

表 9-10　切齿径向进给公差

齿轮精度	4	5	6	7	8	9
b_r	1. 26IT7	IT8	1. 26IT8	IT9	1. 26IT9	IT10

4. 齿厚下极限偏差E_{sni}的确定

齿厚下极限偏差是齿厚上极限偏差减去齿厚公差后获得的，即

$$E_{sni}=E_{sns}-T_{sn} \tag{9-23}$$

5. 计算公法线平均长度极限偏差（上极限偏差 E_{bns}和下极限偏差 E_{bni}）

齿轮齿厚的变化必然引起公法线长度的变化，通过测量公法线长度同样可以控制齿轮副侧隙。齿轮公法线长度的上、下极限偏差（E_{bns} 和 E_{bni}）与齿厚的上、下极限偏差（E_{sns} 和 E_{sni}）之间的关系为

$$E_{bns}=E_{sns}\cos\alpha_n-0.72F_{rT}\sin\alpha_n \tag{9-24}$$

$$E_{bni}=E_{sni}\cos\alpha_n+0.72F_{rT}\sin\alpha_n \tag{9-25}$$

9.4.3 齿轮检验项目的确定

1. 齿轮检验项目

齿轮的检验项目和测量方法取决于公差的等级、相关的测量不确定度、齿轮的尺寸、生产数量、可用设备、齿坯精度和测量成本。直齿轮和斜齿轮的测量方法与检验实施在国家标准中有说明。

符合齿面公差等级规定的齿轮，应满足表 9-11 中给出的适用于指定齿面公差等级和尺寸的所有单个偏差要求。

表 9-12 中列出应进行测量的最少参数。当供需双方同意时，可用备选参数表替代默认参数表。选择默认参数表还是备选参数表取决于可用的测量设备。评价齿轮时可使用更高精度的齿面公差等级的参数列表。

通常，轮齿两侧采用相同的公差。在某些情况下，承载齿面可比非承载齿面或轻承载齿面规定更高的精度等级。此时，应在齿轮工程图上说明，并注明承载齿面。

表 9-11　齿轮被测量参数表（摘自 GB/T 10095. 1—2022）

直径/mm	齿面公差等级	最少可接受参数	
		默认参数表	备选参数表
$d\leqslant4000$	10~11	F_p,f_p,s,F_α,F_β	s,c_P,F_{id}①,f_{id}①
	7~9	F_p,f_p,s,F_α,F_β	s,c_P②,F_{is},f_{is}
	1~6	F_p,f_p,s F_α,$f_{f\alpha}$,$f_{H\alpha}$ F_β,$f_{f\beta}$,$f_{H\beta}$	s,c_P②,F_{is},f_{is}
$d>4000$	7~11	F_p,f_p,s,F_α,F_β	F_p,f_p,s,($f_{f\beta}$ 或 c_P②)

注：① 根据 ISO 1328-2，仅限于齿轮尺寸不受限制时。
② 接触斑点的验收标准和测量方法未包含其中，如需采用，应经供需双方同意。

表 9-12 典型测量方法及最少测量齿数（摘自 GB/T 10095.1—2022）

检验项目	典型测量方法	最少测量齿数
要素： f_p 齿距累积总偏差	双侧头、单侧头	全齿
f_p 单个齿距偏差	双侧头、单侧头	全齿
F_α 齿廓总偏差 $f_{f\alpha}$ 齿廓形状偏差 $f_{H\alpha}$ 齿廓倾斜偏差	齿廓测量	3 齿
F_β 螺旋线总偏差 $f_{f\beta}$ 螺旋线形状偏差 $f_{H\beta T}$ 螺旋线倾斜偏差	螺旋线测量	3 齿
综合： F_{is} 切向综合总偏差	—	全齿
f_{is} 一齿切向综合偏差	—	全齿
c_P 接触斑点评价	—	3 处
尺寸： s 齿厚	齿厚卡尺 跨棒距或棒间距 跨齿测量距 综合测量	3 齿 2 处 2 处 全齿

2. 齿坯与箱体公差的确定

齿轮传动的制造精度与安装精度在很大程度上取决于齿坯和箱体的精度，这两方面达不到相应的要求，也难保证齿轮传动的互换性。

（1）齿坯精度　主要包括齿轮内孔、顶圆、齿轮轴的定位基准面和安装基准面（端面）的精度以及各工作表面的表面粗糙度要求。对高精度齿轮（1~3 级）的形状精度也要提出一定的要求，其具体公差值见表 9-13 和表 9-14。齿轮各主要表面的表面粗糙度与齿轮的精度等级有关，选用时可查阅有关机械设计手册。

表 9-13 齿坯公差

齿轮精度等级①		1	2	3	4	5	6	7	8	9	10	11	12
孔	尺寸公差 形状公差	IT4 IT1	IT4 IT1	IT4 IT3	IT5	IT5	IT6	IT7		IT8		IT9	
轴	尺寸公差 形状公差	IT4 IT1	IT4 IT2	IT4 IT3	IT4	IT5		IT6		IT7		IT8	
顶圆直径②		IT6		IT7		IT8				IT9		IT11	

注：① 当齿轮检验项目的精度等级不同时，按最高等级确定精度。
② 当齿顶圆不做测量基准时，按 IT11 给定，但不得大于 $0.1m_n$。

表 9-14 齿坯基准面径向和轴向圆跳动公差　（单位：μm）

分度圆直径/mm		精度等级				
大于	到	1,2 级	3,4 级	5,6 级	7,8 级	9~12 级
—	125	2.8	7	11	18	28
125	400	3.6	9	14	22	36
400	800	5.0	12	20	32	50
800	1600	7.0	18	28	45	71
1600	2500	10.0	25	40	63	100
2500	4000	16.0	40	63	100	160

注：若齿轮为组合等级时，按其中最高等级。

（2）箱体公差　齿轮安装轴线的平行度及中心距偏差，对传动载荷分布均匀性及侧隙都有很大的影响，因此，对箱体安装齿轮轴的孔中心线及中心距也必须提出一定的精度要求。根据生产经验，箱体中心距公差$f_{a箱}$取$0.8f_a$；而$f_{x箱}$和$f_{y箱}$可按标准值f_x、f_y给出。箱体的公差应标注在箱体零件图上。

3. 应用实例

某普通机床的一对渐开线直齿圆柱齿轮副，其模数$m=3mm$，小齿轮齿数$z_1=26$，大齿轮齿数$z_2=56$，齿宽$b=24mm$，中心距$a=123mm$，主动齿轮（小齿轮）转速$n_1=1100r/min$。试确定主动齿轮的精度等级和检验项目，列出其公差或极限偏差值以及齿厚极限偏差和齿坯精度要求，并绘制齿轮工作图。

求解步骤如下：

（1）确定精度等级　对于普通机床的齿轮传动，其对传动的平稳性要求比其他几个使用要求要高，故可按其圆周速度来确定精度等级。

齿轮的圆周速度：$v=\dfrac{\pi m z_1 n_1}{60\times1000}=\dfrac{\pi\times3\times26\times1100}{60\times1000}m/s=4.49m/s$。

参照表 9-8 选定该齿轮为 8 级精度。

一般减速传动齿轮对运动准确性要求不高，故传动准确性的精度选 8 级。动力齿轮对载荷分布有一定的要求，故传动平稳性和载荷分布均匀性的精度取同级，即取 8 级。

齿轮径向综合公差等级根据表 9-5，取 44 级 。

（2）确定检验项目，并查表确定其公差值　由于齿轮批量生产，精度中等，可以选定F_{id}、f_{id}替代齿距偏差F_p、f_p的测量，故选用F_{id}、f_{id}、F_β三个评定指标，并分别查表得到它们的公差值。

根据主动齿轮（小齿轮）的参数，计算其分度圆直径$d_1=mz_1=3\times26mm=78mm$。

根据表 9-1 和表 9-2 中有关公式，计算$R_x=5\times\{1-1.12^{[(1-z_c)/1.12]}\}=5\times\{1-1.12^{[(1-26)/1.12]}\}=4.06$

其他评定指标的公差值分别计算如下：

径向综合公差$F_{idT}=\left(0.08\dfrac{z_c m_n}{\cos\beta}+64\right)2^{[(R-R_x-44)/4]}=\left(0.08\times\dfrac{26\times3}{\cos0°}+64\right)\times2^{\left(\frac{44-44}{4}\right)}\mu m=70\mu m$；

一齿径向综合公差$f_{idT}=\dfrac{F_{idT}}{2^{\left(\frac{R_x}{4}\right)}}=\dfrac{70}{2^{\left(\frac{4.06}{4}\right)}}\mu m=32\mu m$；

螺旋线倾斜公差$f_{H\beta T}=(0.05\sqrt{78}+0.35\sqrt{24}+4)\times\sqrt{2}^{(8-5)}\mu m=17\mu m$；

螺旋线形状公差$f_{f\beta T}=(0.07\sqrt{78}+0.45\sqrt{24}+4)\times\sqrt{2}^{(8-5)}\mu m=19\mu m$；

螺旋线总公差$F_{\beta T}=\sqrt{17^2+19^2}\mu m\approx26\mu m$。

（3）确定最小法向侧隙j_{nmin}及齿厚极限偏差

1）按照表 9-9 确定齿轮副所需最小侧隙。中心距$a=123mm$，参考表 9-4 中的推荐值，取$j_{nmin}=0.14mm$。

2）由$d_1=78mm$，得单个齿距公差$f_{pT}=(0.001\times78+0.4\times3+5)\times\sqrt{2}^{(8-5)}\mu m=18\mu m$。

根据式（9-20）计算侧隙最小量为$j_{bn}=\sqrt{1.76\times18^2+2.104\times26^2}\mu m\approx44\mu m$。

3）查表 9-4 知，$f_a = 31.5\text{mm}$，根据式（9-21），计算齿厚上极限偏差：

$$E_{sns} = -\left(\frac{0.14+0.044}{2\times\cos20°}+0.0315\times\tan20°\right)\mu\text{m} = -109\mu\text{m}$$

4）查表 9-10 知，$b_r = 1.26\times\text{IT9} = 1.26\times74\mu\text{m} = 93\mu\text{m}$。

径向跳动公差 $F_{rT} = 0.9\times(0.002\times78+0.55\sqrt{78}+0.7\times3+12)\times\sqrt{2}^{(8-5)}\ \mu\text{m}\approx49\mu\text{m}$。

根据式（9-22），计算齿厚公差：

$$T_{sn} = \sqrt{49^2+93^2}\times2\times\tan20°\mu\text{m} = 76\mu\text{m}$$

齿厚下极限偏差：$E_{sni} = E_{sns}-T_{sn} = (-0.109-0.076)\text{mm} = -185\mu\text{m}$。

（4）计算公法线的公称长度及其偏差　直齿轮的公称公法线长度 W 和测量时跨齿数 k 的计算如下：

$$k = z/9+0.5 = 26/9+0.5\approx3$$

$$W = m[1.476(2k-1)+0.014z] = 3\times[1.476(2\times4-1)+0.014\times32]\text{mm} = 23.23\text{mm}$$

公法线长度的上、下极限偏差（E_{bns} 和 E_{bni}）分别由齿厚的上、下极限偏差（E_{sns} 和 E_{sni}）换算得到。由于几何偏心使同一齿轮各齿的实际齿厚大小不相同，而几何偏心对实际公法线长度没有影响，因此，在换算时应该从齿厚的上、下极限偏差中扣除几何偏心的影响。

$$E_{bns} = E_{sns}\cos\alpha_n-0.72F_{rT}\sin\alpha_n = (-0.109\times\cos20°-0.72\times0.049\times\sin20°)\text{mm} = -0.115\text{mm}$$

$$E_{bni} = E_{sni}\cos\alpha_n+0.72F_{rT}\sin\alpha_n = (-0.185\times\cos20°+0.72\times0.049\times\sin20°)\text{mm} = -0.163\text{mm}$$

（5）确定齿坯公差及各表面粗糙度值　查表 9-12 得，孔公差为 IT7。顶圆不作为测量齿厚的基准，所以公差为 IT11。基准轴向的圆跳动公差为 0.018mm。

取孔的表面粗糙度值 $Ra = 1.6\mu\text{m}$；端面的表面粗糙度值 $Ra = 3.2\mu\text{m}$；齿面的表面粗糙度值 $Ra = 1.6\mu\text{m}$；顶圆的表面粗糙度值 $Ra = 6.3\mu\text{m}$。

（6）绘制齿轮工作图　如图 9-22 所示，其主要参数列置于图样的右上角。

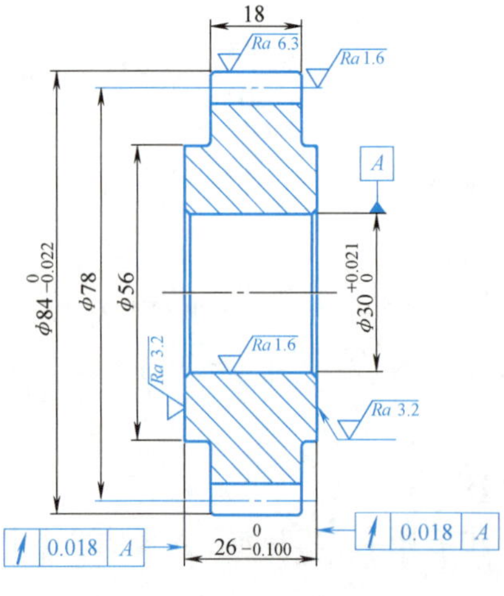

法向模数	m_n	3
齿　数	z	26
压力角	α_n	20°
螺旋角	β	0
径向变位系数	x	0
公法线平均长度及其上、下极限偏差	W	$23.23^{-0.115}_{-0.163}$
	跨齿数	3
精度等级	GB/T 10095.1—2022等级8	
齿轮副中心距及其极限偏差	$a\pm f_a$	123±0.0315
径向综合偏差	F_{idT}	0.070
一齿径向综合偏差	f_{idT}	0.032
螺旋线总偏差	F_β	0.026

图 9-22　齿轮工作图

9.5 圆柱齿轮的测量

9.5.1 齿轮公法线平均长度偏差的测量

1. 目的和要求

1）熟悉齿轮公法线平均长度偏差的检测方法。加深对齿轮误差检验项目的理解。

2）熟悉公法线千分尺的工作原理和使用方法。

2. 仪器和器材

检测齿轮公法线长度要用到公法线千分尺。

3. 量仪说明和测量原理

公法线平均长度偏差 ΔW_m 是指在齿轮一周范围内，公法线实际长度的平均值与公称值之差。

公法线长度可用公法线千分尺、公法线指示卡规或万能测齿仪等测量。本实验采用公法线千分尺测量。公法线千分尺是在普通千分尺上安装两个大平面测头，其读数方法与普通千分尺相同，如图 9-23 所示。

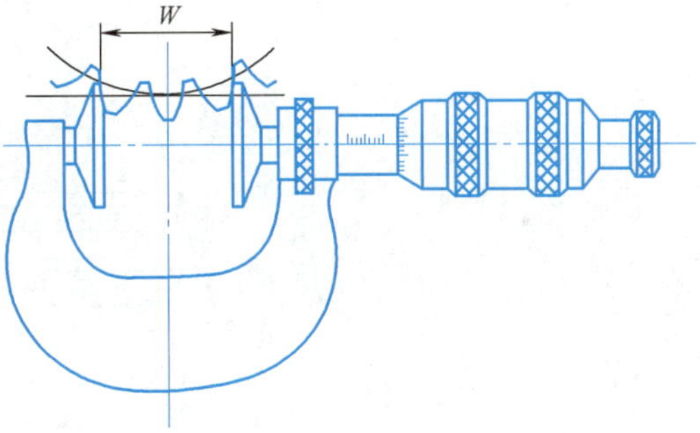

图 9-23 用公法线千分尺测量公法线长度

4. 测量步骤

1）确定被测齿轮的跨齿数 k，并按式（9-15）计算公法线公称长度 W。

齿轮的跨齿数也可以按表 9-15 选取。

表 9-15 跨齿数选用表

齿数 z	10~18	19~27	28~36	37~45
跨齿数 k	2	3	4	5

2）根据公法线公称长度 W 选取适当规格的公法线千分尺并校对零位。

3）测量公法线长度。根据选定的跨齿数 k，用公法线千分尺测量沿被测齿轮圆周均布的 5 条公法线长度。

4）计算公法线平均长度偏差 ΔW_m。取所测 5 个实际公法线长度的平均值 W 后，减去公称公法线长度，即为公法线平均长度偏差 ΔW_m。

5. 填写测量报告单

按步骤完成测量并将被测零件的相关信息、测量结果及测量条件填入表 9-17 报告单中。

视频 9-1 提供了有关测量方法，可扫码观看，仅供参考。

9-1 齿轮的检测量具

9.5.2 齿轮径向跳动的测量

1. 目的和要求

1）熟悉齿轮径向跳动的检测方法。加深对齿轮误差项目的定义及公差规定的理解。

2）熟悉齿轮径向跳动检查仪的工作原理和使用方法。

2. 仪器和器材

测量齿轮径向跳动要用到齿轮径向跳动检查仪和千分表。

3. 量仪说明和测量原理

齿轮径向跳动 F_r 是在齿轮一转范围内，将测头依次插入齿槽中，测得测头相对于齿轮旋转轴线径向位置的最大变动量。可用齿轮径向跳动检查仪、万能测齿仪或普通偏摆检查仪上带小圆柱和千分表进行测量。本实验用齿轮径向跳动检查仪测量，如图 9-24 所示。

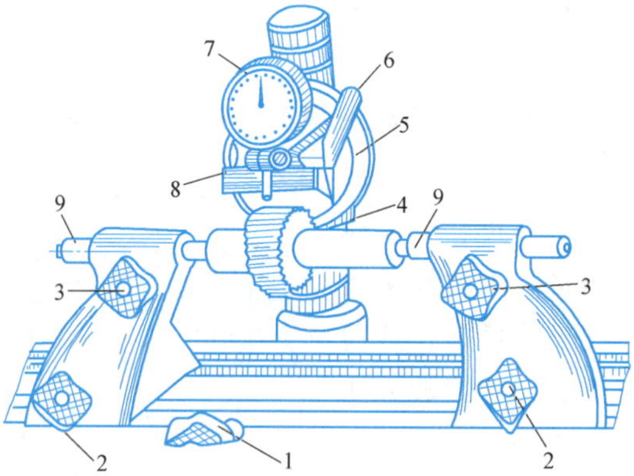

图 9-24 齿轮径向跳动检查仪测量齿轮径向跳动

1—手轮 2—滑板锁紧螺钉 3—顶尖锁紧螺钉 4—升降螺母 5—表盘 6—手柄 7—千分表 8—表架 9—顶尖

4. 测量步骤

（1）安装齿轮 将齿轮安装在检验心轴上，用仪器的两顶尖顶在检验心轴的两顶尖孔内，心轴与顶尖之间的松紧应适度，即保证心轴灵活转动而又无轴向窜动。

（2）选择测头 选择球形、锥形或 V 形测头。若采用球形测头时，应根据被测齿轮模数按表 9-16 选择适当直径的测头。也可用试选法使测头大致在分度圆附近与齿廓接触。

（3）零位调整 扳动手柄 6 放下表架，根据被测零件直径转动升降螺母 4，使测头插入齿槽内与齿轮的两侧面相接触，并使千分表具有一定的压缩量。转动表盘，使指针对零。

表 9-16 测头直径推荐值

被测量齿轮模数/mm	1	1.25	1.5	1.75	2	3	4	5
测头直径/mm	1.7	2.1	2.5	2.9	3.3	5	6.7	8.3

（4）测量 测头与齿廓相接触后，用千分表进行读数，用手柄 6 抬起测头，用手将齿轮转过一齿，再重复放下测头，读数如此进行一周，若千分表指针仍能回到零位，则测量数据有效，千分表的示值中的最大值与最小值之差，即为径向跳动公差 F_r，否则应重新测量。

5. 填写测量报告单

按步骤完成测量并将被测量零件的相关信息、测量结果及测量条件填入相应的报告单中（表 9-17）。

视频 9-2 为齿轮径向跳动的测量方法，可扫码观看。

9-2 齿轮径向跳动误差检测

表 9-17 测量报告单

被测件名称		测量器具	
测量结果/mm、测量简图			
合格性判断			

思考题与习题

9.1 判断题

(1) 齿轮传动的平稳性是要求齿轮一转内最大转角误差限制在一定范围内。 ( )

(2) 高速动力齿轮对传动平稳性和载荷分布均匀性要求都很高。 ( )

(3) 齿轮传动的振动和噪声是由于齿轮传递运动的不准确性引起的。 ( )

9.2 填空题

(1) 齿轮传动精度包括传动运动的准确性、传动平稳性、________和________ 4 个指标。

(2) 径向综合偏差的精度等级分为________共 21 个精度等级。

(3) 齿轮副侧隙可分为____________、____________、____________ 3 种。

9.3 选择题

(1) 下列不属于齿距偏差的是（ ）。

A. f_p　　B. F_α　　C. F_{pk}　　D. F_{pT}

(2) 下列计量器具中不能用来检测齿距偏差的是（ ）。

A. 齿距仪　　B. 万能测齿仪　　C. 光学分度头　　D. 游标齿厚卡尺

9.4 对齿轮传动的使用要求有哪些？它们之间有何区别与联系？

9.5 对齿坯有哪些精度要求？

9.6 评定齿轮传递运动准确性的参数有哪些？如何选择应用？

9.7 齿轮副的精度要求有几项？为什么要规定齿轮副侧隙？

9.8 有一直齿圆柱齿轮，$m=5$mm，$z=40$，$\alpha=20°$，精度要求为 GB/T 10095.1—2022 等级 8。试计算 F_{rT}、F_{pT}、F_{id}、f_p 值，求出齿厚的上、下偏差值。

第10章 尺寸链的分析与计算

【章节提示】

本章主要学习尺寸链及其组成和解尺寸链的方法等。重点是分析尺寸链、查找组成环、确定封闭环，难点是解尺寸链。本章内容可与机械制造类课程的相关内容联系起来。

通过学习应领悟到：尺寸链环环相扣，决定着零部件的制造和装配质量。合理确定尺寸链及其公差值，对装备制造的精度非常重要。正如每个人应该与他人友好协作、密切配合，在自己的岗位上发挥积极的作用，才能有力地推动经济发展和社会繁荣。

【编写依据】

本章内容主要依据下列现行国家标准编写，但不限于以下标准。

① GB/T 5847—2004《尺寸链　计算方法》。

② GB/T 26101—2010《机械产品虚拟装配通用技术要求》。

10.1 尺寸链及其组成

10.1.1 尺寸链的基本概念

1. 尺寸链的概念

在机器装配或零件加工过程中，由相互连接的尺寸形成的封闭尺寸组称为尺寸链。

例如，图 10-1 所示为孔和轴零件的装配，其间隙（或过盈）A_0 的大小由孔径 A_1 和轴径 A_2 决定，即 $A_0=A_1-A_2$。这些尺寸组合 A_1、A_2 和 A_0 就是一个尺寸链。又如，图 10-2 所示的零件先后按 A_1、A_2 加工，则尺寸 A_0 由 A_1 和 A_2 确定，即 $A_0=A_1-A_2$。因此，尺寸 A_1、A_2 和 A_0 也形成一个尺寸链。

尺寸链具有如下两个特性。

1）封闭性。组成尺寸链的各个尺寸按一定顺序构成一个封闭系统。

2）相关性。其中一个尺寸变动将影响其他尺寸变动。

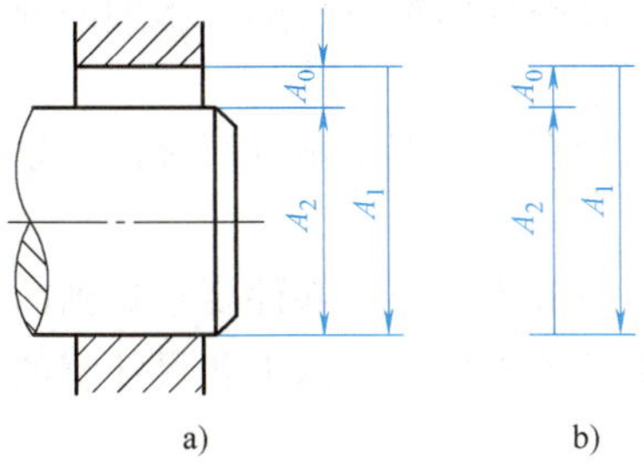

图 10-1 装配尺寸链

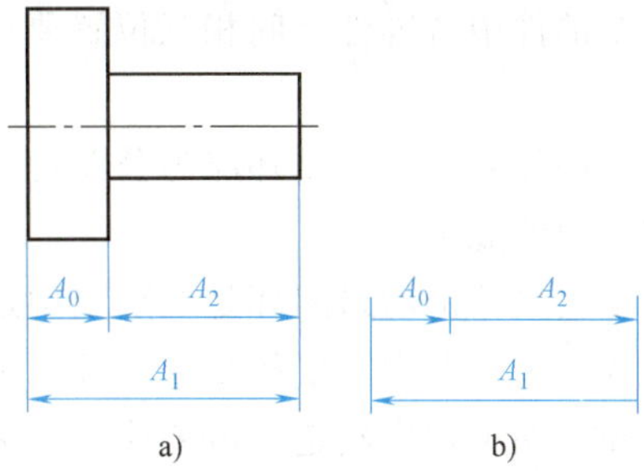

图 10-2 零件（工艺）尺寸链

2. 尺寸链的组成

组成尺寸链的每一个尺寸称为环，如图 10-1 的 A_0、A_1 和 A_2。尺寸链的环分为封闭环和组成环。

（1）封闭环 尺寸链中，加工或装配过程最后自然形成的那个尺寸称为封闭环。封闭环是尺寸链中唯一的特殊环，一般以字母加下标“0”表示，如 A_0、B_0 等，如图 10-1 中的尺寸 A_0。

（2）组成环 尺寸链中对封闭环有影响的全部环，即除封闭环以外的其他环称为组成环。尺寸链中任一组成环的变动必然引起封闭环的变动。同一尺寸链中的组成环，以同一字母加下标“1、2、3、…”表示，如 A_1、A_2、…。根据它们对封闭环影响的不同，又分为增环和减环。

1）增环：尺寸链中的组成环，由于该环的变动引起封闭环同向变动。同向变动指该环尺寸增大（或减小）时，封闭环也随之增大（或减小）。

2）减环：尺寸链中的组成环，由于该环的变动引起封闭环反向变动。反向变动指该环尺寸增大时，封闭环尺寸减小；该环尺寸减小时，封闭环尺寸增大。

按照尺寸链组成环的来源，尺寸链可分为装配尺寸链、零件尺寸链和工艺尺寸链。其中，装配尺寸链和零件尺寸链统称为设计尺寸链。

装配尺寸链是指全部组成环为不同零件的设计尺寸所形成的尺寸链，而设计尺寸是指图样上标注的尺寸，如图 10-1 所示的孔径尺寸 A_1、轴径尺寸 A_2 均为设计尺寸。零件尺寸链是指全部组成环为同一零件的设计尺寸所形成的尺寸链，如图 10-2 所示的尺寸 A_1 和尺寸 A_2。工艺尺寸链是指全部组成环为同一零件的工艺尺寸所形成的尺寸链。工艺尺寸包含工序尺寸、定位尺寸与测量基准等尺寸。

另外，尺寸链还有其他的分类方式，可参阅机械制造类相关课程。

10.1.2 尺寸链的建立与分析

1. 建立尺寸链

正确建立和描述尺寸链是进行尺寸链综合精度分析计算的基础。建立装配尺寸链时，应了解零件的装配关系、装配方法及装配性能要求；建立工艺尺寸链时应了解零部件的设计要求及其制造工艺过程，同一零件的不同工艺过程所形成的尺寸链是不同的。建立尺寸链的步骤如下。

（1）正确地确定封闭环 装配尺寸链的封闭环就是产品上有装配精度要求的尺寸。如同一个部件中各零件之间相互位置要求的尺寸，或保证配合零件的配合性能要求的间隙或过盈量。

零件尺寸链的封闭环应为公差等级要求最低的环，一般在零件图上不进行标注，以免引起加工中的混乱。

工艺尺寸链的封闭环是在加工中最后自然形成的环，一般为被加工零件要求达到的设计尺寸或工艺过程中需要的余量尺寸。加工顺序不同，封闭环也不同。所以工艺尺寸链的封闭环必须在加工顺序确定之后才能判断。

（2）确定组成环　确定封闭环之后，应确定对封闭环有影响的各个组成环，使之与封闭环形成一个封闭的尺寸回路。

2. 查找组成环

查找装配尺寸链的组成环时，先从封闭环的任意一端开始，找相邻零件的尺寸，然后再找与第一个零件相邻的第二个零件的尺寸，一环接一环，直到封闭环的另一端为止，从而形成封闭的尺寸组。如图 10-3 所示，车床主轴轴线与尾座轴线高度差的允许值 A_0 是装配技术要求，为封闭环。组成环可从尾座顶尖开始查找，尾座顶尖轴线到底面的高度 A_1、与床面相连的底板的厚度 A_2、床面到主轴轴线的距离 A_3，最后回到封闭环。A_1、A_2 和 A_3 均为组成环。

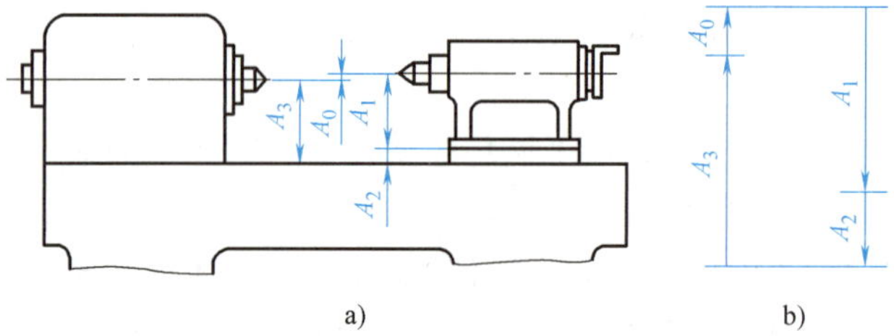

图 10-3　车床顶尖高度尺寸链

3. 画尺寸链线图

为了清楚地表达尺寸链的组成，通常不需要画出零件或部件的具体结构，也不必按照严格的比例，只需将尺寸链中各尺寸依次画出，形成封闭的图形即可，这样的图形称为尺寸链线图。如图 10-3b 所示。在尺寸链线图中，常用带单箭头的线段表示各环，箭头仅表示查找尺寸链组成环的方向。与封闭环箭头方向相同的环为减环，与封闭环箭头方向相反的环为增环。如图 10-3b 中，A_3 为减环，A_1、A_2 为增环。

4. 计算尺寸链

分析计算尺寸链是为了正确、合理地确定尺寸链中各环的尺寸和精度，计算尺寸链的方法通常有以下三种。

（1）正计算　已知各组成环的极限尺寸，求封闭环的极限尺寸。主要用来验算设计的正确性，又称为校核计算。

（2）反计算　已知封闭环的极限尺寸和各组成环的公称尺寸，求各组成环的极限偏差。主要用在装配尺寸链设计上，即根据设备的使用要求来分配各零件的公差。

（3）中间计算　已知封闭环和部分组成环的极限尺寸，求某一组成环的极限尺寸。常用在加工工艺上。反计算和中间计算通常称为设计计算。

10.2 用完全互换法解尺寸链

完全互换法指在全部合格的零件中任取出一个，装配时各组成环不需要挑选或改变大小、位置，装配后即能达到封闭环的公差要求的设计方法。该方法采用极值公差计算公式，也称为极值法。该法从尺寸链各环的上极限尺寸与下极限尺寸出发进行尺寸链计算，不考虑各环实际尺寸的分布情况。

10.2.1 基本公式

设尺寸链的组成环数为 m，其中有 n 个增环，A_i 为组成环的公称尺寸，对于直线尺寸链有如下计算公式：

（1）封闭环的公称尺寸　封闭环的公称尺寸等于所有增环的公称尺寸之和减去所有减环的公称尺寸之和，即

$$A_0 = \sum_{z=1}^{n} A_z - \sum_{j=n+1}^{m} A_j \tag{10-1}$$

式中　A_0——封闭环的公称尺寸；

A_z——增环 A_1，A_2，…，A_n 的公称尺寸，n 为增环的环数；

A_j——减环 A_{n+1}，A_{n+2}，…，A_m 的公称尺寸，m 为总环数。

（2）封闭环的极限尺寸　封闭环的上极限尺寸等于所有增环的上极限尺寸之和减去所有减环下极限尺寸之和；封闭环的下极限尺寸等于所有增环的下极限尺寸之和减去所有减环的上极限尺寸之和，即

$$A_{0\max} = \sum_{z=1}^{n} A_{z\max} - \sum_{j=n+1}^{m} A_{j\min} \tag{10-2}$$

$$A_{0\min} = \sum_{z=1}^{n} A_{z\min} - \sum_{j=n+1}^{m} A_{j\max} \tag{10-3}$$

（3）封闭环的极限偏差　封闭环的上极限偏差等于所有增环上极限偏差之和减去所有减环下极限偏差之和；封闭环的下极限偏差等于所有增环下极限偏差之和减去所有减环上极限偏差之和，即

$$ES_0 = \sum_{z=1}^{n} ES_z - \sum_{j=n+1}^{m} EI_j \tag{10-4}$$

$$EI_0 = \sum_{z=1}^{n} EI_z - \sum_{j=n+1}^{m} ES_j \tag{10-5}$$

（4）封闭环的公差　封闭环的公差等于所有组成环公差之和，即

$$T_0 = \sum_{i=1}^{m} T_i \tag{10-6}$$

由式（10-6）可以看出：封闭环的公差比任何一个组成环的公差都大。因此，在零件尺寸链中，一般选最不重要的环作为封闭环，而在装配尺寸链中，封闭环是装配的最终要求。为了

减小封闭环的公差，应尽量减少尺寸链的环数，这就是在设计中应遵守的最短尺寸链原则。

10.2.2 实例分析

1. 正计算——求封闭环的公称尺寸及极限偏差

例 10-1 加工一台阶轴，如图 10-4a 所示，若先加工 $A_1=50\text{mm}\pm0.2\text{mm}$、$A_2=35\text{mm}\pm0.1\text{mm}$。求尺寸 A_0 及其极限偏差。

解 (1) 确定封闭环为 A_0 确定组成环并画尺寸链线图，如图 10-4b 所示。判断 $A_1=50\text{mm}\pm0.2\text{mm}$ 为增环，$A_2=35\text{mm}\pm0.1\text{mm}$ 为减环。

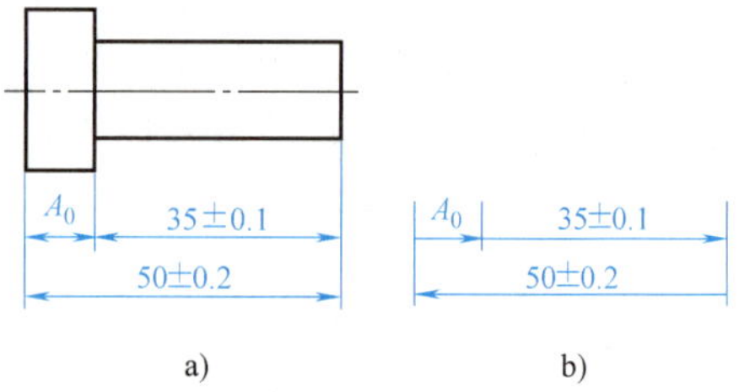

图 10-4 台阶轴尺寸链

(2) 按式 (10-1) 计算封闭环的公称尺寸 $A_0=A_1-A_2=(50-35)\text{ mm}=15\text{mm}$。

(3) 按式 (10-4)、式 (10-5) 计算封闭环的极限偏差

$$ES_0=ES_1-EI_2=[+0.2-(-0.1)]\text{mm}=+0.3\text{mm}$$
$$EI_0=EI_1-ES_2=[-0.2-(+0.1)]\text{mm}=-0.3\text{mm}$$

即封闭环的尺寸为 (15±0.3) mm。

2. 反计算——求各组成环的极限偏差

反计算是根据封闭环的极限尺寸和组成环的公称尺寸确定各组成环的公差和极限偏差，最后再进行校核计算。具体分配各组成环的公差时，可采用“等公差法”或“等精度法”。

(1) 等公差法 当各环的公称尺寸相差不大时，可将封闭环的公差 (T_0) 平均分配给各组成环。如需要，可在此基础上进行必要的调整，这种方法称为“等公差法”，即

$$T_{平均}=\frac{T_0}{m} \tag{10-7}$$

式中 m——组成环的数量；

T_0——封闭环的公差。

(2) 等精度法 等精度法就是各组成环公差等级相同，即各环公差等级系数相等，设其值均为 a，则

$$a_1=a_2=\cdots=a_m=a \tag{10-8}$$

如第 2 章所述，标准公差的计算式为 $T=ai$（i 为标准公差单位），在公称尺寸≤500mm 分段内 $i=0.45\sqrt[3]{D}+0.001D$。为本章应用方便，将公差单位 i 的数值列于表 10-1、表 10-2。

表 10-1 公差等级系数 a 的值

公差等级	IT8	IT9	IT10	IT11	IT12	IT13	IT14	IT15	IT16	IT17	IT18
系数 a	25	40	64	100	160	250	400	640	1000	1600	2500

表 10-2 公差因子 i 的值

尺寸段 D/mm	1~3	>3~6	>6~10	>10~18	>18~30	>30~50	>50~80	>80~120	>120~180	>180~250	>250~315	>315~400	>400~500
公差因子 i/μm	0.54	0.73	0.90	1.08	1.31	1.56	1.86	2.17	2.52	2.90	3.23	3.54	3.89

由式（10-6）可得

$$a = \frac{T_0}{\sum_{i=1}^{m} i_i} \tag{10-9}$$

计算出 a 后，按标准查取与之相近的公差等级系数，再查表确定各组成环的公差。

各组成环的极限偏差确定方法是先留一个组成环作为调整环，其余各组成环的极限偏差按“向体原则”确定，即包容尺寸的基本偏差为 H，被包容尺寸的基本偏差为 h，一般长度尺寸用 js。

进行公差设计计算时，最后必须进行校核，以保证设计的正确性。

例 10-2 图 10-5a 所示为链轮传动机构，根据使用要求，链轮与轴承端面保持间隙 A_0 在 0.5~0.95mm。试确定机构中有关尺寸的公差等级，试用等公差法求各环的极限偏差。

解 用等公差法求各环的极限偏差。因间隙 A_0 是装配后得到的，故为封闭环。尺寸链线图如图 10-5b 所示，其中各零件的公称尺寸分别为 $A_1 = 150\text{mm}$，$A_2 = A_4 = 8\text{mm}$，$A_3 = 133.5\text{mm}$。所以，A_1 为增环，A_2、A_3、A_4 为减环。

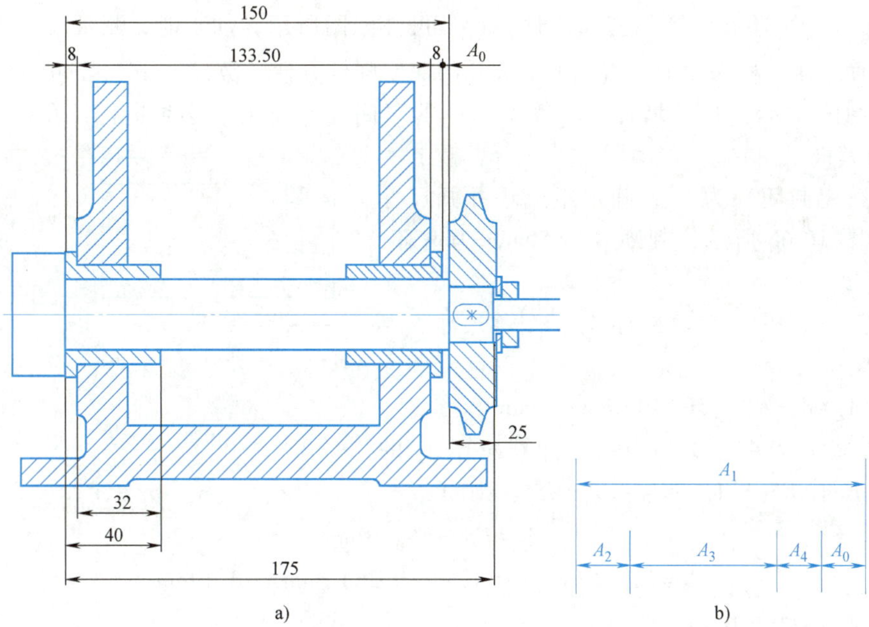

图 10-5 链轮箱装配尺寸链

a）链轮传动机构 b）装配尺寸链

1）计算封闭环的公称尺寸和公差：

$$A_0 = A_1 - (A_2 + A_3 + A_4) = 150\text{mm} - (133.5 + 8 + 8)\text{mm} = 0.5\text{mm}$$

故封闭环的尺寸 $A_0 = 0.5^{+0.45}_{0}\text{mm}$，封闭环公差 $T_0 = 0.45\text{mm}$。

2）计算各环的公差，由式（10-7）得各组成环的平均公差：

$$T_{平均} = \frac{T_0}{m} = \frac{0.45}{4}\text{mm} = 0.1125\text{mm}$$

根据实际情况，箱体尺寸 A_3 加工难度大，衬套尺寸 A_2、A_4 易控制，适当调整各环公差，取 $T_{A_1} = 0.15\text{mm}$，$T_{A_3} = 0.15\text{mm}$，$T_{A_2} = T_{A_4}$，T_{A_2} 可根据式（10-6）计算：

$$T_{A_2}=0.5\times[T_0-(T_{A_1}+T_{A_3})]=0.5\times[0.45-(0.15+0.15)]\text{mm}=0.075\text{mm}$$

3）确定各组成环的极限偏差。

根据“向体原则”，A_1 相当于包容尺寸，故取其下极限偏差为零，即 $A_1=150^{+0.15}_{0}$mm。A_2、A_3 和 A_4 相当于被包容尺寸，故取其上极限偏差为零，即 $A_3=133.5^{\ 0}_{-0.15}$mm，$A_2=A_4=8^{\ 0}_{-0.075}$mm。

4）校核封闭环的上、下极限偏差：

$$ES_0=ES_1-(EI_2+EI_3+EI_4)$$
$$=0.15\text{mm}-(-0.075-0.15-0.075)\text{mm}=+0.45\text{mm}$$
$$EI_0=EI_1-(ES_2+ES_3+ES_4)=0\text{mm}$$

验算结果证明各组成环的极限偏差是合适的。

3. 中间计算

中间计算是反计算的一种特例。它一般用在基准换算和工序尺寸计算等工艺设计中，零件加工过程中，往往所选定位基准或测量基准与设计基准不重合，则应根据工艺要求改变零件图的标注，此时需进行基准换算，求出加工时所需的工序尺寸。

例 10-3 图 10-6 所示的套筒零件，设计尺寸如图所示，加工时，测量尺寸 $10^{\ 0}_{-0.36}$mm 较困难，而采用游标深度卡尺直接测量大孔的深度则较方便，故尺寸 $10^{\ 0}_{-0.36}$mm 就成了被间接保证的封闭环 A_0，A_1 为增环，A_2 为减环。为了间接保证 A_0，必须进行尺寸换算，确定 A_2 尺寸及其极限偏差。

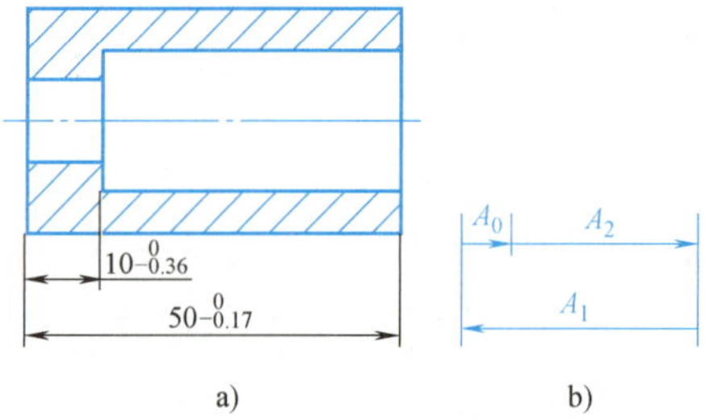

图 10-6 套筒零件尺寸链

解 确定封闭环为 A_0，确定组成环并画尺寸链线图如图 10-6b 所示，判断 $A_1=50$mm 为增环，A_2 为减环。

1）按式（10-1）计算减环 A_2 的公称尺寸 $A_0=A_1-A_2$。即

$$A_2=A_1-A_0=(50-10)\text{mm}=40\text{mm}$$

2）按式（10-4）、式（10-5）计算减环 A_2 的极限偏差 $ES_0=ES_1-EI_2$，$EI_0=EI_1-ES_2$。则

$$EI_2=ES_1-ES_0=0\text{mm}$$
$$ES_2=EI_1-EI_0=[-0.17-(-0.36)]\text{mm}=+0.19\text{mm}$$

即组成环 A_2 的尺寸为 $40^{+0.19}_{0}$mm。

综上所述，极值法是从尺寸的极限情况出发，计算简单，但环数不能过多，精度也不能太高，否则将造成各组成环的公差过小，使加工困难，经济性不好。成批生产中零件尺寸的分布通常符合正态分布，所以在尺寸链环数较多、精度较高时，可用大数互换法求解。

10.3 用大数互换法解尺寸链

大数互换法也称概率法。生产实践和大量统计资料表明，在大量生产且工艺过程稳定的情况下，各组成环的实际尺寸趋近公差带中间的概率大，出现在极限值的概率小，增环与减

环以相反极限值形成封闭环的概率更小。采用概率法，不是在全部产品中，而是在绝大多数产品中，装配时不需要挑选或修配，就能满足封闭环的公差要求，即保证大数互换性。采用该方法时，应有适合的工艺措施，排除个别产品超出公差范围或极限尺寸。

大数互换法解尺寸链，封闭环的公称尺寸计算公式与完全互换法相同，不同的是公差和极限偏差的计算。

10.3.1 基本公式

设尺寸链的组成环数为 m，其中 n 个增环，$m-n$ 个减环，A_0 为封闭环的公称尺寸，A_i 为组成环的公称尺寸，则对于直线尺寸链有如下计算公式。

1. 封闭环的公差

根据概率论关于独立随机变量合成规则，如果组成环的实际尺寸都按正态分布，且分布范围与公差宽度一致，分布中心与公差带中心重合，则封闭环的尺寸也按正态分布，那么，封闭环的公差等于所有组成环公差的平方和的平方根，即

$$T_0 = \sqrt{\sum_{i=1}^{m} T_i^2} \tag{10-10}$$

2. 封闭环的中间偏差

封闭环的中间偏差等于所有增环的中间偏差之和减去所有减环的中间偏差之和，即

$$\Delta_0 = \sum_{z=1}^{n} \Delta_z - \sum_{j=n+1}^{m} \Delta_j \tag{10-11}$$

式中 Δ_z——增环的中间偏差；

Δ_j——减环的中间偏差。

中间偏差为上极限偏差与下极限偏差的平均值，即

$$\Delta_i = \frac{1}{2}(ES_i + EI_i) \tag{10-12}$$

3. 封闭环及组成环的极限偏差

$$ES = \Delta + \frac{T}{2} \tag{10-13}$$

$$EI = \Delta - \frac{T}{2} \tag{10-14}$$

即各环的上极限偏差等于其中间偏差加 1/2 该环公差，各环的下极限偏差等于其中间偏差减 1/2 该环公差。

4. 组成环平均统计公差和公差等级系数

在解尺寸链的设计计算中，用大数互换法和用完全互换法在目的、方法和步骤等方面基本相同。其目的仍是如何把封闭环的公差分配到各组成环上，其方法也有“等公差法”和“等精度法”，只是由于封闭环的公差 $T_0 = \sqrt{\sum_{i=1}^{m} T_i^2}$，所以在采用“等公差法”时，各组成环的公差为

$$T_{平均}=\frac{T_0}{\sqrt{m}} \tag{10-15}$$

采用“等精度法”时，各组成环的公差等级系数为

$$a=\frac{T_0}{\sqrt{\sum_{i=1}^{m} i_i^2}} \tag{10-16}$$

10.3.2　实例分析

根据不同要求，有正计算、反计算和中间计算三种类型。

现以例 10-2 的尺寸链为例，说明用大数互换法求解反计算的方法。

例 10-4　对例 10-2 的尺寸链改用大数互换法中的“等精度法”计算。假设各组成环和封闭环为正态分布，且分布范围与公差带宽度一致，分布中心与公差带中心重合。

解　同样确定 A_0 为封闭环，确定尺寸链线图如图 10-5b 所示，计算封闭环的公称尺寸和公差分别为 $A_0=0.5^{+0.45}_{0}$mm，封闭环公差 $T_0=0.45$mm。

1）计算各环的公差。由表 10-2 查得各组成环的公差单位：$i_1=2.52$，$i_2=i_4=0.90$，$i_3=2.52$。

按式（10-9）得各组成环相同的公差等级系数

$$a=\frac{T_0}{i_1+i_2+i_3+i_4}=\frac{450}{2.52+0.9+2.52+0.9}=66$$

查表 10-1 可知，$a=66$ 在 IT10 和 IT11 之间。

根据实际情况，箱体尺寸加工难度大，衬套尺寸易控制，故选 A_1 为 IT11，A_2、A_3 和 A_4 为 IT10。

查第 2 章标准公差表得组成环的公差：$T_1=0.25$mm，$T_2=T_4=0.058$mm，$T_3=0.16$mm。

2）校核封闭环公差

$$T_0=\sum_{i=1}^{4}T_i=(0.25+0.058+0.16+0.058)\text{mm}=0.526\text{mm}>0.45\text{mm}$$

故调整 A_1 公差为 IT10，即 $T_1=0.16$mm。

$$T_0=\sum_{i=1}^{4}T_i=(0.16+0.058+0.16+0.058)\text{mm}=0.436\text{mm}<0.45\text{mm}$$

故封闭环为 $0.5^{+0.436}_{0}$mm。

3）确定各组成环的极限偏差。根据“向体原则”，A_1 相当于包容尺寸，故取其下极限偏差为零，即 $A_1=150^{+0.16}_{0}$mm。A_2、A_3 和 A_4 相当于被包容尺寸，故取其上极限偏差为零，即 $A_3=133.5^{0}_{-0.16}$mm，$A_2=A_4=8^{0}_{-0.058}$mm。

4）校核封闭环的上极限偏差

$$ES_0=ES_1-(EI_2+EI_3+EI_4)=+0.16-(-0.058-0.16-0.058)\text{mm}=+0.436\text{mm}$$

校核结果符号要求。

最后结果为 $A_0=0.5^{+0.436}_{0}$mm，$A_1=150^{+0.015}_{0}$mm，$A_3=133.5^{0}_{-0.15}$mm，$A_2=A_4=8^{0}_{-0.075}$mm。

通过本例两种解尺寸链方法可以看出，用大数互换法解尺寸链与完全互换法解尺寸链比

较，在相同封闭环公差条件下，大数互换法解得的组成环公差可放大，各环平均放大 60% 以上，即各环公差等级可降低一级，而实际上出现的不合格件的可能性很小，可以获得相当明显的经济效益，也比较科学合理，大数互换法常用在大批量生产的情况。

10.4 用其他方法解装配尺寸链

完全互换法和大数互换法是计算尺寸链的基本方法，除此之外还有分组装配法、调整法和修配法。

10.4.1 分组装配法

用分组装配法解尺寸链是先用完全互换法求出各组成环的公差和极限偏差，再将相配合的各组成环公差扩大若干倍，使其达到经济加工精度的要求，然后按完工后零件的实测尺寸将零件分为若干个组，再按对应组分别进行组内零件的装配。即同组零件可以组内互换。这样既放大了组成环公差，又保证了封闭环要求的装配精度。

例如，设公称尺寸为 ϕ18mm 的孔与轴配合，间隙要求为 $X=3\sim8\mu m$，即封闭环的公差 $T_0=5\mu m$。若按完全互换法，则孔、轴的直径公差只能为 2.5μm。

采用分组互换法，将孔与轴的直径公差扩大 4 倍，即公差为 10μm，将完工后的孔、轴按实际尺寸分为 4 组，按对应组进行装配，各组的最大间隙均为 8μm，最小间隙为 3μm，故能满足要求，如图 10-7 所示。

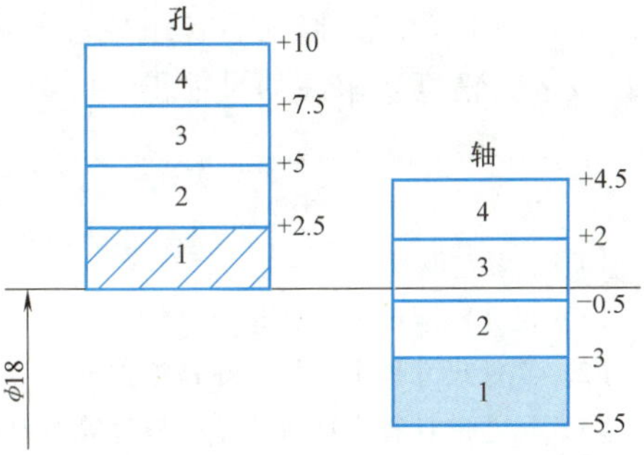

图 10-7　分组装配法

分组装配法的主要优点是既可以扩大零件制造公差，又能保证装配精度。其主要缺点是增加了检测零件的工作量。此外，该方法仅能在组内互换，每一组有可能出现零件多余和不够。适用于成批生产、高精度、便于测量、形状简单而环数较少的尺寸链零件。另外，由于分组后零件的形状误差不会减少，这就限制了分组数，一般为 2~4 组。

10.4.2 调整法

调整法是将尺寸链各组成环按经济加工精度的公差制造，此时由于组成环尺寸公差放大而使封闭环的公差比技术要求给出的值有所扩大，为了保证装配精度，装配时则选定一个可以调整补偿环的尺寸或位置的方法来实现补偿作用，该组成环称为补偿环。常用的补偿环分为两种：

（1）固定补偿环　在尺寸链中选择一个合适的组成环为补偿环，一般可选垫片或轴套类零件。并把补偿环根据需要按尺寸分成若干组，装配时从合适的尺寸组中取一补偿环，装入尺寸链中预定的位置，使封闭环达到规定的技术要求。

（2）可动补偿环　设置一种位置可调的补偿环，装配时，调整其位置达到封闭环的精度要求。这种补偿方式在机械设计中广泛应用，它有多种结构形式，如镶条、锥套、调节螺旋副等常用形式。

调整法的主要优点是加大了组成环的制造公差，使制造容易，同时可得到很高的装配精度，装配时不需修配，使用过程中可以调整补偿环的位置或更换补偿环，以恢复机器原有精度。它的主要缺点是有时需要额外增加尺寸链零件数（补偿环），使结构复杂，制造费用增加，降低结构的刚性。

调整法主要应用在封闭环精度要求高、组成环数目较多的尺寸链，尤其是用在使用过程中，组成环的尺寸可能由于磨损、温度变化或受力变形等原因而产生较大变化的尺寸链。

10.4.3 修配法

修配法是在装配时，按经济精度放宽各组成环公差，由于组成环尺寸公差放大而使封闭环上产生累积误差。这时，直接装配不能满足封闭环所要求的装配精度，因此，就在尺寸链中选定某一组成环作为修配环，通过机械加工方法改变其尺寸，或就地配制这个环，使封闭环达到规定精度。装配时通过对修配环的辅助加工如铲、刮研等，切除少量材料，以抵偿封闭环上产生的累积误差，直到满足要求为止。

修配法的主要优点是既扩大组成环制造公差，又能保证装配精度。其主要缺点是增加了修配工作量和费用，修配后各组成环失去互换性，使用有局限性。修配法多用于批量不大、环数较多、精度要求高的尺寸链。

思考题与习题

10.1 填空题

(1) 尺寸链减环的含义是________。

(2) 零件尺寸链中的封闭环是根据________确定的。

(3) 尺寸链计算中进行公差校核计算主要是验证________。

10.2 判断题

(1) 在装配尺寸链中，每个独立尺寸的偏差都将影响装配精度。 (　　)

(2) 零件工艺尺寸链一般选择最重要的环作封闭环。 (　　)

(3) 尺寸链中，增环尺寸增大，其他组成环尺寸不变，封闭环尺寸增大。 (　　)

(4) 封闭环的公差值一定大于任何一个组成环的公差值。 (　　)

(5) 尺寸链封闭环公差值确定后，组成环越多，每一环分配的公差值就越大。 (　　)

10.3 选择题

(1) 对于尺寸链中的封闭环，下列论述正确的有________。

A. 图样中未注尺寸的那一环　　B. 装配过程中最后形成的一环

C. 精度最高的那一环　　D. 零件加工过程中最后形成的一环

(2) 在尺寸链计算中，下列论述正确的有________。

A. 封闭环是根据尺寸是否重要确定的

B. 零件中最易加工的那一环即封闭环

C. 封闭环是零件加工中最后形成的那一环

D. 增环、减环都是最大极限尺寸时，封闭环的尺寸最小

10.4 如何确定一个尺寸链的封闭环？如何确定增环和减环？

10.5 解尺寸链的方法有几种？分别用在什么场合？

10.6 用完全互换法解尺寸链，考虑问题的出发点是什么？

10.7 为什么封闭环公差比任何一个组成环公差都大？设计时应遵循什么原则？

10.8 “向体原则”的含义是什么？

10.9 使用概率法与极值法解尺寸链的效果有何不同？

10.10 如图 10-8 所示尺寸链中 A_0 为封闭环。试分析各组成环中，哪些是增环？哪些是减环？

10.11 如图 10-9 所示轴套，按 $A_1=\phi 65h11$ 加工外圆，按 $A_2=\phi 50H11$ 镗孔，内、外圆同轴度误差可略去不计。求壁厚的公称尺寸及极限偏差。

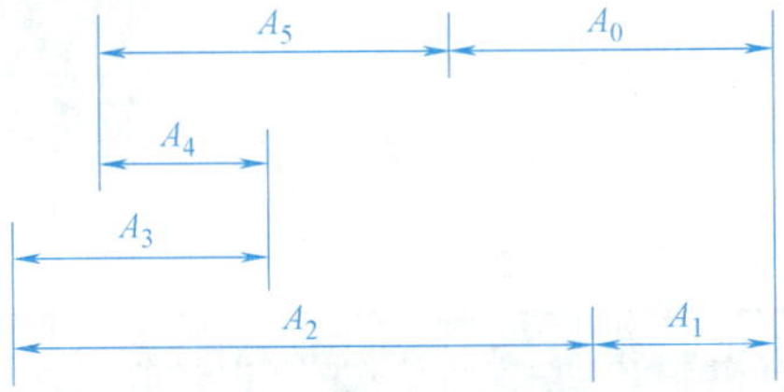

图 10-8 题 10.10 图

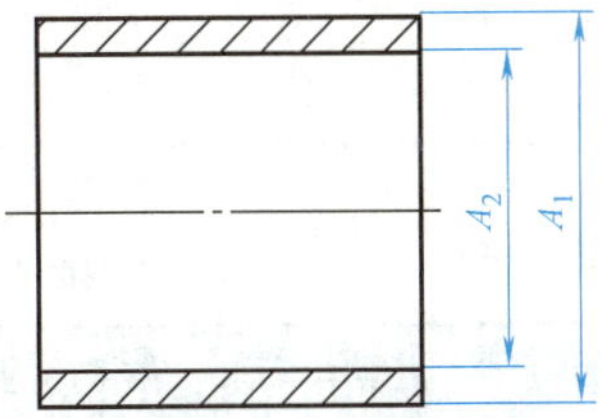

图 10-9 题 10.11 图

10.12 某轴应镀铬处理，镀层厚度为 (15±2)μm，镀铬后与孔形成的配合为 $\phi 75H7/f7$。问轴在镀铬前的尺寸为多少？

10.13 图 10-10 所示曲轴的轴向装配尺寸链中，已知各组成环公称尺寸及极限偏差（单位：mm）为 $A_1=43.5E9\left(^{+0.112}_{+0.050}\right)$，$A_2=2.5h10\left(^{\ 0}_{-0.04}\right)$，$A_3=38.5h9\left(^{\ 0}_{-0.062}\right)$，$A_4=2.5h10\left(^{\ 0}_{-0.04}\right)$。试验算轴向间隙 A_0 是否在要求的范围 0.05~0.25mm。

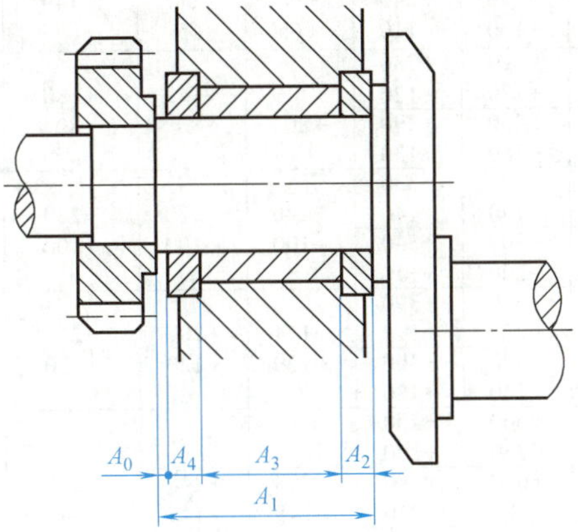

图 10-10 题 10.13 图

附　录

附录 A　孔的极限偏差（摘自 GB/T 1800. 2—2020）

公称尺寸/mm	偏差单位为 μm									
	A	B		C	D				E	
	11	11	12	11	8	9	10	11	8	9
>0~3	+330 +270	+200 +140	+240 +140	+120 +60	+34 +20	+45 +20	+60 +20	+80 +20	+28 +14	+39 +14
>3~6	+345 +270	+215 +140	+260 +140	+145 +70	+48 +30	+60 +30	+78 +30	+105 +30	+38 +20	+50 +20
>6~10	+370 +280	+240 +150	+300 +150	+170 +80	+62 +40	+76 +40	+98 +40	+130 +40	+47 +25	+61 +25
>10~18	+400 +290	+260 +150	+330 +150	+205 +95	+77 +50	+93 +50	+120 +50	+160 +50	+59 +32	+75 +32
>18~30	+430 +300	+290 +160	+370 +160	+240 +110	+98 +65	+117 +65	+149 +65	+195 +65	+73 +40	+92 +40
>30~40	+470 +310	+330 +170	+420 +170	+280 +120	+119 +80	+142 +80	+180 +80	+240 +80	+89 +50	+112 +50
>40~50	+480 +320	+340 +180	+430 +180	+290 +130						
>50~65	+530 +340	+380 +190	+490 +190	+330 +140	+146 +100	+170 +100	+220 +100	+290 +100	+106 +6	+134 +80
>65~80	+550 +360	+390 +200	+500 +200	+340 +150						
>80~100	+600 +380	+440 +220	+570 +220	+390 +170	+174 +120	+207 +120	+260 +120	+340 +120	+126 +72	+159 +72
>100~120	+630 +410	+460 +240	+590 +240	+400 +180						
>120~140	+710 +460	+510 +260	+660 +260	+450 +200	+208 +145	+245 +145	+305 +145	+395 +145	+148 +85	+135 +85
>140~160	+770 +520	+530 +280	+680 +280	+460 +210						
>160~180	+830 +580	+560 +310	+710 +310	+480 +230						
>180~200	+950 +660	+630 +340	+800 +340	+530 +240	+242 +170	+285 +170	+355 +170	+460 +170	+172 +100	+215 +100
>200~225	+1030 +740	+670 +380	+840 +380	+550 +260						
>225~250	+1110 +820	+710 +420	+880 +420	+570 +280						
>250~280	+1240 +920	+800 +480	+1000 +480	+620 +300	+271 +190	+320 +190	+400 +190	+510 +190	+191 +110	+240 +110
>280~315	+1370 +1050	+860 +540	+1060 +540	+650 +330						
>315~355	+1560 +1200	+960 +600	+1170 +600	+720 +360	+299 +210	+350 +210	+440 +210	+570 +210	+214 +125	+265 +125
>355~400	+1710 +1350	+1040 +680	+1250 +680	+760 +400						
>400~450	+1900 +1500	+1160 +760	+1390 +760	+840 +400	+327 +230	+385 +230	+480 +230	+630 +230	+232 +135	+290 +135
>450~500	+2050 +1650	+1240 +840	+1470 +840	+880 +480						

（续）

公称尺寸/mm	偏差单位为 μm												
	F				G		H						
	6	7	8	9	6	7	6	7	8	9	10	11	12
>0~3	+12 +6	+16 +6	+20 +6	+31 +6	+8 +2	+12 +2	+6 0	+10 0	+14 0	+25 0	+40 0	+60 0	+100 0
>3~6	+18 +10	+22 +10	+28 +10	+40 +10	+12 +4	+16 +4	+8 0	+12 0	+18 0	+30 0	+48 0	+75 0	+120 0
>6~10	+22 +13	+28 +13	+35 +13	+40 +13	+14 +5	+20 +5	+9 0	+15 0	+22 0	+36 0	+58 0	+90 0	+150 0
>10~18	+27 +16	+34 +16	+43 +16	+59 +16	+17 +6	+24 +6	+11 0	+18 0	+27 0	+43 0	+70 0	+110 0	+180 0
>18~30	+33 +20	+41 +20	+53 +20	+72 +20	+20 +7	+28 +7	+13 0	+21 0	+33 0	+52 0	+84 0	+130 0	+210 0
>30~40 >40~50	+41 +25	+50 +25	+64 +25	+87 +25	+25 +9	+34 +9	+16 0	+25 0	+39 0	+62 0	+100 0	+160 0	+250 0
>50~65 >65~80	+49 +30	+60 +30	+76 +30	+104 +30	+29 +10	+40 +10	+19 0	+30 0	+46 0	+74 0	+120 0	+190 0	+300 0
>80~100 >100~120	+58 +36	+71 +36	+90 +36	+123 +36	+34 +12	+47 +12	+22 0	35 0	+54 0	+87 0	+140 0	+220 0	+350 0
>120~140 >140~160 >160~180	+68 +43	+83 +43	+106 +43	+143 +43	+39 +14	+54 +14	+25 0	+40 0	+63 0	+100 0	+160 0	+250 0	+400 0
>180~200 >200~225 >225~250	+79 +50	+96 +50	+122 +50	+165 +50	+44 +15	+61 +15	+29 0	+46 0	+72 0	+115 0	+185 0	+290 0	+460 0
>250~280 >280~315	+88 +56	+108 +56	+137 +56	+186 +56	+49 +17	+69 +17	+32 0	+52 0	+81 0	+130 0	+210 0	+320 0	+520 0
>315~355 >355~400	+98 +62	+119 +62	+151 +62	+202 +62	+54 +18	+75 +18	+36 0	+57 0	+89 0	+140 0	+230 0	+360 0	+570 0
>400~450 >450~500	+108 +68	+131 +68	+165 +68	+223 +68	+60 +20	+83 +20	+40 0	+63 0	+97 0	+155 0	+250 0	+400 0	+630 0

（续）

公称尺寸/mm	偏差单位为 μm										
	JS			K			M			N	
	6	7	8	6	7	8	6	7	8	6	7
>0~3	±3	±5	±7	0 -6	0 -10	0 -14	-2 -8	-2 -12	-2 -16	-4 -10	-4 -14
>3~6	±4	±6	±9	+2 -6	+3 -9	+5 -13	-1 -9	0 -12	+2 -16	-5 -13	-4 -16
>6~10	±4.5	±7.5	±11	+2 -7	+5 -10	+6 -16	-3 -12	0 -15	+1 -21	-7 -16	-4 -19
>10~18	±5.5	±9	±13.5	+2 -9	+6 -12	+8 -19	-4 -15	0 -18	+2 -2	-9 -20	-5 -23
>18~30	±6.5	±10.5	±16.5	+2 -11	+6 -15	+10 -23	-4 -17	0 -21	+4 -29	-11 -24	-7 -28
>30~40 >40~50	±8	±12.5	±19.5	+3 -13	+7 -18	+12 -27	-4 -20	0 -25	+5 -34	-12 -28	-8 -33
>50~65 >65~80	±9.5	±15	±23	+4 -15	+9 -21	+14 -32	-5 -24	0 -30	+5 -41	-14 -33	-9 -39
>80~100 >100~120	±11	±17.5	±27	+4 -18	+10 -25	+16 -38	-6 -28	0 -35	+6 -48	-16 -38	-10 -45
>120~140 >140~160 >160~180	±12.5	±20	±31.5	+4 -21	+12 -28	+20 -43	-8 -33	0 -40	+8 -55	-20 -45	-12 -52
>180~200 >200~225 >225~250	±14.5	±23	±36	+5 -24	+13 -33	+22 -50	-8 -37	0 -46	+9 -63	-22 -51	-14 -60
>250~280 >280~315	±16	±26	±40.5	+5 -27	+16 -36	+25 -56	-9 -41	0 -52	+9 -72	-25 -57	-14 -66
>315~355 >355~400	±18	±28.5	±44.5	+7 -29	+17 -40	+28 -61	-10 -46	0 -57	+11 -78	-26 -62	-16 -73
>400~450 >450~500	±20	±31.5	±48.5	+8 -32	+18 -45	+29 -68	-10 -50	0 -63	+11 -86	-27 -67	-17 -80

（续）

公称尺寸/mm	偏差单位为 μm									
	N	P		R		S		T		U
	8	6	7	6	7	6	7	6	7	7
>0~3	-4 -18	-6 -12	-6 -16	-10 -16	-10 -20	-14 -20	-14 -24	—	—	-18 -28
>3~6	-2 -20	-9 -17	-8 -20	-12 -20	-11 -23	-16 -24	-14 -24	—	—	-19 -31
>6~10	-3 -25	-12 -21	-9 -24	-16 -25	-13 -28	-20 -29	-17 -32	—	—	-22 -37
>10~18	-3 -30	-15 -26	-11 -29	-20 -31	-16 -34	-25 -36	-21 -39	—	—	-26 -44
>18~24	-3 -36	-18 -31	-14 -35	-24 -37	-20 -41	-31 -44	-27 -48	—	—	-33 -54
>24~30								-37 -50	-33 -54	-40 -61
>30~40	-3 -42	-21 -37	-17 -42	-29 -45	-25 -50	-38 -54	-34 -59	-43 -59	-39 -64	-51 -76
>40~50								-49 -65	-45 -70	-61 -86
>50~65	-4 -50	-26 -45	-21 -51	-35 -54	-30 -60	-47 -66	-42 -72	-60 -79	-55 -85	-76 -106
>65~80				-37 -56	-32 -62	-53 -72	-48 -78	-69 -88	-64 -94	-91 -121
>80~100	-4 -58	-30 -52	-24 -59	-44 -66	-38 -73	-64 -86	-58 -93	-84 -106	-78 -113	-111 -146
>100~120				-47 -69	-41 -76	-72 -94	-66 -101	-97 -119	-91 -126	-131 -166
>120~140	-4 -67	-36 -61	-28 -68	-56 -81	-48 -88	-85 -110	-77 -117	-115 -140	-107 -147	-155 -195
>140~160				-58 -83	-50 -90	-93 -118	-85 -125	-127 -152	-119 -159	-175 -125
>160~180				-61 -86	-53 -93	-101 -126	-93 -133	-139 -164	-131 -171	-195 -235
>180~200	-5 -77	-41 -70	-33 -79	-68 -97	-60 -106	-113 -142	-105 -151	-157 -186	-149 -195	-219 -265
>200~225				-71 -100	-63 -109	-121 -150	-113 -159	-171 -200	-163 -209	-241 -287
>225~250				-75 -104	-67 -113	-131 -160	-123 -169	-187 -216	-179 -225	-267 -313
>250~280	-5 -86	-47 -79	-36 -88	-85 -117	-74 -126	-149 -181	-138 -190	-209 -241	-198 -250	-295 -347
>280~315				-89 -121	-78 -130	-161 -193	-150 -202	-231 -263	-220 -272	-330 -382
>315~355	-5 -94	-51 -87	-41 -98	-97 -133	-87 -144	-179 -215	-169 -226	-257 -293	-247 -304	-369 -426
>355~400				-103 -139	-93 -150	-197 -233	-187 -244	-283 -319	-273 -330	-414 -471
>400~450	-6 -103	-55 -95	-45 -108	-113 -153	-103 -166	-219 -259	-209 -272	-317 -357	-307 -370	-467 -530
>450~500				-119 -159	-109 -172	-239 -279	-229 -292	-347 -387	-337 -400	-517 -580

注：公称尺寸<1mm 时，各级的 A 和 B 均不采用。

附录 B 轴的极限偏差（摘自 GB/T 1800.2—2020）

公称尺寸/mm	偏差单位为 μm												
	a	b		c			d				e		
	11	11	12	9	10	11	8	9	10	11	7	8	9
>0~3	-270 -330	-140 -200	-140 -240	-60 -85	-60 -100	-60 -120	-20 -34	-20 -45	-20 -60	-20 -80	-14 -24	-14 -28	-14 -39
>3~6	-270 -345	-140 -215	-140 -260	-70 -100	-70 -118	-70 -145	-30 -48	-30 -60	-30 -78	-30 -105	-30 -32	-20 -38	-20 -50
>6~10	-280 -370	-150 -240	-150 -300	-80 -116	-80 -138	-80 -170	-40 -62	-40 -79	-40 -98	-40 -130	-25 -40	-25 -47	-25 -61
>10~18	-290 -400	-150 -260	-150 -330	-95 -138	-95 -165	-95 -205	-50 -77	-50 -93	-50 -120	-50 -160	-32 -50	-32 -59	-32 -75
>18~30	-300 -430	-160 -290	-160 -370	-110 -162	-110 -194	-110 -240	-65 -98	-65 -117	-65 -149	-65 -195	-40 -61	-40 -73	-40 -92
>30~40	-310 -470	-170 -330	-170 -420	-120 -182	-120 -220	-120 -280	-80 -119	-80 -142	-80 -180	-80 -240	-50 -75	-50 -89	-50 -112
>40~50	-320 -480	-180 -340	-180 -430	-130 -192	-130 -230	-130 -290							
>50~65	-340 -530	-190 -380	-190 -490	-140 -214	-140 -260	-140 -330	-100 -146	-100 -174	-100 -220	-100 -290	-60 -90	-60 -106	-60 -134
>65~80	-360 -550	-220 -390	-220 -500	-150 -224	-150 -270	-150 -340							
>80~100	-380 -600	-200 -440	-220 -570	-170 -257	-170 -310	-170 -390	-120 -174	-120 -207	-120 -260	-120 -340	-72 -109	-72 -126	-72 -159
>100~120	-410 -630	-240 -460	-240 -590	-180 -267	-180 -320	-180 -400							
>120~140	-460 -710	-260 -510	-260 -660	-200 -300	-200 -360	-200 -450	-145 -208	-145 -245	-145 -305	-145 -395	-85 -125	-85 -148	-85 -185
>140~160	-520 -770	-280 -530	-280 -680	-210 -310	-210 -370	-210 -460							
>160~180	-580 -830	-310 -560	-310 -710	-230 -330	-230 -390	-230 -480							
>180~200	-660 -950	-340 -630	-340 -800	-240 -355	-240 -425	-240 -530	-170 -242	-170 -285	-170 -355	-170 -460	-100 -146	-100 -172	-100 -215
>200~225	-740 -1030	-380 -670	-380 -840	-260 -375	-260 -445	-260 -550							
>225~250	-820 -1110	-420 -710	-420 -880	-280 -395	-280 -465	-280 -570							
>250~280	-920 -1240	-480 -800	-480 -1000	-300 -430	-300 -510	-300 -620	-190 -271	-190 -320	-190 -400	-190 -510	-110 -162	-110 -191	-110 -240
>280~315	-1050 -1370	-540 -860	-540 -1060	-330 -460	-330 -540	-330 -650							
>315~355	-1200 -1560	-600 -960	-600 -1170	-360 -500	-360 -590	-360 -720	-210 -299	-210 -350	-210 -440	-210 -570	-125 -182	-125 -214	-125 -265
>355~400	-1350 -1710	-680 -1040	-680 -1250	-400 -540	-400 -630	-400 -760							
>400~450	-1500 -1900	-760 -1160	-760 -1390	-440 -595	-400 -690	-440 -840	-230 -327	-230 -385	-230 -480	-230 -630	-135 -198	-135 -232	-135 -290
>450~500	-1650 -2050	-840 -1240	-840 -1470	-480 -635	-480 -730	-480 -880							

（续）

公称尺寸/mm	偏差单位为 μm															
	f					g			h							
	5	6	7	8	9	5	6	7	5	6	7	8	9	10	11	12
>0~3	-6 -10	-6 -12	-6 -16	-6 -20	-6 -31	-2 -6	-2 -8	-2 -12	0 -4	0 -6	0 -10	0 -14	0 -25	0 -40	0 -60	0 -100
>3~6	-10 -15	-10 -18	-10 -22	-10 -28	-10 -40	-4 -9	-4 -12	-4 -16	0 -5	0 -8	0 -12	0 -18	0 -30	0 -48	0 -75	0 -120
>6~10	-13 -19	-13 -22	-13 -28	-13 -35	-13 -49	-5 -11	-5 -14	-5 -20	0 -6	0 -9	0 -15	0 -22	0 -36	0 -58	0 -90	0 -150
>10~18	-16 -24	-16 -27	-16 -34	-16 -43	-16 -59	-6 -14	-6 -17	-6 -24	0 -8	0 -11	0 -18	0 -27	0 -43	0 -70	0 -110	0 -180
>18~30	-20 -29	-20 -33	-20 -41	-20 -53	-20 -72	-7 -16	-7 -20	-7 -28	0 -9	0 -13	0 -21	0 -33	0 -52	0 -84	0 -130	0 -210
>30~40 >40~50	-25 -36	-25 -41	-25 -50	-25 -64	-25 -87	-9 -20	-9 -25	-9 -34	0 -11	0 -16	0 -25	0 -39	0 -62	0 -100	0 -160	0 -250
>50~65 >65~80	-30 -43	-30 -49	-30 -60	-30 -76	-30 -104	-10 -23	-10 -29	-10 -40	0 -13	0 -19	0 -30	0 -46	0 -74	0 -120	0 -190	0 -300
>80~100 >100~120	-36 -51	-36 -58	-36 -71	-36 -90	-36 -123	-12 -27	-12 -34	-12 -47	0 -15	0 -22	0 -35	0 -54	0 -87	0 -140	0 -220	0 -350
>120~140 >140~160 >160~180	-43 -61	-43 -68	-43 -83	-43 -106	-43 -143	-14 -32	-14 -39	-14 -54	0 -18	0 -25	0 -40	0 -63	0 -100	0 -160	0 -250	0 -400
>180~200 >200~225 >225~250	-50 -70	-50 -79	-50 -96	-50 -122	-50 -165	-15 -35	-15 -44	-15 -61	0 -20	0 -29	0 -46	0 -72	0 -115	0 -185	0 -290	0 -460
>250~280 >280~315	-56 -79	-56 -88	-56 -108	-56 -137	-56 -186	-17 -40	-17 -49	-17 -69	0 -23	0 -32	0 -52	0 -81	0 -130	0 -210	0 -320	0 -520
>315~355 >355~400	-62 -87	-62 -98	-62 -119	-62 -151	-62 -202	-18 -43	-18 -54	-18 -75	0 -25	0 -36	0 -57	0 -89	0 -140	0 -230	0 -360	0 -570
>400~450 >450~500	-68 -95	-68 -108	-68 -131	-68 -165	-68 -223	-20 -47	-20 -60	-20 -83	0 -27	0 -40	0 -63	0 -97	0 -155	0 -250	0 -400	0 -630

（续）

公称尺寸/mm	偏差单位为 μm														
	js			k			m			n			p		
	5	6	7	5	6	7	5	6	7	5	6	7	5	6	7
>0~3	±2	±3	±5	+4 0	+6 0	+10 0	+6 +2	+8 +2	+12 +2	+8 +4	+10 +4	+14 +4	+10 +6	+12 +6	+16 +6
>3~6	±2.5	±4	±6	+6 +1	+9 +1	+13 +1	+9 +4	+12 +4	+16 +4	+13 +8	+16 +8	+20 +8	+17 +12	+20 +12	+24 +12
>6~10	±3	±4.5	±7.5	+7 +1	+10 +1	+16 +1	+12 +6	+15 +6	+21 +6	+16 +10	+19 +10	+25 +10	+21 +15	+24 +15	+20 +15
>10~18	±4	±5.5	±9	+9 +1	+12 +1	+19 +1	+15 +7	+18 +7	+25 +7	+20 +12	+23 +12	+30 +12	+26 +18	+29 +18	+36 +18
>18~30	±4.5	±6.5	±10.5	+11 +2	+15 +2	+23 +2	+17 +8	+21 +8	+29 +8	+24 +15	+28 +15	+36 +15	+31 +22	+35 +22	+43 +22
>30~40 >40~50	±5.5	±8	±12.5	+13 +2	+18 +2	+27 +2	+20 +9	+25 +9	+34 +9	+28 +17	+33 +17	+42 +17	+37 +26	+42 +26	+51 +26
>50~65 >65~80	±6.5	±9.5	±15	+15 +2	+21 +2	+32 +2	+24 +11	+30 +11	+41 +11	+33 +20	+39 +20	+50 +20	+45 +32	+51 +32	+62 +32
>80~100 >100~120	±7.5	±11	±17.5	+18 +3	+25 +3	+38 +3	+28 +13	+35 +13	+48 +13	+38 +23	+45 +23	+58 +23	+52 +37	+59 +37	+72 +37
>120~140 >140~160 >160~180	±9	±12.5	±20	+21 +3	+28 +3	+43 +3	+33 +15	+40 +15	+55 +15	+45 +27	+52 +27	+67 +27	+61 +43	+68 +43	+83 +43
>180~200 >200~225 >225~250	±10	±14.5	±23	+24 +4	+33 +4	+50 +4	+37 +17	+46 +17	+63 +17	+51 +31	+60 +31	+77 +31	+70 +50	+79 +50	+96 +50
>250~280 >280~315	±11.5	±16	±26	+27 +4	+36 +4	+56 +4	+43 +20	+52 +20	+72 +20	+57 +34	+66 +34	+86 +34	+79 +56	+88 +56	+108 +56
>315~355 >355~400	±12.5	±18	±28.5	+29 +4	+40 +4	+61 +4	+46 +21	+57 +21	+78 +21	+62 +37	+73 +37	+94 +37	+87 +62	+98 +62	+119 +62
>400~450 >450~500	±13.5	±20	±31.5	+32 +5	+45 +5	+68 +5	+50 +23	+63 +23	+86 +23	+67 +40	+80 +40	+103 +40	+95 +68	+108 +68	+131 +68

公称尺寸/mm	偏差单位为 μm														
	r			s			t			u		v	x	y	z
	5	6	7	5	6	7	5	6	7	6	7	6	6	6	6
>0~3	+14 +10	+16 +10	+20 +10	+18 +14	+20 +14	+24 +14	—	—	—	+24 +18	+28 +18	—	+26 +20	—	+32 +26
>3~6	+20 +15	+23 +15	+27 +15	+24 +19	+27 +19	+31 +19	—	—	—	+31 +23	+35 +23	—	+36 +28	—	+43 +35
>6~10	+25 +19	+28 +19	+34 +19	+29 +23	+32 +23	+38 +23	—	—	—	+37 +28	+43 +28	—	+43 +34	—	+51 +42

（续）

公称尺寸/mm	偏差单位为 μm													
	r			s			t			u		v	x	y	z
	5	6	7	5	6	7	5	6	7	6	7	6	6	6	6
>10~14	+31 +23	+34 +23	+41 +23	+36 +28	+39 +28	+46 +28	—	—	—	+44 +33	+51 +33	—	+51 +40	—	+61 +50
>14~18							—	—	—			+50 +39	+56 +45	—	+71 +60
>18~24	+37 +28	+41 +28	+49 +28	+44 +35	+48 +35	+56 +35	—	—	—	+54 +41	+62 +41	+60 +47	+67 +54	+76 +63	+86 +73
>24~30							+50 +41	+54 +41	+62 +41	+61 +48	+69 +48	+68 +55	+77 +64	+88 +75	+101 +88
>30~40	+45 +34	+50 +34	+59 +34	+54 +43	+59 +43	+68 +43	+59 +48	+64 +48	+73 +48	+76 +60	+85 +60	+84 +68	+96 +80	+110 +94	+128 +112
>40~50							+65 +54	+70 +54	+79 +54	+86 +70	+95 +70	+97 +81	+113 +97	+130 +114	+152 +136
>50~65	+54 +41	+60 +41	+71 +41	+66 +53	+72 +53	+83 +53	+79 +66	+85 +66	+96 +66	+106 +87	+117 +87	+121 +102	+141 +122	+163 +144	+191 +172
>65~80	+56 +43	+62 +43	+73 +43	+72 +59	+78 +59	+89 +59	+88 +75	+94 +75	+105 +75	+121 +102	+132 +102	+139 +120	+165 +146	+193 +174	+229 +210
>80~100	+66 +51	+73 +51	+86 +51	+86 +71	+93 +71	+106 +91	+106 +91	+113 +91	+126 +91	+146 +124	+159 +124	+168 +146	+200 +178	+236 +214	+280 +258
>100~120	+69 +54	+76 +54	+89 +54	+94 +79	+101 +79	+114 +79	+110 +104	+126 +104	+136 +104	+166 +144	+179 +144	+194 +172	+232 +210	+276 +254	+332 +310
>120~140	+81 +63	+88 +63	+103 +63	+110 +92	+117 +92	+132 +92	+140 +122	+147 +122	+162 +122	+195 +170	+210 +170	+227 +202	+273 +248	+325 +300	+390 +365
>140~160	+83 +65	+90 +65	+105 +65	+118 +100	+125 +100	+140 +100	+152 +134	+159 +134	+174 +134	+215 +190	+230 +190	+253 +228	+305 +280	+365 +340	+440 +415
>160~180	+86 +68	+93 +68	+108 +68	+126 +108	+133 +108	+148 +108	+164 +146	+171 +146	+186 +146	+235 +210	+250 +215	+277 +252	+335 +310	+405 +380	+490 +465
>180~200	+97 +77	+106 +77	+123 +77	+142 +122	+151 +122	+168 +122	+186 +166	+195 +166	+212 +166	+265 +236	+282 +236	+313 +284	+379 +350	+454 +425	+549 +520
>200~225	+100 +80	+109 +80	+126 +80	+150 +130	+159 +130	+176 +130	+200 +180	+209 +180	+226 +180	+287 +258	+304 +258	+339 +310	+414 +385	+499 +470	+604 +575
>225~250	+104 +84	+113 +84	+130 +84	+160 +140	+169 +140	+186 +140	+216 +196	+225 +196	+242 +196	+313 +284	+330 +284	+369 +340	+454 +425	+549 +520	+669 +640
>250~280	+117 +94	+126 +94	+146 +94	+181 +158	+290 +158	+210 +158	+241 +218	+250 +218	+270 +218	+347 +315	+367 +315	+417 +385	+507 +475	+612 +580	+742 +710
>280~315	+121 +98	+130 +98	+150 +98	+193 +170	+202 +170	+222 +170	+263 +240	+272 +240	+292 +240	+382 +350	+402 +350	+457 +425	+557 +225	+682 +650	+822 +790
>315~355	+133 +108	+144 +108	+165 +108	+215 +190	+226 +190	+247 +190	+293 +268	+304 +268	+325 +268	+426 +390	+447 +390	+511 +475	+626 +590	+766 +730	+936 +900
>355~400	+139 +114	+150 +114	+171 +114	+233 +208	+244 +208	+265 +208	+319 +294	+330 +294	+351 +294	+471 +435	+492 +435	+566 +530	+696 +660	+856 +820	+1036 +1000
>400~450	+153 +126	+166 +126	+189 +126	+259 +232	+272 +232	+295 +232	+357 +330	+370 +330	+393 +330	+530 +490	+553 +490	+635 +595	+780 +740	+960 +920	+1140 +1100
>450~500	+159 +132	+172 +132	+195 +132	+279 +252	+292 +252	+315 +252	+387 +360	+400 +360	+423 +360	+580 +540	+603 +540	+700 +660	+860 +820	+1040 +1000	+1290 +1250

注：公称尺寸<1mm 时，各级的 a 和 b 均不采用。

参 考 文 献

[1] 王廷强. 几何公差工作手册 [M]. 北京：化学工业出版社，2023.

[2] 成大先. 机械设计手册 [M]. 6 版. 北京：化学工业出版社，2016.

[3] 王伯平. 互换性与测量技术基础 [M]. 5 版. 北京：机械工业出版社，2019.

[4] 荀占超. 公差配合与测量技术 [M]. 2 版. 北京：机械工业出版社，2023.

[5] 毛平淮. 互换性与测量技术基础 [M]. 4 版. 北京：机械工业出版社，2022.

[6] 翟国栋. 机械精度设计与检测基础 [M]. 北京：科学出版社，2016.

[7] 黄云清. 公差配合与测量技术 [M]. 4 版. 北京：机械工业出版社，2019.

[8] 邢闽芳，房强汉，陈丙三，等. 互换性与技术测量 [M]. 4 版. 北京：清华大学出版社，2022.

[9] 薛岩. 互换性与测量技术基础 [M]. 3 版. 北京：化学工业出版社，2021.

[10] 石岚. 公差配合与测量技术 [M]. 上海：复旦大学出版社，2021.

[11] 宋义林. 互换性与测量技术 [M]. 大连：大连理工大学出版社，2024.

[12] 杨光龙，金文中，陈佳彬，等. 公差配合与测量技术 [M]. 北京：电子工业出版社，2020.